DEBUT D'UNE SERIE DE DOCUMENTS
EN COULEUR

Nouvelle Collection scientifique

Directeur : Émile Borel

LOUIS GENTIL

Professeur-adjoint à la Sorbonne.

Le Maroc

Physique

LIBRAIRIE FÉLIX ALCAN

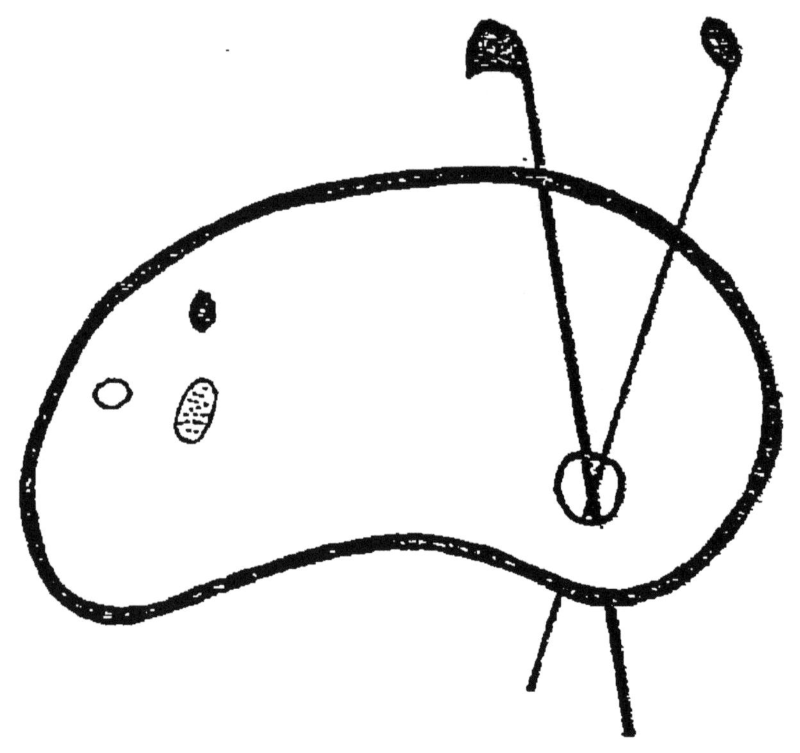

FIN D'UNE SERIE DE DOCUMENTS
EN COULEUR

Le Maroc physique

Le Maroc physique

PAR

LOUIS GENTIL

PROFESSEUR-ADJOINT A LA SORBONNE

Avec cartes dans le texte.

LIBRAIRIE FÉLIX ALCAN

1912

LE MAROC PHYSIQUE

INTRODUCTION

Le Maroc forme le prolongement naturel de l'Algérie. Il termine dans l'ouest le Nord-africain et constitue le Maghreb el Aksa des Arabes.

Par son promontoire de l'Andjera il forme, avec le Sud de l'Espagne, le détroit de Gibraltar et ferme la Méditerranée occidentale.

Il offre un grand développement de côtes, les unes baignées par la mer Méditerranée, les autres par l'océan Atlantique. Mais s'il est en grande partie bordé par la mer, il n'a pas de limites naturelles du côté du continent.

Si l'on excepte la frontière politique nettement tracée par les traités, entre l'embouchure de l'ouad Kiss et le Teniet es Sassi, ses limites sont indéterminées du côté de l'Algérie dont il est séparé par une zone-frontière ou confins algéro-marocains. De même, au sud, les régions désertiques du Draa et du Tafilelt forment un passage insensible au Sahara.

Malgré l'obscurité qui règne encore sur certaines parties de la région montagneuse, les grandes lignes du relief du Maghreb apparaissent assez clairement pour qu'on puisse y distinguer deux chaînes principales. L'une intérieure couvre, sous le nom d'*Atlas*, de grandes surfaces et divise le pays en un certain nombre de régions naturelles. L'autre côtière, paraît indépendante de la première et borde la Méditerranée occidentale, à l'ouest de l'Algérie et jusqu'au détroit de Gibraltar. Elle est généralement appelée *Er Rif* ou simplement *Rif*.

L'Atlas marocain, avec ses sommets dépassant les hautes altitudes de 4.000 mètres, fait partie de cette suite de reliefs qui, de la Syrte à l'Atlantique, s'échelonnent dans tout le Nord-Africain. On s'accorde à le subdiviser en plusieurs parties.

1° Le *Haut Atlas* ou *Grand Atlas* court, depuis la région du Haut Guir jusqu'au Cap R'ir, avec une direction générale ENE.-WSW. Il constitue la partie la plus saillante du système orographique du Maghreb. Ses cimes élevées, le Tamjout, le Likoumt et l'Ar'i Aïachi, atteignent des hauteurs comprises entre 4.000 et 4.500 mètres.

2° L'*Anti-Atlas* est un rameau qui se détache du Haut Atlas au *djebel Siroua* (3.300 m. env.), à peu près aux deux tiers de sa longueur en partant de l'Algérie. Il forme une chaîne de plus en plus basse qui va s'épanouir vers la côte atlantique, dans le Tazeroualt.

3° Le *Moyen Atlas*, dont le culminant peut atteindre 4.000 mètres au djebel Bou Iblal (Dj. Moussa ou Salah), se développe au nord du Haut Atlas avec une direction générale sensiblement NE-SW. La soudure du Moyen Atlas et du Haut Atlas se fait entre les sources de la Mlouya et la région de Demnat, sans qu'il soit possible d'en préciser les conditions. Le Moyen Atlas est limité, dans le nord-ouest, aux terrains

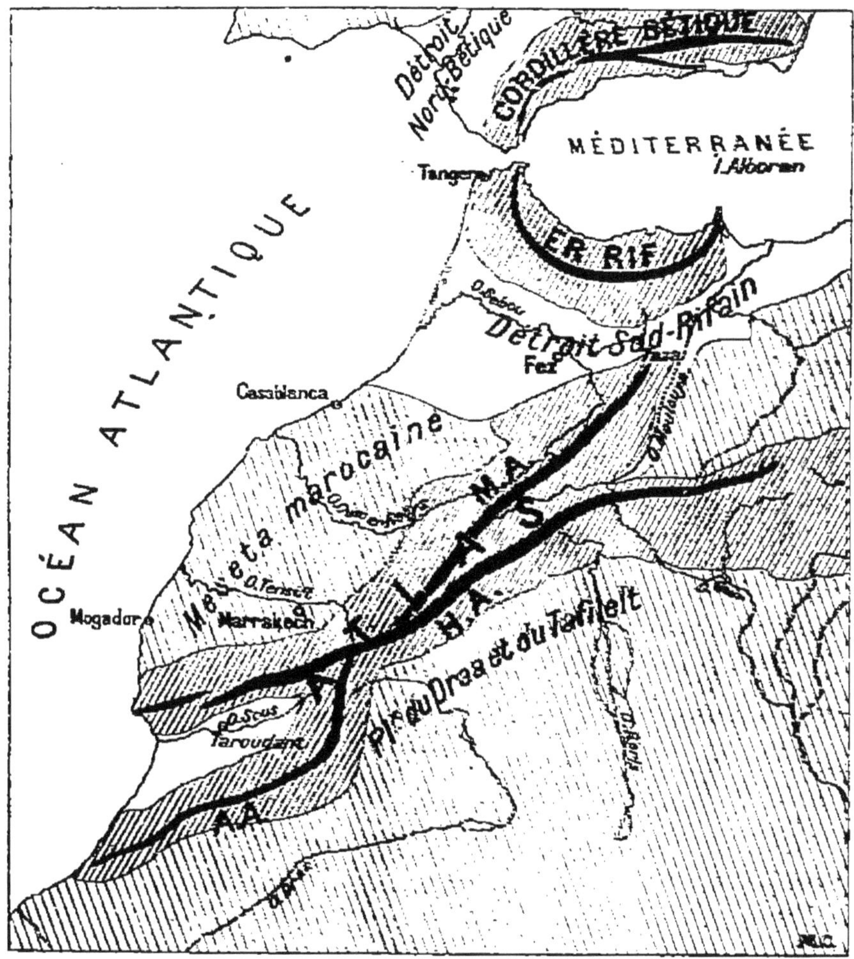

Fig. 1. — Schéma orographique du Maroc.
H. A., Haut Atlas. — M. A., Moyen Atlas. — A. A., Anti-Atlas.

tertiaires de la région de Taza et de la vallée de la Mlouya.

4° Le *Rif* (Petit Atlas de Ptolémée) tire son nom de la province montagneuse d'Er Rif; il semble commencer dans l'est, à la presqu'île des Guelaïa (Melilla), pour décrire une courbe assez régulière jusqu'au djebel Moussa (deuxième colonne d'Hercule) qui domine la ville de Ceuta.

Les grandes rides montagneuses que nous venons d'énumérer, séparent de vastes régions de plateaux ou de plaines dont la plus importante, comprise entre le Haut Atlas occidental, le Moyen Atlas et le Rif, est brusquement arrêtée par la côte atlantique. Cette région basse, qui comprend notamment les pays des Chaouïa et des Zaër, des Doukkala et des Abda, ainsi que le Haouz de Marrakech, peut être désignée sous le nom de *Meseta Marocaine* à cause de son analogie de structure avec le Plateau central espagnol ou Meseta ibérique.

Les collines des Djebilet délimitent la grande *plaine du Haouz* qui s'étend au nord du Haut Atlas, depuis Demnat jusqu'au voisinage de la mer. Cette plaine est caractérisée, dans sa partie occidentale, par la fréquence des *gour*.

Plus au sud, le *pays du Sous* est enserré entre le Haut Atlas occidental et l'Anti-Atlas; et toute la chaîne de l'Atlas domine une région de plateaux et de plaines, dans le Draa et le Tafilelt. La monotonie des *gour* et des vastes surfaces alluvionnaires désertiques y est rompue par des collines étroites mais s'étendant parfois sur des centaines de kilomètres, comme celle du *djebel Bani*. Dans l'est, les confins algéro-marocains comprennent, encadrées entre les ramifications les plus orientales du Haut Atlas et du Moyen Atlas, d'immenses étendues de plateaux généralement appelées *gada* (gada de Debdou, de

Berguent, du Rekkam, etc.), ou de plaines alluvionnaires couvertes de *chotts*, parmi lesquels le
chott R'arbi.

Enfin le Rif est séparé du Moyen Atlas par
une dépression offrant son maximum de rétrécissement à la *Trouée de Taza*. Elle s'élargit vers
l'ouest, entre Rabat et Arzila, pour former les
plaines du *R'arb*; vers l'est dans la région de la
Moyenne Mlouya et des *Angad*. Nous désignerons cette dépression, comblée par des sédiments
tertiaires; sous le nom de *région du détroit
Sud-Rifain*. Elle marque, en effet, l'emplacement d'un ancien passage de la Méditerranée et
de l'Océan, précurseur du détroit de Gibraltar.

Le réseau hydrographique du Maroc contraste
avec celui du reste de l'Afrique du Nord en ce
qu'il comprend des cours d'eaux importants, véritables fleuves alimentés en partie, durant la saison sèche, par la fonte des neiges des régions
élevées. Les plus remarquables d'entre eux sont
généralement encadrés par les principales chaines
du pays.

La *Mlouya* prend naissance à la jonction du
Moyen Atlas et du Haut Atlas. Elle coule d'abord
(Haute Mlouya) dans une vallée profonde qui
sépare ces deux grandes chaines, puis côtoie la
première avant de pénétrer dans la région tertiaire du détroit Sud-Rifain (Moyenne Mlouya).
Elle va se jeter dans la Méditerranée (Basse
Mlouya) non loin de la frontière algérienne,
après avoir franchi, dans des gorges profondes,
la ride des Beni Snassen et des Beni Bou Yahi.

L'*ouad Sebou*, passe auprès de Fez, capitale
du Nord. Il développe son réseau sur le flanc sep-

tentrional du Moyen Atlas, à travers la Meseta marocaine, ainsi que sur le revers sud du Rif. Il se jette dans l'Océan à Mehdiya au nord de Rabat. C'est le seul cours d'eau navigable.

L'*Oum er Rbëa* descend du Moyen Atlas et l'un de ses affluents les plus importants, l'ouad el Abid, coule dans une vallée profonde vers la jonction de cette chaîne avec le Haut Atlas. Ce fleuve débouche dans l'Océan à Azemmour après avoir traversé la Meseta marocaine dans une vallée encaissée.

L'*ouad Tensift*, en partie alimenté par les neiges du Haut Atlas, descend du flanc septentrional de cette chaîne et sillonne la grande plaine du Haouz, arrêté au nord par les collines anciennes des Djebilet. Il passe non loin de Marrakech, capitale du Sud, et a son embouchure entre Safi et Mogador.

Au sud de la haute chaîne coule l'*ouad Sous*, dont le réseau hydrographique se développe dans la grande dépression formée par le Haut Atlas occidental et l'Anti-Atlas; il prend sa source au pied occidental du massif du Siroua et se jette à la mer, non loin d'Agadir, après avoir baigné la ville de Taroudant.

L'*ouad Draa* est formé de la réunion de deux affluents principaux : l'ouad Iriri, qui a son origine sur le flanc oriental du djebel Siroua, et l'ouad Dadès qui descend du flanc sud du Haut Atlas.

Après la jonction de ces deux ouad près de Ouarzazat, le Draa traverse le djebel Sar'ro et forme, au sud de Tamgrout, un brusque coude pour se développer dans la région septentrionale du *Plateau saharien*. L'ouad Draa se jette dans l'Océan Atlantique auprès du Cap Noun.

Enfin des rivières sans issue, l'*ouad R'ris*, l'*ouad Ziz*, l'*ouad Zousfana* (ouad Saoura), descendent du Haut Atlas oriental ou du massif des Ksour, coulant vers les régions sahariennes pour aboutir à de grands bassins fermés.

Entre ces cours d'eau se jettent dans l'Océan de nombreux petits fleuves côtiers dont les plus importants sont l'*ouad Noun* qui longe l'Anti-Atlas et débouche au nord du Cap Noun, en passant par la capitale du Tazeroualt, Goulimin ; l'*ouad Bou Regreg* qui se jette à la mer entre Rabat et Salé et descend sous le nom d'ouad Grou, des contreforts septentrionaux du Moyen Atlas.

I

ÉVOLUTION DES CONNAISSANCES
SCIENTIFIQUES SUR LE MAGHREB

Les premières notions acquises sur le Nord-Ouest africain remontent vers le XIe siècle avant J.-C. A cette époque les Phéniciens, marchands et navigateurs venus d'Orient, avaient fondé des colonies sur tout le pourtour de la Méditerranée.

Après avoir sillonné en tous sens la Mer intérieure, ils n'hésitèrent pas à franchir les colonnes d'Hercule pour affronter l'inconnu de la Mer extérieure. C'est ainsi qu'ils parcoururent toutes les côtes du Maghreb et qu'ils connurent sans doute aussi les Canaries et les Açores. Le nom d'Atlas semble dériver, adouci dans la bouche des Grecs, du mot « Adr'ar » rapporté par eux et qui, en berbère, signifie montagne.

Malheureusement il n'est resté aucune trace graphique des voyages des Phéniciens qui, d'ailleurs, ignoraient la boussole et les méthodes astronomiques.

Plus tard Carthage étendit ses provinces territoriales sur toute l'Afrique du Nord et le nom de Mauritanie, donné à la région occidentale, est d'origine punique. Hanon, général carthaginois (VIe siècle avant J.-C.), s'est avancé par la côte occidentale d'Afrique jusqu'à Sierra Leone, effec-

tuant le célèbre « périple » qui nous est connu par
les cent lignes gravées dans le temple de Carthage.

Les Grecs ignoraient presque totalement la
partie ouest de la Méditerranée, que les Phéniciens avaient pourtant bien parcourue et au delà
de laquelle ils avaient fondé leur établissement
de Gadir (Gadis ou Gadix). Ce mot, qui signifie
enceinte, se retrouve dans le mot berbère d'Agadir.

Pour Homère, l'Afrique était la Libye, et ses
habitants les Éthiopiens ; le détroit de Gibraltar
était la source de l'Océan, ce fleuve mystérieux
qui entourait la terre !

Peu à peu les progrès accomplis dans les sciences astronomiques et dans la construction de bâtiments de grandes dimensions permettent aux navigateurs de s'éloigner davantage des côtes. Ainsi
s'étendirent les connaissances géographiques de
la Grèce qui sont résumées par la mappemonde
d'Hécatée (500 ans avant J.-C.), construite après
celle d'Anaximandre de Milet. La carte d'Hérodote est, à peu de chose près, la reproduction
de celle d'Hécatée. Mais pour la première fois
on voit figurer une chaîne (l'Atlas) au sud de
laquelle vivent les Atlantes ; la Libye, enrichie
de données géographiques nouvelles, est limitée
à l'ouest par le cap Soloeis (cap Spartel).

Vers l'an 300 avant J.-C., la représentation
générale du globe fait un progrès avec le premier
essai d'une carte graduée sur la mappemonde de
Dicéarque. Jusqu'alors la figuration géographique consistait en des tableaux, Dicéarque trace
sur sa carte deux lignes, l'une médiane suivant à
peu près le 36° parallèle, dans le sens de l'équa-

teur, qui partageait la terre en deux zones et l'autre, perpendiculaire à la première, passant par l'île de Rhodes. Ces deux lignes, divisées en grades, permirent de reporter sur la carte les distances mesurées ou estimées.

Ce système va en s'améliorant avec les cartes d'Erathostène (220 ans avant J.-C.) et avec celle d'Hipparque, qui inventa la première projection géométrique à latitudes décroissantes, utilisée jusqu'à Ptolémée.

Malheureusement la mesure de l'arc du grand cercle terrestre d'Erathostène, estimée assez exactement à 250.000 stades, fut abaissée à 180.000 par Posidonius ; et cette dernière évaluation, admise plus tard par Ptolémée, devait avoir une influence très fâcheuse sur l'évolution de la géographie ancienne.

Depuis la chute de Carthage, les notions géographiques sur l'Afrique du Nord s'étendent notablement, grâce à l'extension des expéditions militaires souvent précédées de reconnaissances topographiques, entreprises par les Romains. Ceux-ci occupèrent, sous le nom de Mauritanie tingitane, toute la partie du Maghreb autrefois placée sous la domination carthaginoise.

Malheureusement les cartes des régions parcourues, dressées par les *mensores*, comparables à nos anciens ingénieurs militaires, ont été perdues, de même que le relèvement topographique général de l'empire exécuté sous Auguste.

On peut citer, parmi les expéditions romaines dirigées du côté du Maroc, l'exploration entreprise par Polybe. L'illustre historien fut chargé par Scipion de reconnaître la côte africaine, antérieurement occupée par les Carthaginois, au delà des colonnes d'Hercule (145 avant J.-C.). Plus tard, (42 avant J.-C.) Suetonius Paulinus s'avança contre les Maures à travers l'Atlas, vers les sources de la Malua (Mlouya) qui séparait la Numidie de la Mauritanie. Il reconnut notamment une rivière, le Guir ou « Niger », qui descend de l'Atlas et va se perdre dans les sables. Cette rivière l'ouad Guir actuel fut, par suite de la notation vicieuse de Ptolémée, déplacée sur les cartes anciennes et reportée beaucoup plus au sud, ce qui la fit longtemps confondre avec le grand fleuve du Soudan, le Niger, qui se jette dans le golfe de Guinée.

Le dix-septième livre de l'œuvre du géographe Strabon, consacré à l'Egypte et au reste de la Libye, est plus descriptif et historique que mathématique.

Jusqu'ici les travaux cartographiques des anciens géographes nous sont inconnus. Le premier atlas qui soit parvenu jusqu'à nous, grâce aux copies et aux traductions qui en furent faites, notamment par les Arabes, est celui de Ptolémée dont la première édition latine ne parut que très tard. Elle date de 1409 et fut publiée à Florence.

Claude Ptolémée, géomètre et astronome est né à Peluse dans la Basse-Egypte. Il a dressé, vers 140 après J.-C., d'après les documents géographiques, les itinéraires d'expéditions et de navigateurs rassemblés par Marin de Tyr, des tables où sont groupées environ 8.000 positions fixées par leur latitude et leur longitude. Sa méthode consistait à convertir les éléments d'itinéraires en notations astronomiques.

Malheureusement, le manque d'esprit critique conduit le célèbre géographe alexandrin à utiliser sans contrôle des documents provenant de sources très diverses. Il en résulte souvent de grosses erreurs : une même ville est indiquée deux fois, à des distances considérables, ou bien deux itinéraires parallèles se croisent Mais la cause principale qui amoindrit l'œuvre de Ptolémée est l'adoption, pour la valeur de l'arc du grand cercle, du chiffre trouvé par Posidonius. Il en est résulté des déformations monstrueuses de ses cartes. Ainsi, la Méditerranée est plus longue d'un tiers de ce qu'elle est en réalité : elle embrasse 62 degrés tandis que, d'après la détermination d'Erathostène, elle n'avait que 45°20', d'étendue, nombre assez voisin des 42°32'37" représentant l'intervalle donné par les observations actuelles. « Ces erreurs énormes, qui ajoutaient 300 lieues à la Méditerranée et 1.000 lieues à la longueur réelle de notre continent, ont pesé sur la géographie jusqu'à la fin du XVIIe siècle »[1].

Quoi qu'il en soit, l'image que Ptolémée nous a laissée du Nord-Ouest africain nous offre fidèlement l'état des connaissances recueillies à cette époque sur cette partie du Continent noir. De nombreux noms de tribus, jusqu'alors inconnues, couvrent la Libye intérieure au sud de l'Atlas et paraissent même s'étendre jusqu'au Soudan par suite de la graduation erronée du géographe alexandrin ; tandis qu'en réalité ces tribus sont restreintes aux limites du Sahara marocain, algérien et tunisien, et appartiennent toutes, ainsi que l'a montré Vivien de Saint-Martin, à des populations de race berbère[2].

1. Vivien de Saint-Martin. *Histoire de la Géographie et des découvertes géographiques depuis les temps les plus reculés jusqu'à nos jours*. Paris, Hachette, 1873. p. 203.

2. Vivien de Saint-Martin, *Le Nord de l'Afrique dans l'antiquité Grecque et Romaine* Paris, Impr. Impériale 1863, p. 449 et suiv.

L'œuvre de Ptolémée marque l'apogée de la cartographie romaine ; cette époque fut suivie d'une période de stagnation, puis de décadence. Au Moyen-âge on revient aux anciennes conceptions de l'Univers ; on en arrive à nier la sphéricité de la terre et à donner du monde des images fantaisistes, parsemées de monstres bizarres, etc.

Mais à côté de ces productions étranges, se préparait une cartographie qui serrait la réalité de plus près qu'on ne l'avait jamais fait.

Les navigateurs continuaient à rédiger des journaux de route et à relever les itinéraires suivis par leurs vaisseaux ; ils avaient maintenant à leur disposition la boussole, d'importation arabe. Grâce à ce précieux instrument et à un sentiment très juste de l'évaluation des distances, les marins italiens et catalans du XIVe siècle étaient parvenus, en juxtaposant sur parchemin leurs nombreux itinéraires, à donner des mers qu'ils fréquentaient assidûment, en particulier de la Méditerranée, une image très précise.

Les cartes des navigateurs du Moyen-âge ainsi établies qu'on appelle les portulans, sont d'une fidélité vraiment extraordinaire. Elles sont supérieures en exactitude à celles qui paraîtront au début du XVIIIe siècle.

Les portulans sont des cartes purement pratiques, sans aucune graduation. Leur grand défaut tient à ce fait qu'à cette époque les marins ne connaissaient pas la déclinaison magnétique dont la variation donne à leurs figures une orientation générale sensiblement faussée.

Les plus anciens portulans sont ceux de Pietro Visconti (1311), et d'Angelino Ducert ou Dulceri, auteur d'une carte du monde entier, publiée à

Majorque, en 1339, et dont est inspirée la célèbre carte catalane, due sans doute au juif Cresques, des Baléares, et parue en 1375.

Indépendamment du tracé exact des côtes elle donne, pour l'intérieur des terres, de nombreux et intéressants renseignements. A propos du Nord-Ouest africain elle mentionne les îles Canaries et fournit plusieurs noms sur la région du Soudan. La chaîne de l'Atlas y est figurée schématiquement, coupée par une brèche intitulée la porte de Dera, qui faisait communiquer la région atlantique avec le pays des nègres. C'est là sans doute le col de Telouet (Glaoua), qui constitue le passage le plus facile mettant en relation le Maroc avec le Sahara. On y voit, en outre, figurer la ville célèbre du Tafilelt, Sijilmessa, entourée par un cours d'eau ainsi que l'indiquaient les géographes arabes.

Ces derniers, qui avaient recueilli l'héritage scientifique des Grecs, contribuent à faire connaître l'antiquité au Moyen-âge chrétien. Au XIIIe siècle, la sphéricité de la terre est de nouveau enseignée; Ptolémée est connu grâce à l'invention de l'imprimerie. Mais les Arabes sont depuis longtemps imbus de ses œuvres par la traduction qu'en fit faire le Khalife Almamoun entre 813 et 832. Ils font faire un pas sensible à la géographie du Maghreb et étendent, plus au sud, les renseignements des cartes de Ptolémée.

Parmi ceux qui, voyageurs ou savants, ont fait progresser la géographie, il faut citer Maçoudi et Ibn Hankal au Xe siècle, Albironni et El Bekri au XIe, Ibn Saïd au milieu du XIIIe, Ibn Batoutah qui fit le voyage de la Mecque en 1325. Mais deux grands noms s'élèvent au-dessus des autres, ceux d'Edrisi et d'Aboulféda.

Le premier, un maure d'Espagne, écrivit en 1154 un traité de géographie célèbre qui résume les connaissances de son temps. Aboulféda composa, de 1312 à 1331, les « Annales de l'Islam » où abondent les renseignements géographiques les plus précieux,

Mais d'une manière générale, l'élément histotorique et descriptif domine dans les œuvres des géographes arabes. Quant aux cartes, notamment celles d'Edrisi, ce sont des images informes, sans aucune projection ni graduation, qui sont loin d'égaler en conception celles de Ptolémée.

Cependant, quelques progrès furent réalisés par eux au point de vue astronomique. Aboul Hassan, voyageur et astronome né à Marrakech vers la fin du XIIe siècle, releva de nombreuses positions à l'aide d'observations gnomoniques pour les latitudes, dans le but probable de corriger les tables ptoléméennes dans les régions côtières de la Méditerranée. Il rectifia de la sorte l'erreur capitale du géographe alexandrin en réduisant la mer intérieure à ses vraies dimensions 500 ans avant les cartographes européens ! Il est curieux de constater que les erreurs d'Aboul Hassan sont beaucoup plus fortes en latitude qu'en longitude, d'où Vivien de Saint-Martin croit pouvoir conclure, que cet auteur a très vraisemblablement utilisé, pour corriger les longitudes de Ptolémée, non les observations directes que le manque d'instruments rendait aussi difficiles que par le passé (observation simultanée des éclipses), mais les données fournies par les portulans de la côte d'Afrique dont il sut faire un usage judicieux[1].

1. Vivien de Saint-Martin. *Histoire de la Géographie*, p. 256.

C'est en Allemagne surtout que la renaissance géographique se fait le plus sentir, aux XVe et XVIe siècles, avec Martin Behaim de Nuremberg (1492), Waldseemuller de Saint-Dié ; et peu à peu l'étude des faits tend à remplacer les erreurs de la tradition. En Flandre, Ortelius et Mercator, vers la fin du XVIe siècle, font paraître leurs beaux travaux et la cartographie entre dans une nouvelle phase.

Sur la carte d'Afrique d'Ortelius (Anvers 1570) la Méditerranée est indiquée avec la longueur énorme que lui a donnée Ptolémée. Celle du Maghreb, intitulée *Barbaria et Biledulgerid* (Bled el Djerid) *nova descriptio*, probablement de la même date, nous montre le Maroc couvert de noms. Ceux des plus importantes tribus : Ducala (Doukkala), Hascora (Haskoura), Tedle (Tadlà), Zanega (Zenaga), Hea (Haha)... ; ceux de tous les grands fleuves : Muluia (Mlouya), Subu (Sebou), avec son affluent Inauen (Innaouen). Omi rabi (Oum er Rbëa), Tensif (Tensift), Sus (Sous). Le dessin de la côte est en progrès très sensible sur celui de la carte de Ptolémée. L'influence des portulans commence à s'y faire sentir, mais il est loin de valoir le tracé des rivages de la carte catalane. Le figuré de l'intérieur, par contre, est bien supérieur sur la carte d'Ortelius ; ce dont on ne peut être surpris, les portulans étant l'œuvre de navigateurs. Une exception cependant peut être faite pour le tracé général de la chaîne de l'Atlas. Sur la carte catalane, l'Atlas commence au cap Noun et court vers l'ENE conformément à la réalité ; sur la carte d'Ortelius il suit les côtes atlantiques et méditerranéennes, à une distance toujours égale, mais sans jamais aboutir à l'ouest sur l'Océan ; il se prolonge au sud de la rivière de l'Oro.

En ce qui concerne les détails, il en est qui sont d'une précision qui nous paraît encore remarquable aujourd'hui : l'Omirabi (Oum er Rbëa) prend sa source dans la partie de la chaîne appelée Dadès Mons qui correspond à notre région da Dadès ; au sud de ce premier point naît le Dara (Draa). L'Atlas y sépare la source du Sous de celle du Draa, dans une région appelée Sahara où se trouve la localité du nom de Saharan. Faut-il voir là une déformation du nom de Siroua, massif volcanique dans lequel les deux fleuves prennent naissance ? La chose n'est pas impossible car le nom du grand désert, orthographié de nos jours Sahara, est écrit Sarra sur la carte d'Ortelius.

L'ouad Ziz y est figuré assez correctement ; il se perd dans un lac comme toutes les autres rivières descendues du flanc sud de l'Atlas, ce qui est assez conforme à la réalité. Mais ces détails sont considérablement amplifiés. Le lac où se termine le Ziz, par exemple, (que l'on peut identifier avec la sebkha ed Daoura), est situé sur la carte du géographe flamand exactement sous le tropique du Cancer, ce qui nous reporte presque au sommet de la grande boucle du Niger. Mais déjà sur la carte d'Ortelius, l'erreur de Ptolémée qui confondait le Guir avec le grand fleuve du Soudan est rectifiée, sans doute d'après les renseignements de Léon l'Africain (El Fasi), le célèbre géographe et voyageur arabe, né en Espagne vers 1433, et d'après Marmol. Ce dernier, historien espagnol né vers 1520, fut huit ans captif des Maures avec lesquels il voyagea jusque dans le Sahara.

Sur la carte d'Ortelius figure aussi, pour la première fois, l'appellation d'Er Rif, entre le Luccos (Loukkos) et la côte méditerranéenne; mais ce nom semble y désigner un pays ou une tribu plutôt qu'une chaîne de montagne.

La carte de Mercator ayant pour titre *Barbaria*, publiée en 1590, vingt ans après celle d'Ortelius, montre des progrès dans la représentation des côtes; mais sous d'autres rapports, elle est en recul sur la précédente. Le tracé de l'Atlas notamment y est complètement défectueux.

Une carte du même auteur, à plus grande échelle, *Fessæ et Marocchi Regna* (1609), précise un peu mieux la grande chaîne; mais le nom de Rif a disparu des cartes de Mercator.

Une carte générale d'Afrique de Hondio (Hondius, Hond), parue vers 1631, ne modifie pas sensiblement l'esprit de la carte de Mercator; il en est de même de celle de Blauw (Blaeu) (1650).

Toutes les cartes de détail que nous venons d'énumérer ne portent de graduation que sur le cadre, de sorte qu'il est assez difficile de savoir quelle était la projection employée et de comparer tous ces travaux avec précision. Mais d'une façon générale, on peut dire que les progrès accomplis dans la cartographie du Nord-Ouest africain, au XVe siècle et même au XVIIe siècle, sont faibles. L'influence des cartes ptoléméennes s'y fait encore sentir et c'est à Edrisi et surtout à Léon l'Africain qu'ont été empruntées les nombreuses indications de détails pour l'intérieur.

La carte de Sanson d'Abbevile [1] donne une

1. *Estats et Royaumes de Fez et Maroc, Dahra et Segelmesse*, tirés de Sanuto de Marmol, etc, Paris, 1655.

idée de l'incertitude des connaissances géographiques sur le Maroc, au milieu du XVIIᵉ siècle. L'Atlas y est assez fragmenté ; mais l'auteur fait commencer la chaîne maîtresse du Maghreb non plus au Cap Noun, mais à sa véritable place, au nord de l'ouad Sous, dans la région du « Cap Gerum (cap R'ir). Pour le reste elle est plutôt inférieure aux précédentes ; le tracé de la côte notamment montre des découpures des plus fantaisistes.

La carte de Coronelli, cosmographe de Venise, publiée à Paris en 1689, nous offre une image du Nord-Ouest africain plus extraordinaire encore, avec la rivière Dara (Draa) prenant sa source non loin des tropiques, traversant l'emplacement de l'Atlas pour se jeter dans l'Atlantique, à l'embouchure actuelle de l'ouad Bou Regreg !

Cependant, les rapides progrès accomplis en astronomie, dans le courant du XVIIᵉ siècle, vont bientôt renouveler la cartographie ancienne. Le télescope est inventé en 1606 ; Galilée découvre les « lunes » qui gravitent autour de Jupiter (1610) et Dominique Cassini publie ses tables et calculs relatifs aux éclipses de ces satellites. De plus, la mesure d'un degré du méridien, tentée entre Paris et Amiens par Fernel, en 1528, est réalisée avec toute la rigueur scientifique désirable par Jean Picard, entre les 48ᵉ et 49ᵉ parallèle, en 1669. Enfin, les observations astronomiques, rendues plus faciles et ainsi généralisées, montrent quelles erreurs énormes il fallait corriger sur les cartes. Et c'est à un Français, Guillaume Delisle, que revient l'honneur d'avoir entrepris et mené à bonne fin cette réforme radicale.

Les cartes de Delisle publiées en 1700 donnent, pour la première fois, une image du monde où les différentes parties sont ramenées enfin à de justes proportions. L'erreur ptoléméenne qui allongeait d'un tiers la Méditerranée, a vécu ! Et de grands progrès ont été apportés dans les détails.

Si l'on compare la carte de Coronelli avec celle publiée en 1710, d'après Guillaume Delisle, par Weigel de Nuremberg, on voit que l'ouad Draa (dénommé Dras) prend sa forme actuelle, il vient déboucher au sud du Cap Noun. L'Atlas, dont la direction générale devient satisfaisante, commence bien au promontoire d'Agadir (Agaderou Ste-Croix) et, entre le Sous et le Draa, une ramification de la grande chaîne correspondant à l'Anti-Atlas, vient mourir près de l'Atlantique. On y trouve le nom de Sagaro (Sar'ro) appliqué à la région marocaine où naît le Draa et, pour la première fois, on voit apparaître celui de l'oasis de Tafilelt, entre la rivière de ce nom et l'ouad Ziz.

Mais un nom célèbre, celui de Bourguignon d'Anville, va éclipser celui du grand réformateur que fut Guillaume Delisle. Les travaux de d'Anville marquent en effet un grand progrès sur ceux de son devancier. Cela tient beaucoup moins aux documents nouveaux utilisés par son auteur qu'à la sagacité merveilleuse, au discernement et à la pénétration d'esprit, dont il fait preuve dans le dépouillement des données accumulées dans les tables géographiques et dans l'interprétation des hypothèses qui surchargeaient les cartes de son époque. Entre la mappemonde de Delisle publiée en 1723 et celle de d'Anville parue en 1761, il y a un progrès énorme. Et cependant on peut se rendre compte que les matériaux utilisés sont à peu près les mêmes. Dans l'Afrique du Nord, il est vrai, un voyage important du Dr Shaw, effectué en 1720 dans les régences d'Alger et de Tunis, contribue à améliorer la cartographie de ces régions. Mais les documents rapportés par ce voyageur ne suffisent pas à expliquer les différences d'aspect considérables qui existent entre les cartes des deux grands géographes.

Si l'on met à côté l'une de l'autre la carte du Nord-Ouest africain de Guillaume Delisle (édition de 1745) et celle de Bourguignon d'Anville (édition de 1749), cette dernière paraît vide. Et il en est ainsi de toute l'Afrique de d'Anville : ce cartographe, à l'esprit scientifique, ayant éliminé les données incertaines ou les erreurs transmises par la tradition.

L'Afrique nous apparaît avec d'Anville ce qu'elle était bien à son époque et ce qu'elle sera encore longtemps, c'est-à-dire à peu près inconnue.

Le Maroc bénéficie de la rigueur scientifique introduite par d'Anville dans la cartographie, car avec lui les ouads qui coulent de l'Atlas vers le désert sont encore raccourcis. Les sebkha, dans lesquelles ils se déversent, sont remontés vers le nord de cinq degrés environ et prennent à peu près leur place définitive. Mais la différence de documentation de sa carte avec celle de Delisle est peu sensible et montre bien, qu'à cette époque, la connaissance géographique du Maghreb el Aksa n'a nullement progressé.

Il faut arriver au commencement du XIXe siècle

pour avoir enfin des représentations graphiques reposant sur des données réellement scientifiques.

Un anglais, James Grey Jackson, qui résida pendant seize années au Maroc, notamment à Agadir, fit paraître en 1809 un bel ouvrage [1] qui renfermait, avec d'intéressants documents sur la flore et la faune, une carte à 1/4.500.000, où le Haut Atlas occidental et l'Anti-Atlas sont déjà assez bien figurés. Mais le reste de la chaîne se dirige vers le nord-ouest pour aboutir au djebel Moussa, au bord du détroit de Gibraltar. Cette erreur des cartographes anciens est encore conservée ; elle va être levée par les explorations de l'espagnol Badia, plus connu sous le nom d'Ali Bey el Abbassi.

Ce célèbre voyageur parcourut le Maghreb durant les années de 1803 à 1806 [2]. Parti de Tanger, il visita Meknès et Fez ; puis il suivit la côte de Rabat à Azemmour, gagna de ce dernier point Marrakech, pour rallier de nouveau la côte atlantique à Mogador. Revenu à Fez, il poussa vers l'est jusqu'à Oujda en passant par Taza.

Badia rapporta de ses voyages divers documents sur les villes, l'archéologie, les mœurs des habitants ; mais le grand progrès qu'il a fait faire à la connaissance du pays réside dans sa cartographie. Il détermina astronomiquement treize positions de ses itinéraires ; Tanger et Fez furent fixées par lui d'après l'observation de

---

1. James Grey Jackson. *An account of the Empire of Marocco and the District of Suse.* 1 vol. in-4° avec pl. et cartes gravées. London, 1809.

2. *Voyages d'Ali Bey el Abbassi en Afrique et en Asie pendant les années* 1803, 1804, 1805, 1806 et 1807. Paris, P. Didot aîné, 1814.

deux éclipses du soleil. Il leva ses itinéraires à grande échelle pour les reporter sur la carte à l'échelle approximative de 1/1.950.000ᵉ qui accompagne son ouvrage ; il les compléta avec les levés hydrographiques du marin espagnol Varela et les renseignements indigènes. Il fut frappé, dans son voyage entre Fez et Oujda par Taza, de voir que sa route suivait un large sillon, laissant l'Atlas sur la droite, le Rif sur la gauche. Il fit disparaître ainsi l'erreur perpétuée durant des siècles, d'un Atlas parti du Sud-marocain pour aboutir à la deuxième colonne d'Hercule (djebel Moussa). La carte de Badia donne, pour la première fois, une idée exacte de l'ensemble du relief du Maroc.

C'est encore au commencement du XIXᵉ siècle que furent entrepris, à l'aide de moyens plus rigoureusement scientifiques, les levés déjà commencés antérieurement par les Services hydrographiques français, anglais et espagnol. Et ces travaux furent repris à nouveau vers 1821 par l'Amirauté anglaise qui envoya une pléiade d'officiers en Afrique. Le relevé des côtes marocaines fut surtout l'œuvre du capitaine T. Boteler (1826).

Les progrès réalisés dans le premier quart du XIXᵉ siècle sont tels que Ritter, avec un esprit de synthèse des plus remarquables, put donner une idée d'ensemble de l'orographie du Maroc : « Entre le Petit Atlas (Rif) qui accompagne la côte de la Méditerranée de Tanger au Cap Blanc et le Grand Atlas (Haut Atlas) qui, d'après Edrisi, s'étend sur la lisière nord du Sahara depuis le pays du Sous jusqu'au Nefousa, se trouve un long plateau traversé dans diverses directions par des chaînes de moyenne hauteur : c'est le Moyen Atlas qui, à l'ouest, s'élève par étape jusqu'au Haut Atlas dont les chaînes parallèles, à partir du Rif marocain, se dirigent au sud-ouest et vont finir entre l'ouad Draa et le cap Ghir ».

L'occupation de l'Algérie par la France donne, dès l'année 1830, une impulsion nouvelle à la cartographie de l'Afrique du Nord dont bénéficie le Maghreb.

Les renseignements obtenus des indigènes trafiquants permettent à d'Avezac et à Walckenaer de rectifier les cartes de l'Empire chérifien, appuyées sur la traversée de l'Atlas de René Caillié (1828) et sur les résultats de l'exploration du lieutenant anglais Washington (1829).

La carte relevée par ce dernier sur le flanc septentrional du Haut Atlas apporte un progrès sur celle de Badia par une série de positions astronomiques. Un travail analogue est effectué peu après (1835) par le lieutenant de vaisseau anglais Arlett, sur la côte atlantique et à l'extrémité occidentale de l'Atlas ; le lieutenant Arlett considère que l'Atlas aboutit au cap R'ir.

Deux essais de synthèse cartographique paraissent successivement en 1845 et 1848. Le premier à 1/2.000.000ᵉ est dû à E. Renou, membre de la Commission scientifique de l'Algérie. L'auteur remonte jusqu'aux documents de Léon l'Africain. Le Haut Atlas partant du cap R'ir y est fort bien indiqué, mais la coupure de Taza est moins nette que sur la carte de Badia qui est très schématique, il est vrai, tandis que celle de Renou renferme beaucoup de détails.

Le deuxième essai synthétique à l'échelle de

1/1.500.000ᵉ, a été dressé par le capitaine d'État-major Beaudouin. Cette carte est principalement basée sur les renseignements recueillis auprès d'indigènes. Elle donne, de la configuration générale du pays, une vue d'ensemble qui la rend de beaucoup supérieure aux cartes précédentes ; si bien qu'elle est restée, pour certaines parties, le Rif notamment, la seule base de la cartographie marocaine jusqu'à ces dernières années. Au point de vue orographique, on y voit le Haut Atlas prendre sa position réelle et l'Anti-Atlas, déjà esquissé par Jackson, se relier à lui entre les cols de Tar'erat et du Glaoua, par un contrefort qui correspond au djebel Siroua. L'hydrographie de la carte du capitaine Beaudouin marque également un grand progrès sur les tracés de Renou ; mais c'est lui qui figure pour la première fois les grands méandres inexistants du cours inférieur de la Moyenne Mlouya qui n'ont disparu que très récemment.

La conférence de Madrid, qui suivit la campagne victorieuse des espagnols à Tétouan (1860), en facilitant aux européens l'accès et le séjour au Maroc ouvrit une ère nouvelle.

C'est en effet à ce moment que commence la période des explorations scientifiques du Maghreb, inaugurée par Gerhardt Rohlfs et poursuivie depuis, sans interruption, surtout dans ces quinze dernières années.

Le célèbre voyageur allemand accomplit en 1862 son premier grand voyage à travers le Maghreb el Aksa, allant de l'ouad Sous à la région du Draa. Puis, en 1864, il traverse, entre Fez et le Tafilelt, toute la chaîne de l'Atlas. Rohlfs ne se borna pas à relever sa route ; il fut le premier voyageur marocain qui eut le réel souci de réunir, à côté de documents d'ordre sociologique, des indications parfois très précieuses sur l'histoire naturelle des pays qu'il traversait, notamment sur la nature du sol.

Une mission anglaise dirigée par J.-Dalton Hooker et John Ball, accompagnée du géologue G. Maw[1], parcourut, en 1871, le Haouz et le flanc septentrional du Haut Atlas, au sud de Marrakech. Elle rapporta, en outre de ses itinéraires, des documents importants sur les mœurs des habitants et une étude de la flore sud-marocaine qui lui permit une comparaison très intéressante avec celle des Canaries ; enfin une étude géologique très précieuse, avec la première coupe relevée dans l'Atlas.

C'est au cours de ce voyage que Hooker vit, dans la direction sud, d'un sommet élevé du Haut Atlas, le djebel Tezah, une chaîne basse à laquelle il donna le nom d'Anti-Atlas[2], par analogie avec l'Anti-Liban. Il crut remarquer que cette chaîne se détachait du Haut Atlas, ainsi qu'il est figuré sur la carte générale publiée par la mission.

C'est en 1879 que l'explorateur allemand Oskar Lenz a, dans son célèbre voyage de Tanger à Tombouctou, recoupé le Haut Atlas et l'Anti-Atlas sur lesquels il a publié quelques documents géologiques intéressants.

Plus tard (1883-1884), Ch. de Foucauld effectua ses mémorables reconnaissances qui marquent

---

1. *Journal of a Tour in Marocco and the Great Atlas* by Joseph Dalton Hooker and John Ball, 1 vol. in-8° avec pl. gravées. London 1878.

2. *Loc. cit.*, p. 260 et suiv.

une époque dans l'exploration marocaine. Ce sont les plus importantes qui aient été entreprises, par la longueur de la route parcourue, la précision et le soin avec lesquels elle a été relevée. L'illustre voyageur a complété les données topographiques de son itinéraire d'informations, aussi consciencieuses que nombreuses, sur la répartition et l'organisation politique des tribus, les mœurs des habitants, etc. Malheureusement, ce monument élevé à la gloire de l'exploration française en Afrique est dépourvu des quelques observations géologiques qui auraient pu élargir considérablement les conceptions de l'auteur sur l'orographie du pays[1]. Des termes de Grand Atlas, Petit Atlas et Moyen Atlas qu'il a employés, le dernier seul, déjà utilisé par Ritter, est consacré par l'usage ; le premier n'est pas usité et la dénomination de Petit Atlas, que de Foucauld emprunte à Ptolémée, crée une confusion, car le géographe alexandrin voulait parler de la chaîne côtière du Rif. Aussi le nom d'Anti-Atlas appliqué par Hooker à la chaîne méridionale doit être maintenu, à la condition toutefois, ainsi qu'il résultera des pages qui vont suivre, de ne lui attacher aucune signification scientifique. Ce voyageur a, de plus, exagéré l'importance qu'il faut attribuer au djebel Bani qui constitue une longue file de collines qui traversent les plaines du Draa ; enfin il s'est fait une fausse conception des reliefs qui bordent au nord et à l'est le Moyen Atlas et qu'il croyait appartenir à une chaîne indépendante qu'il n'a pas dénommée.

---

1. Vicomte Ch. de FOUCAULD. *Reconnaissances au Maroc*, in-4°. texte et atlas. Paris, Challamel édit., 1888.

Quoi qu'il en soit, l'œuvre de Ch. de Foucauld est durable et l'on se demande comment un seul homme a pu, en un temps relativement limité, réunir d'aussi nombreux documents que les informations ultérieures n'ont fait, le plus souvent, que confirmer. Or, les points de comparaison n'ont pas manqué depuis que l'étude méthodique du Maroc est entrée dans sa voie définitive.

Depuis la création, en 1877, d'une mission militaire française demandée par le sultan Moulaï el Hassan, de nombreux levés d'itinéraires ont été entrepris, parfois dans des régions qui n'avaient jamais été parcourues par un Européen. Les capitaines Erckmann, Le Vallois, Berquin, Thomas, le commandant de Breuille, traversent successivement des régions inexplorées et en rapportent des documents topographiques toujours intéressants pour la connaissance du relief marocain.

Puis, la mission anglaise de Joseph Thomson (1888), consacrée au Sud-marocain, apporte du flanc septentrional du Haut Atlas et du Haouz de Marrakech, de précieux documents qui lui permettent d'établir, notamment, une carte hypsométrique à $1/1.500.000^e$ et le premier essai de carte géologique à la même échelle[1]. Des profils transversaux donnent la première idée de la structure de la haute chaine, et l'on sent le souci constant de l'illustre explorateur de baser sur des données géologiques une division du massif. C'est ainsi qu'il conçoit une aile occidentale ancienne et une aile orientale récente dans le

---

1. Joseph Thomson. *Travels in the Atlas and Southern Morocco*, in-8° illustré, London, 1889.

Haut-Atlas, et qu'il limite la chaîne au voisinage du col des P'baoun.

En une série de voyages, H.-M.-F. de la Martinière parcourut différentes parties du Maroc jusqu'au Sous. Ses relations sont intéressantes, non seulement par les itinéraires relevés, mais aussi par les données archéologiques qu'elles renferment[1]. En 1891, il effectua l'importante traversée de Fez à Oujda, renouvelant ainsi la route mémorable de Badia.

En 1892, parut un ouvrage fondamental du professeur Dr Paul Schnell sur la géographie et la cartographie de l'Atlas marocain[2], donnant une étude critique très approfondie de tous les documents originaux. C'est grâce à ce géographe allemand que la division de l'Atlas en Haut, Moyen et Anti-Atlas est aujourd'hui admise par tous les cartographes.

A partir de cette époque, les travaux scientifiques sur le Maroc se multiplient. Avec la fin du siècle dernier, ces études vont prendre de plus en plus la forme précise qu'avait inaugurée Thomson.

Theobald Fischer, bien connu par ses beaux travaux sur le bassin de la Méditerranée a, en plusieurs voyages, parcouru le Maroc occidental et le Haouz de Marrakech. Il a fait ressortir, notamment, les analogies de structure de la zone atlantique avec la Meseta ibérique, publié une

---

1. H.-M.-P. DE LA MARTINIÈRE. *Morocco, Journeys in the Kingdom of Fez and the Court of Mulai Hassan*, 1 vol. in-8°, avec cartes d'itinéraires. London, 1889.

2. *Das Marokkanische Atlasgebirge* (Peterm. Mitt. Erganz, nº 103, Gotha, 1892), avec carte du Maroc et traduction Augustin BERNARD. Paris, E. Leroux, 1898.

remarquable étude sur le climat du Maroc. Les cartes qui accompagnent son texte sont utiles par leur clarté; elles donnent, de plus, de précieux renseignements sur la végétation. Enfin, ce géographe attire l'attention sur la composition des sols (terres noires ou *tirs*), qui donnent au Maroc occidental une grande richesse; il les compare, au point de vue de la formation, à des sols d'origine éolienne.

Les publications de Theobald Fischer sur le Maroc constituent une œuvre de haut mérite; elles ont leur place marquée parmi les plus importants travaux sur l'Afrique du Nord.

Un compagnon de voyage de Fischer, Graf von Pfeil, publie de son côté, dans les *Mitteilungen* de la Société de géographie d'Iéna (1902-1903), ses observations personnelles; il considère surtout les « terres noires » comme un produit de la décomposition des mélaphyres; ailleurs se trouvent des terres sombres, formées d'alluvions avec matières organiques.

A la même époque, le Dʳ Weisgerber fait une série d'explorations fort instructives dans le Maroc occidental et rapporte de ces régions des documents scientifiques très variés, publiés dans diverses revues ou réunis en un volume[1], sur la topographie, la géologie, la végétation. Il est l'un des premiers qui aient appelé l'attention sur la grande fertilité des sols de la zone atlantique. Son œuvre est très consciencieuse, elle témoigne en outre d'un sens d'observation qui se révèle, notamment par des itinéraires qui rendent fidè-

---

[1]. Dʳ WEISGERBER. *Trois mois de campagne au Maroc*, un volume in-8°, Paris, Leroux, édit., 1904.

lement le modelé du terrain, du moins autant qu'il est possible de le faire dans des levés de reconnaissance.

Les premiers voyages de R. de Segonzac[1] ont apporté une importante contribution à la connaissance scientifique du Maghreb, parce que l'audacieux explorateur n'a pas craint d'affronter les régions inhospitalières du Bled es Siba. Des traversées du Rif et du Moyen Atlas, de son ascension de l'Ari Aïchi, l'un des culminants du Haut Atlas, il a rapporté une foule de documents précieux sur ces régions très peu connues. A côté des quelques matériaux géologiques et botaniques qu'il a recueillis, ses levés d'itinéraires, appuyés sur des positions astronomiques, lui ont permis de donner une image des parties du Maroc qu'il a parcourues.

En pays makhzen le capitaine Larras, de la mission militaire française, s'est attaché, de 1896 à 1898, à des levés à grande échelle publiés par le Service géographique de l'armée. Mais il ne semble pas que des cartes si précieuses, à $1/100.000^e$, lui permissent une autre édition avec courbes de niveau de 60 mètres d'équidistance ; car si la planimétrie est excellente pour des levés à la boussole, avec positions déterminées au sextant, par contre le relief, avec cotes déterminées au baromètre anéroïde, ne donne qu'une image imparfaite du modelé. Les levés du capitaine Larras n'en ont pas moins rendu de très grands services, ils constituent le travail topographique le plus considérable effectué avant l'occupation.

---

1. Marquis DE SEGONZAC. *Voyages au Maroc* (1899-1902), un vol. in-8°, avec nombreuses photographies, cartes d'itinéraires, Paris. A. Colin, 1903.

C'est en utilisant les levés du capitaine Larras, les itinéraires de R. de Segonzac et tous les documents à lui confiés avec la plus grande libéralité par le Service géographique de l'armée, que M. R. de Flotte de Roquevaire a pu dresser sa carte du Maroc à 1/1.000.000ᵉ. Déjà ce cartographe avait publié, en 1897, une première édition fort intéressante qui avait non seulement l'avantage de rassembler tous les documents de l'époque, mais encore le mérite de la sincérité. La seconde, de 1904, est beaucoup plus complète grâce aux progrès réalisés dans l'intervalle; mais on pourrait regretter un moindre souci scientifique, parce qu'il est difficile de se reporter aux sources très variées et d'inégales valeurs mises à contribution par l'auteur.

Quoi qu'il en soit, la carte de R. de Flotte a rendu les plus grands services car elle venait à son heure au moment où, après l'accord franco-anglais de 1904, allait s'ouvrir la question marocaine.

Depuis, un grand effort a été produit par la science française, malgré le souffle d'agitation qui a passé sur ce pays musulman au cours de ces dernières années. Une mission organisée par le comité du Maroc en 1904-1905, et dont la direction fut confiée à R. de Segonzac, a parcouru le Nord et le Sud marocains; une mission hydrographique, successivement dirigée par les lieutenants de vaisseau Dyé et Abel Larras, a relevé la côte occidentale, depuis le cap Spartel jusqu'à Agadir; en outre, l'œuvre continue de la Mission scientifique de Tanger, qui doit beaucoup à l'activité et au savoir de Michaux-Bellaire, a jeté plus de clarté dans le domaine de la sociologie musulmane et de l'archéologie. Enfin, les voyages géologiques de Brives et de Paul Lemoine, économiques et sociologiques d'Edmond Doutté, de René Leclerc, Ladreit de Lacharrière, etc., pour ne citer que les principaux, ont singulièrement accru le patrimoine scientifique de la France dans le Nord-Ouest africain.

J'ai, de mon côté, apporté ma modeste contribution à cet effort national, par une suite de voyages ininterrompus depuis l'année 1904 et dont les conclusions essentielles seront énoncées au cours des pages qui vont suivre.

Enfin, il ne faut pas oublier que notre brillante armée d'Afrique n'a pas accompli seulement la tâche périlleuse qui lui a été confiée, c'est-à-dire la pacification de ce pays musulman. Elle a su encore entreprendre, après l'action militaire, une œuvre de civilisation où son rôle scientifique s'est révélé en maintes circonstances, notamment au point de vue de la figuration géométrique du Maroc.

L'ère de l'exploration du Maghreb est maintenant terminée. L'étude méthodique et détaillée de ce beau pays a été inaugurée par les levés réguliers du Service géographique de l'armée, sous les auspices d'éminents généraux, des Lyautey, des d'Amade, des Moinier.

II

L'HISTOIRE GÉOLOGIQUE DU MAROC
ET LA GENÈSE DE SES GRANDES CHAINES

Les observations sur le Maroc, patiemment accumulées dans ces dernières années, nous permettent, bien qu'elles soient parfois insuffisantes, de jeter un coup d'œil sur l'histoire de cette partie du Continent africain, dans le passé des temps géologiques.

Nous commencerons par l'étude du Haut Atlas, parce que cette chaîne constitue, dans sa partie occidentale, la région marocaine sur laquelle les recherches récentes ont jeté le plus de clarté. On ne sait presque rien sur le Haut Atlas oriental, mais les observations précises effectuées dans l'ouest nous permettront, je pense, d'étendre nos conclusions et de nous faire une idée de la genèse de l'ensemble de la chaîne.

1. — Le Haut Atlas.

LE HAUT ATLAS OCCIDENTAL. — Les premiers plissements de l'Atlas paraissent remonter à la fin de l'époque silurienne. La présence fréquente d'un conglomérat de base marquant le début des dépôts de la mer dévonienne semble témoigner d'un mouvement important entre ces deux grandes époques des temps primaires.

S'il en est bien ainsi — ce que des observations ultérieures seules pourront démontrer — il faudra admettre qu'une *chaîne calédonienne* a été édifiée sur l'emplacement du vaste géosynclinal qui, au début de l'ère paléozoïque, s'étendait à toute l'Europe et à l'Afrique du Nord ; elle contribuait au rétrécissement graduel du vaste océan primaire en venant accroître l'étendue de l'aire continental qui le limitait au sud.

Mais l'incertitude qui règne sur l'existence des plissements calédoniens ne subsiste pas en ce qui concerne l'effet des mouvements de l'époque carbonifère. On sait que ces derniers se sont puissamment fait sentir dans l'Europe occidentale et centrale, donnant lieu à la formation d'une chaîne armoricaine-varisque, plus généralement désignée en France sous le nom de *chaîne hercynienne.*

Les efforts orogéniques qui ont contribué à sa formation, dans l'Atlas marocain, se sont fait sentir immédiatement après les dépôts du Carbonifère inférieur (Dinantien), intéressant à la fois les sédiments de cet âge et tous ceux qui les ont précédés. Cela résulte des observations de mes devanciers[1], que mes recherches ont permis de mieux préciser en montrant que les terrains rouges permo-triasiques sont en superposition discordante sur ceux du Carbonifère inférieur, vigoureusement plissés.

La chaîne primaire s'est donc édifiée à une époque comprise entre la fin du Dinantien et le

---

1. Voir J. Thomson, A. Brives, P. Lemoine.

dépôt des couches rouges superposées, qui débutent au moins par le Permien supérieur (Thuringien) ; c'est-à-dire qu'elle doit être considérée comme contemporaine de la chaîne armoricaine-varisque de l'Europe centrale.

De même que la chaîne calédonienne, que nous admettrons jusqu'à preuve du contraire, la chaîne hercynienne a contribué à rétrécir, sur son bord méridional, le vaste géosynclinai primaire qui était compris entre le Nord de l'Europe et le Centre africain.

Dans le Haut Atlas occidental, la chaîne carbonifère . était dirigée NNE-SSW, accusant ainsi une *direction varisque*. Mais, plus à l'est, au delà du col de Telouet, elle montre une *branche armoricaine ;* tandis que dans la partie centrale les plissements sont voisins de la méridienne, ainsi que je l'ai constaté dans la haute vallée du Draa.

Il en résulte que les différents faisceaux de ces « Altaïdes africaines » convergent dans une zone qui s'étend principalement aux massifs inexplorés du djebel Bou Ourioul et du djebel Tidili, formant un vaste éventail qui s'épanouit vers les régions sahariennes.

On peut constater, en outre, que la jonction des plis hercyniens coïncide avec des affleurements paléozoïques, particulièrement métamorphisés, qui ont été, avant l'ère secondaire, profondément modifiés par de multiples injections de roches intrusives, granitiques. On est donc conduit à voir dans la convergence des plissements de la chaîne hercynienne, non plus une simple virgation des faisceaux de plis, mais un rebroussement (schaarung) suivant l'arête duquel se serait produit, conformément à la loi énoncée par Em. Haug, la sortie du magma interne. Cette région correspondrait à une zone particulièrement faible de l'écorce terrestre.

On peut, d'après ce qui précéde, se faire une idée des grandes lignes orographiques du Sud-ouest marocain, à la fin de l'époque carbonifère et au début de l'époque permienne. Une chaîne tout à fait différente de la chaîne actuelle se développait, non plus normalement à la côte atlantique, mais à peu près parallèlement aux rivages de cet océan, tels qu'ils sont tracés de nos jours. Elle atteignait vraisemblablement des altitudes élevées.

La chaîne hercynienne n'a pas tardé à se modifier. Elle a été la proie de l'érosion continentale qui a pu commencer dès la fin de la période carbonifère pour se poursuivre durant le Permien et une partie du Trias. Elle a été ainsi complètement arasée, transformée en un plateau surbaissé ou *pénéplaine*, qui occupait non seulement l'emplacement du Haut Atlas occidental mais s'étendait bien au delà.

Il est difficile de préciser la durée de ce travail d'érosion; les seules notions que j'aie pu acquérir à ce sujet résultent d'observations faites plus au Nord, au bord du pays des Chaouïa. Les vestiges de la pénéplaine ancienne sont recouverts par les dépôts horizontaux du Trias supérieur et du Rhétien, ce qui fait remonter sa genèse à la fin des temps primaires ou à l'aurore de l'ère secondaire.

La pénéplaine a forcément subi, depuis cette date extrêmement reculée, de profondes modifications. C'est ainsi qu'elle a été le plus souvent recouverte par les dépôts des mers secondaires. Mais il en existe encore des restes bien conservés au sud de l'Atlas, dans les régions des Aït Khzama, des Aït Tamassin, des Aït Abdalla, etc. Elle apparaît plus nettement encore au nord de l'Atlas.

Les matériaux provenant du démantèlement de la chaîne hercynienne se retrouvent un peu partout ; car les conglomérats, les grès et les argiles rouges qui proviennent des dépôts du Permien et du Trias inférieur, résultent de l'accumulation de ces matériaux autour de la chaîne primaire ou dans les grandes vallées qui la sillonnaient.

Je pense que les couches permo-triasiques qui montrent parfois, dans la partie centrale du massif, des bandes alignées parallèlement à celles des affleurements siluriens ou dévoniens, peuvent résulter du remplissage des vallées par les matériaux entraînés sous l'action d'une érosion active. Ces vallées, tectoniques et synclinales, existaient déjà dans la chaîne hercynienne avant son ablation. Les roches arénacées du même âge proviennent, en effet, de la cimentation de dépôts fluviatiles, affectant fréquemment une allure torrentielle avec stratification entrecroisée. Ils renferment encore des débris de la flore arborescente qui couvrait les flancs de cette chaîne dans la plus haute antiquité.

Les uniques restes organisés que j'ai trouvés dans ces formations permo-triasiques sont des aiguilles et de petites branches de Conifères. Et la richesse constante en oxyde de fer (hématite) de ces couches rouges indique qu'elles ont été déposées sous un climat tropical.

On se croirait, dans les grandes coupures actuellement aménagées dans ces conglomérats rutilants, en face des dépôts de transport de quelque grand fleuve ou d'un torrent charriant, dans les régions élevées de la vallée, les roches arrachées aux flancs de la montagne.

A la formation de la pénéplaine a succédé le morcellement de la chaîne hercynienne. De grandes fractures se sont produites provoquant la formation d'une série de compartiments affaissés. Il semble bien que les plus importantes de ces fractures aient jalonné l'emplacement de la chaîne actuelle. Et il est naturel de penser que les effondrements ainsi produits ont été en relation avec les formidables éruptions volcaniques de trachytes, d'andésites, de basaltes qui, commencées à l'époque permienne, ont pu se prolonger durant l'époque triasique. Ces phénomènes éruptifs ont laissé des vestiges sur de vastes étendues, mais ils doivent avoir atteint leur paroxysme dans la région actuellement occupée par les crêtes les plus élevées du Haut Atlas, au sud de Marrakech. On peut observer, en ce point de la grande chaîne, des accumulations de laves et de produits de projection, atteignant des épaisseurs de plus de 1.500 mètres aux djebels Likoumt, Toubkal, Tamjout, etc. Or, il est indiscutable que ces déjections volcaniques ont été en partie la proie de l'érosion, puisqu'elles couronnent les hauts sommets qui sont en voie de destruction sous l'influence combinée du dégel, de la pesanteur et des précipitations atmosphériques.

On est surpris, à l'examen de la carte géologique du Haut Atlas occidental, de voir que les affleurements jurassiques laissent un espace vide entre le col des Bibaoun et le Tizi n Telouet, soit sur une étendue de près de 200 kilomètres. C'est un fait très frappant que la constitution exclusivement primaire des terrains qui participent, sur cette vaste étendue, à la constitution du massif. Il éveille dans l'esprit plusieurs interprétations qui nécessitent un examen attentif.

La plus simple consisterait à admettre que le massif primaire, réduit à la pénéplaine recouverte par un formidable appareil volcanique, formait îlot dans les mers jurassiques qui l'auraient entouré de leurs sédiments. Mais cette idée ne supporte pas la discussion des faits stratigraphiques car nulle part, aux approches du massif ancien, il n'a été observé de dépôts pouvant laisser supposer la proximité de quelque rivage de ces mers secondaires.

Je me suis demandé, en outre, si la partie la plus saillante du Haut Atlas, celle précisément comprise entre le col des Bibaoun et le Tizi n Telouet, n'offrirait pas quelques nappes de charriage ou quelque « carapace » de terrains anciens recouvrant les terrains crétacés qui forment une bordure presque continue autour de l'îlot considéré. Mais, si séduisante que soit cette hypothèse elle doit être rejetée, car l'examen critique des faits tectoniques montre que le Haut Atlas a une structure simple. Aussi bien à son extrémité occidentale qu'au delà du col de Telouet, nous verrons que la chaîne n'offre que des plis jurassiens qui ne pourraient s'allier à la forme plus violente des plis alpins que nous venons d'envisager.

Mais cette interprétation, qui a retenu un instant mon attention, m'a contraint à des spéculalations, à des rapprochements qui m'ont permis, je pense, de jeter quelque clarté sur la synthèse de la grande chaîne marocaine encore très peu étudiée.

Nous sommes ainsi conduits, pour expliquer l'absence des terrains jurassiques sur une aussi vaste étendue, à admettre leur ablation par surrection et érosion consécutives.

Le morcellement de la chaîne carbonifère a vraisemblablement tracé, sur l'emplacement actuel de la chaîne de l'Atlas, un vaste sillon, sorte de fossé qui a été envahi par les eaux des mers jurassiques et dont la profondeur a pu s'accroître suffisamment pour permettre, à un certain moment, des formations bathyales. Et c'est sur cette dépression des temps secondaires que va s'édifier le Haut Atlas marocain.

Nous sommes ainsi amenés à dire que la direction de la chaîne du Haut Atlas s'est dessinée dès la fin des temps primaires.

Par un phènomène qui nous échappe, soit par un phénomène épirogénique, soit par un jeu contraire des failles qui avaient donné naissance au grand fossé jurassique, il s'est produit vers la fin de l'ère paléozoïque une émersion du fond de la mer secondaire. Cette exondation a atteint son maximum entre les cols des Bibaoun et de Telouet et les couches jurassiques n'ont pas tardé à être démantelées par l'érosion continentale et par celle des mers du Crétacé inférieur.

Nous désignerons cet îlot momentanément émergé sous le nom de « Massif central du Haut-Atlas occidental » ; il constitue la première ébauche de la grande chaîne.

Il a été d'abord entouré par les mers crétacées qui ont laissé, sur sa périphérie, des dépôts arénacés ou lagunaires témoignant de la proximité des rivages et marquant le prélude de la transgression cénomanienne qui a recouvert, en grande partie du moins, la chaîne naissante de l'Atlas.

La différence de faciès des dépôts crétacés dans la zone littorale et dans la région orientale — néritiques dans le premier cas, gypseux et lagunaires dans le second, — indique qu'il y avait encore, au delà du Tizi n Telouet, une émersion partielle ou un haut-fond de la mer. Aussi ne paraît-il pas douteux que le géosynclinal de l'ère secondaire ait été, à ce moment, relégué à l'ouest du Massif central de l'Atlas.

Enfin, après la transgression cénomanienne, le Turonien et le Crétacé supérieur à Céphalopodes, y compris les couches à Baculites et l'Éocène superposé, montrent une sédimentation continue indiquant une régression des mers crétacées et tertiaires.

Une lacune importante s'est produite avant la fin de l'Éocène, car on retrouve ensuite des sables ou des molasses du Tortonien, recouverts par les grès coquilliers du Pliocène. Cette lacune n'est pas étrangère aux mouvements tertiaires qui ont peut-être débuté avant la fin de la période éogène et se sont certainement prolongés durant la plus grande partie du Néogène. Elle marque la trace des efforts orogéniques qui ont affecté les couches tortoniennes et même plaisanciennes.

Il en est résulté la formation de rides qui sont venues se superposer aux plissements hercyniens et dont l'allure générale a été déterminée par le bord fracturé des plis anciens, après le morcellement de la chaîne carbonifère. Le principal mouvement tertiaire a remanié les terrains primaires de l'Atlas en même temps qu'il a laissé des traces profondes dans les grès rouges du Permien et dans les dépôts secondaires.

Il s'est établi ainsi un régime d'anticlinaux et de synclinaux qui ont imprimé à la chaîne sa direction et ses grandes lignes orographiques définitives.

Ces plis sont très réguliers et sensiblement dirigés NEE-SWW au delà du Massif central ; leur couverture jurassique se complique parfois d'ondulations secondaires et ils peuvent s'étaler sur de grandes surfaces formant, dans les Aït Mdioual, une zone anticlinale. Ils sont invariablement inclinés vers l'est montrant, à partir du col de Telouet, un abaissement d'axe très sensible vers le cœur de la chaîne.

Dans la région littorale ils doivent être limités aux deux anticlinaux qui, descendus des hauteurs des Ida ou Mahmoud et des Ida ou Zikki, aboutissent au cap R'ir et à Agadir n Ir'ir, avec une inclinaison axiale très marquée. De sorte que ces deux plis doivent être considérés comme formant, jusqu'à la côte atlantique, le prolongement du Haut Atlas, contrairement à l'opinion antérieurement admise à la suite des explorations de J. Thomson qui limitait la grande chaîne aux hauteurs du col des Bibaoun.

En dehors des anticlinaux du Cap R'ir et d'Agadir se montrent, au nord de l'Atlas, une série de plis généralement très courts, qui surgissent de couches à peu près horizontales. Ces brachyanticlinaux, plus rarement ces dômes, doivent être considérés comme la répercussion des efforts orogéniques tertiaires qui ont plissé la chaîne, dans une région d'architecture tabulaire.

Il semblerait, au premier abord, que les plis de la zone littorale soient beaucoup moins accen-

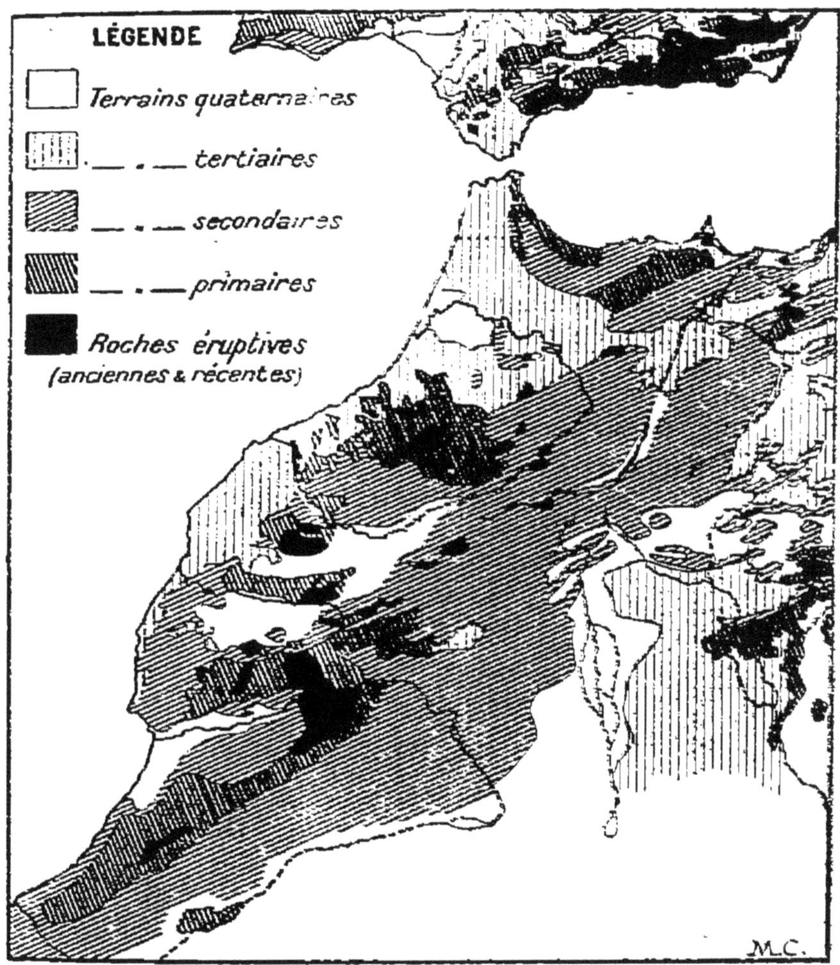

Fig. 2. — Esquisse géologique du Maroc.

tués que ceux de la région orientale. Mais si l'on remarque que la couverture est crétacée dans le premier cas, jurassique dans le second, on voit que la différence n'est qu'apparente et résulte de ce fait, que l'intensité des plissements diminue de la profondeur vers la surface, suivant une loi établie par Maurice Lugeon.

Les plis tertiaires, dans les assises secondaires, passaient primitivement sur le Massif central du Haut Atlas où ils ont été effacés par l'érosion. Aussi la trace des mouvements néogènes est-elle parfois difficile à saisir dans les parties élevées de la haute chaîne, parce que les plis alpins sont venus s'y superposer aux plissements carbonifères. Mais l'observation des couches rouges permo-triasiques, dont le dépôt est postérieur à ces derniers mouvements, permet de se rendre compte des efforts orogéniques les plus récents.

Un profil longitudinal du Haut Atlas occidental permet de considérer cette partie de la grande chaîne comme formée d'un vaste bombement anticlinal à couverture jurassique, dont l'axe principal coïncide avec l'axe de la chaîne.

Après la grande phase des plissements tertiaires il s'est produit, par rémission des forces tangentielles, des tassements sur les deux versants de la chaîne, de part et d'autre du Massif central de l'Atlas que nous avons vu se dessiner dès l'aurore des temps crétacés.

Des séries de fractures longitudinales, parfois en escalier, se sont produites du côté de la plaine de Marrakech au nord, du côté du Sous et du Draa au sud. Déjà entrevues et figurées par J. Thomson sur le flanc nord de la chaîne je les ai vues moi-même sur le flanc méridional. Elles forment des faisceaux de cassures dirigées dans leur ensemble parallèlement à l'axe de l'Atlas ; mais deux d'entre elles, qui ont produit une dénivellation considérable des couches, jouent le rôle de failles-bordières dans ces zones fracturées. On voit qu'elles séparent le massif ancien des bandes crétacées qui bordent les grandes plaines du Haouz, du Sous et du Draa.

Comme les régions de plaines situées au nord et au sud du Haut Atlas occidental sont caractérisées par un régime tabulaire du Crétacé et parfois de l'Éocène, il en résulte qu'elles jouent le rôle de régions effondrées par rapport au Massif central ou, ce qui revient au même, que ce massif ancien a été surélevé par rapport aux flancs de la chaîne.

Il semble que les grandes fractures qui ont produit le morcellement de la chaîne hercynienne à la fin des temps primaires aient rejoué. Une conséquence de ces tassements a été la structure en éventail des plis carbonifères de la zone axiale de la chaîne, surtout visible chez les Aït Mdioual. Ils ont encore eu pour effet de provoquer, au sud de la haute chaîne, des éruptions volcaniques dont les phénomènes grandioses édifiaient, par l'accumulation formidable des laves et des produits de projections trachytiques, andésitiques et phonolitiques, l'appareil du volcan du Siroua, qui constitue l'un des points géographiques les plus singuliers du Continent africain.

Il me paraît utile de faire remarquer que ce volcan néogène s'est élevé sur la pénéplaine primaire, dans la zone de convergence des plis hercyniens qui est, ici encore, très fortement métamorphisée par de nombreuses intrusions de roches granitiques. Ce fait semblerait confirmer ce que j'ai dit de la relation qui pourrait exister entre cette zone faible de l'écorce terrestre et la présence de l'édifice volcanique permien des crêtes de l'Atlas.

Si ces faits étaient précisés dans l'avenir, il conviendrait de faire un rapprochement entre ces régions nord-africaines et la partie du Massif central de la France où s'est produite, par un brusque changement de direction des plis armoricains, la zone de rebroussement (*schaarung*) avec les plis varisques de la même chaîne carbonifère.

Il est, de toute façon, permis d'établir un parallèle entre les deux époques permienne et néogène, au point de vue des phénomènes dynamiques qui ont été mis en jeu, dans les régions marocaines qui nous occupent. Les mêmes fractures et les mêmes manifestations volcaniques se sont associées, à ces deux époques si éloignées l'une de l'autre, pour laisser dans la grande chaîne du Haut Atlas la trace des événements les plus importants de son histoire dans le passé des temps géologiques.

Vue d'ensemble sur le Haut Atlas. — Les connaissances qui nous ont permis de faire un essai de synthèse sur le Haut Atlas occidental peuvent nous servir, en étendant les observations précises faites dans l'ouest, à jeter quelque lumière sur la structure du Haut Atlas oriental.

Mais nous n'avons guère ici que des documents topographiques et de très rares données géologiques rapportées par les quelques explorateurs qui ont traversé cette partie de la chaîne, parmi lesquels Rohlfs, Schaudt, de Foucauld, de Segonzac.

Tout ce qu'il est possible d'affirmer, d'après mes propres observations, c'est que les sédiments du Carbonifère inférieur, surmontés par les couches rouges permo-triasiques, s'étendent au delà du méridien de Demnat; car je les ai vus, du Tizi n Imoudras, se poursuivre fort loin au delà du djebel Nour'ra et du djebel R'at, sur le revers méridional de la chaîne. Depuis, l'analogie de faune et de faciès des dépôts dinantiens dans cette région des Aït Iguernan, avec ceux de la région de Colomb-Béchar, permet d'entrevoir une continuité stratigraphique sur une distance d'environ 450 kilomètres à vol d'oiseau.

J'ai pu, en outre, voir la couverture jurassique de ces terrains primaires s'étendre très loin vers le NE, en conservant l'allure plissée que nous avons vue dans l'ouest.

Un fait important qu'il m'a encore été donné d'observer, c'est le plongement régulier vers le cœur de la chaîne, des axes des plis tertiaires qui descendent du Massif central du Haut Atlas occidental.

L'étude des échantillons rapportés par R. de Segonzac de son voyage en 1905, et leur repérage sur son itinéraire, me permettent, malgré la rareté de ces documents, quelques déductions intéressantes.

La vallée de l'ouad el Abid est, depuis sa source jusqu'à son débouché dans la plaine, creusée dans des reliefs à couverture jurassique. Elle met à nu, dans sa partie basse, des dépôts rouges avec gypse qui doivent représenter le Permo-Trias. En amont de la Zaouïa d'Ahansal elle fait affleurer des roches volcaniques, des andésites et des diabases, vraisemblablement encore de cet âge.

Les levés de reconnaissance de R. de Segonzac entre la vallée de la Haute Mlouya et la plaine du Ferkla, montrent que le Haut Atlas n'a guère qu'une cinquantaine de kilomètres de largeur, à vol d'oiseau, et qu'il est constitué par une série de trois grandes arêtes à peu près parallèles et dirigées NE-SW.

La ride centrale, qui comprend le djebel Maasker, peut s'élever à 4.000 mètres ; tandis que le pli méridional domine la plaine désertique, avec l'Ari Aïachi qui atteint 4.250 mètres environ.

Ces trois rides correspondent indiscutablement à de grands plis anticlinaux, à noyau liasique et permo-triasique, à flancs jurassiques d'où de Segonzac a rapporté des débris de Céphalopodes.

Plus au nord, la coupure parfois profonde de l'ouad R'ris montre même une série jurassique reposant sur des calcaires liasiques et, à partir de là, les couches deviennent horizontales. On se trouve alors dans la région tabulaire de la plaine, en dehors de la zone plissée de l'Atlas.

Il ne paraît pas douteux, en outre, que les axes des rides anticlinales s'abaissent vers la partie occidentale de la chaîne, à partir du méridien de l'Ari Aïachi ; de sorte qu'il existe une zone synclinale entre ce point de l'Atlas et le méridien de Demnat. Vers l'est, la descente des plis se fait en sens contraire, à partir du chemin de Fez au Tafilelt par Kasbat el Makhzen, car les plis tertiaires du Haut Atlas oriental s'abaissent rapidement vers les confins algéro-marocains, au delà de Tizi n Telr'emt, pour aller s'ennoyer sous les dépôts néogènes continentaux, pliocènes ou pontiques. Si l'on rapproche ces données de la présence, au sommet de l'Ari Aïachi, d'une roche éruptive rapportée par de Segonzac à son premier voyage, on voit que le Haut

Atlas oriental peut être considéré comme un vaste bombement anticlinal, à couverture jurassique sillonnée de plis droits ou déversés qui courent sur de vastes étendues. Nous avons vu des faits analogues dans la partie occidentale du Haut Atlas.

Ainsi, tout en faisant la part des incertitudes qui planent sur des contrées aussi peu étudiées, le Haut Atlas nous apparaît comme composé de deux parties tectoniquement distinctes, formées chacune d'un vaste bombement anticlinal à couverture jurassique et à noyau ancien, séparées par une zone synclinale située entre le méridien de Demnat et la région des sources de la Mlouya.

Ces déductions me conduisent à remettre en question une division du Haut Atlas marocain en deux ailes, d'après Joseph Thomson.

L'explorateur de Foucauld avait été frappé, en franchissant le col du Glaoua, de la hauteur relativement faible de ce passage, et il a considéré le Tizi n Telouet comme un point orographique remarquable, correspondant à un abaissement considérable de la chaîne.

Un peu plus tard, Thomson eut la même impression ; mais au rôle orographique du col de Telouet, il ajouta une grande importance « géognostique ». Et il admit que, très près de là à l'est du col, se trouvait la limite des deux parties du Haut Atlas qui différaient, d'après lui, par leur âge géologique et leur structure. Il fut amené à distinguer ainsi « l'aile occidentale ancienne et l'aile orientale récente ».

La conception de l'illustre explorateur anglais était basée sur des observations géologiques très imparfaites. Nous avons vu la signification qu'il convient de donner à son aile occidentale, qui n'est autre que le Massif central du Haut Atlas, formé de terrains paléozoïques ; et il est indispensable de rattacher à ce massif ancien les plis tertiaires à couverture jurassique, qui en descendent jusqu'au delà du méridien de Demnat.

Mais il sera possible, plus tard, de séparer dans la haute chaîne les deux aires tectoniques que nous venons de définir et qui permettront de distinguer un « Haut Atlas occidental et un Haut Atlas oriental ».

2. — La Meseta marocaine.

Les terrains paléozoïques que nous avons observés dans le Haut Atlas se retrouvent au nord de la chaîne, affleurant dans la Meseta marocaine, chez les Zaër et les Chaouïa, où l'on rencontre le Silurien et le Dévonien, peut-être aussi le Carbonifère et, à coup sûr, le Permo-Trias.

Mes observations sur la chaîne carbonifère, dans cette partie du Maroc, sont très instructives. Des saillies de roches dures, désignées par les indigènes sous le nom de *sokhrat* et formées de quartzites siluriens ou dévoniens, émergent des schistes et des grauwackes, donnant une image particulièrement saisissante de ces « Altaïdes africaines » complètement démantelées.

Les plis de la chaîne primaire que nous avons vu s'étaler en éventail dans le Haut Atlas occidental se poursuivent plus au nord avec une direction sensiblement NNE. Puis, au centre du pays des Chaouïa, la chaîne hercynienne se bifurque par virgation de ses plis en deux branches, l'une prenant une direction armoricaine NNW avant d'aller s'effondrer sous les eaux de l'Océan ; l'autre se poursuivant avec une direction varisque vers l'ENE, à travers les régions des Zaër et des Zaïan, jusque dans les premiers contreforts du Moyen Atlas.

Nous verrons que l'on retrouve en divers points du Maroc les vestiges de la pénéplaine produite par l'arasement de la chaîne hercynienne ; mais de toutes les régions du Maghreb, la Meseta marocaine offre les plus beaux exemples de ces formes d'érosion.

C'est dans le pays des Chaouïa, sur les berges de l'Oum er Rbëa, aux environs de Mechrat ech Châïr, que j'ai observé sur les couches rouges permiennes, entremêlées de roches volcaniques, les dépôts du Trias moyen ou supérieur et du Rhétien fossilifère, demeurés horizontaux. Ces couches, en transgression sur le Dévonien et le Silurien, limitent au Trias inférieur l'âge de la pénéplaine.

Il est plus intéressant encore de constater que les dépôts crétacés sont venus, par une transgression turonienne et cénomanienne, recouvrir le Rhétien ; et qu'enfin le Néogène se montre en couches toujours à peu près horizontales, marquant la longue lacune du Jurassique et du Crétacé inférieur.

Il en résulte que la Meseta marocaine, contrairement à ce que nous avons vu dans l'Atlas, n'a subi aucun plissement sensible depuis la fin de l'ère primaire. A partir de cette époque, les phénomènes orogéniques ont laissé place aux phénomènes épirogéniques et, au *régime plissé* par excellence des Altaïdes marocaines, a succédé un *régime tabulaire* durant l'immense durée des temps secondaires et tertiaires.

Telle est la caractéristique principale de la Meseta marocaine qui est comparable, au point de vue géologique, à la Meseta ibérique ou Plateau central espagnol, ainsi que Theobald Fischer en a eu le premier l'idée [1].

Nous nous trouvons, dans cette partie du Maghreb, en présence d'un compartiment de la lithosphère qui n a plus subi les effets d'écrasement des poussées latérales, mais seulement des oscillations et des mouvements de bascule, alternativement positifs et négatifs par rapport au niveau des mers secondaires et tertiaires. Ce « pilier résistant de l'écorce terrestre » a ainsi, pendant une très longue durée des temps géologiques, joué le rôle de *horst*, tel que le comprend l'illustre géologue viennois Edward Suess; horst né du morcellement de la chaîne hercynienne, compartiment immuable de l'immense réseau tracé par dislocation, après l'arasement de cette puissante ride montagneuse.

A ce point de vue, la Meseta marocaine est comparable au Plateau saharien où la pénéplaine primaire a été recouverte en transgression par les dépôts du Cénomanien ou par des couches à Poissons un peu plus anciennes. C'est là que G. B. M. Flamand a, pour la première fois, signalé des traces de plissements hercyniens [2].

---

1. Convaincu que « l'avant-pays » de l'Atlas était au nord de la grande chaîne, l'éminent géographe allemand a toujours désigné cette partie du Maroc « Atlas vorland von Marokko ». Je pense qu'il est préférable d'employer le nom de « Meseta marocaine », parce que l'avant-pays du Haut Atlas est, nous le verrons plus loin, du côté du Plateau saharien.

2. G. B. M. Flamand. *Une mission d'exploration scientifique au Tidikelt. Aperçu général sur les régions traversées* (Annales de Géographie. 1900. p. 233-262; carte, pl. IX).

Il résulte de ces faits que les sédiments secondaires qui se sont formés sur l'emplacement actuel du Haut Atlas se sont déposés entre ces deux horsts, et il suffit d'admettre que ces derniers ont subi, l'un par rapport à l'autre, des déplacements relatifs, pour expliquer les mouvements orogéniques dont nous avons suivi les épisodes dans l'Atlas, probablement dès l'aurore de la période crétacée et certainement à l'époque néogène.

Mais il faut reconnaitre que le rapprochement de ces deux horsts, au point de vue des effets produits sur les sédiments de l'Atlas, ne peut être mis en parallèle avec les causes formidables qui ont plissé les Alpes; car nous n'avons pas retrouvé dans le Haut Atlas marocain les chevauchements à grande amplitude qui caractérisent la chaîne européenne.

Nous avons vu à quelle simplicité de formes se réduisent les plis tertiaires du Haut Atlas, qui donnent à ces « Altaïdes posthumes », suivant l'expression d'Ed. Suess, une structure qui les rapproche du Jura plutôt que des Alpes. Mais une question se posait, celle de savoir de quel côté se trouve *l'avant-pays* de l'Atlas. D'après mes observations, il est de toute évidence que ce « vorland » est, comme le pense l'auteur de « La Face de la Terre », le Plateau saharien, de même qu'il constitue dans l'est, l'avant-pays de la chaîne saharienne.

C'est donc vers le Sahara que se serait produit un chevauchement des plis du Haut Atlas si les mouvements orogéniques tertiaires avaient été suffisamment énergiques. Et je suis convaincu que les anticlinaux à couverture jurassique accusent, dans l'Atlas oriental, un déversement vers le sud, alors que j'ai signalé, à l'extrémité occidentale de la chaîne, surtout dans la zone littorale, un déversement en sens contraire. La région tabulaire de la Meseta marocaine montre, en effet, au nord de l'Atlas occidental, une série de brachyanticlinaux déversés vers le nord-ouest. Ce phénomène, notamment accusé au djebel Hadid, au nord de Mogador, m'a fait dire que les plis récents du Haut Atlas ont une tendance à venir s'écraser sur la Meseta marocaine.

Or la Meseta marocaine se poursuit au delà des collines des Djebilet, dans le Haouz de Marrakech, où les couches du Crétacé et de l'Eocène ont laissé des traces indiscutables de leur disposition tabulaire, dans les gour de l'Ang el Djemel, de Sidi Abd el Moumen, etc. Et rien n'est plus saisissant que la monotonie décevante de la plaine de la Bahira, chez les Rehamna où, sur plus de 60 kilomètres, depuis Smira jusqu'au pied des Djebilet, l'on ne voit, au cours d'une interminable étape, que des calcaires crétacés d'une horizontalité constante !

On pouvait croire que le déversement des plis les plus occidentaux du Haut Atlas ou du bord de la Meseta marocaine était en contradiction avec celui des plis plus orientaux de même âge, mais l'anomalie n'est qu'apparente Il convient de remarquer, en effet, que l'Atlas offre, à son extrémité occidentale, son maximum de rétrécissement ; de sorte que les dépôts secondaires ont été, de ce côté, coincés sur une faible largeur, entre la Meseta marocaine et le Plateau saharien. Il a suffi du dénivellement de ces deux horsts, l'un par rapport à l'autre, pour produire un rejet de la masse comprimée sur la mâchoire d'étau la moins élevée. Or il est indiscutable que la pénéplaine primaire, dans le premier horst, se trouve à une altitude très sensiblement moindre que dans le Plateau saharien, de l'autre côté de l'Atlas, dans la vallée du Draa.

Un déplacement relatif assez faible de la Meseta marocaine, par rapport au Plateau saharien, a suffi pour donner naissance aux plis de l'Atlas, parce qu'ils sont formés d'anticlinaux et de synclinaux largement étalés et que les chevauchements sont presque complètement absents de la chaîne. Un simple mouvement de bascule du plateau occidental marocain suffirait même à expliquer la striction correspondante des dépôts secondaires. Or, si l'on examine dans son ensemble les altitudes auxquelles se trouvent actuellement portés les différents points de la pénéplaine primaire de la Meseta marocaine, on se rend compte qu'un tel mouvement s'est produit à l'époque néogène.

Dans le pays des Zaër, on voit le soubassement primaire des dépôts crétacés à des altitudes de 700 à 800 mètres, tandis que le plateau d'Oulmess, traversé par de Foucauld et situé plus au nord, chez les Zaïan, s'élève, d'après lui, à 1.290 mètres. Ce plateau est formé par la pénéplaine primaire recouverte par une faible épaisseur de sédiments plus récents. Au contraire, si l'on se porte vers le sud, on voit que les terrains crétacés se trouvent, au nord des Djebilet, chez les Rehamna, à des hauteurs comprises entre 400 et 500 mètres et que, dans le Haouz de Marrakech, les horizons les plus élevés du Crétacé, parfois surmonté de la base de l'Éocène (Raïat, Ang el

Jemel), ne dépassent guère la cote 500 ce qui, étant donnée l'épaisseur importante des terrains secondaires dans le Sud-marocain, met la pénéplaine primaire à une profondeur de plus de 500 mètres au-dessous du niveau de la mer.

Ce mouvement de bascule n'est pas étranger non plus à l'existence des fractures longitudinales du versant septentrional de la chaîne, dont le faisceau correspond à une dénivellation considérable par rapport au niveau de la plaine du Haouz.

Il n'est pas inutile de noter en passant que, si les lambeaux crétacés qui la recouvrent encore ont pris part au mouvement de la pénéplaine, par contre, les couches plaisanciennes qui bordent la côte atlantique ont relativement peu bougé, ce qui montre que le balancement de la Meseta marocaine, postérieur au Crétacé et à l'Eocène qui la surmontent, est antérieur au Pliocène.

Nous sommes ainsi amenés à contrôler l'àge néogène du grand effort de plissement et de dislocation de la chaîne du Haut Atlas.

3. — L'Anti-Atlas.

Hooker a désigné sous ce nom une chaîne basse qui s'étend au sud du Haut Atlas parce qu'il avait été frappé de ce fait, que les rapports existants entre les deux chaînes rappelaient les relations du Liban et de l'Anti-Liban ; mais ce voyageur reconnaît que l'analogie n'est pas complète. Nous conserverons néanmoins l'appellation d'Anti-Atlas, parce qu'elle est consacrée par l'usage, bien qu'elle n'ait pas plus de signification, au point de vue tectonique, que celle d'Anti-Liban, d'Anti-Caucase et d'Anti-Taurus.

Si l'on est d'accord sur la dénomination de cette chaîne méridionale, il semble qu'on le soit moins, quant à son étendue, puisque Lannoy de Bissy la limite au massif montagneux, le djebel Siroua, qui la réunit au Haut Atlas, tandis que Chavannes incorporait à l'Anti-Atlas le djebel Sar'ro. C'est ainsi que les géographes ont, depuis, figuré sur leur cartes l'Anti-Atlas comme partant de l'Atlantique, pour aboutir au delà du Tafilelt, au nord de Kenadsa, avec jonction par une chaîne transversale, au djebel Siroua.

L'Anti-Atlas ainsi étendu est très peu connu. Il a été franchi en plusieurs points, dès 1862, par l'explorateur allemand G. Rohlfs ; mais c'est à de Foucauld que l'on doit les documents les plus importants sur cette chaîne qu'il a traversée par deux itinéraires, d'abord dans sa partie occidentale, puis au djebel Sar'ro, apportant des notions précises sur son orographie. R. de Segonzac, plus récemment, a confirmé en plusieurs points les observations de son devancier. Enfin, la partie littorale de la chaîne, entre les vallées inférieures du Sous et du Draa, a été parcourue par de nombreux voyageurs, parmi lesquels Oskar Lenz, Gatell, Jackson, Davidson, Panet, Camille Douls, le Dr Jannasch, etc.

J'ai eu de mon côté, en 1905, la bonne fortune de m'en approcher et de toucher la chaîne qui nous occupe, dans les vallées du Sous et du Draa et au djebel Siroua.

Il résulte de la lecture attentive des récits de tous les voyageurs et de la discussion de leurs itinéraires, que l'Anti-Atlas, envisagé dans son ensemble, comprend deux parties bien distinctes. La première se détache du Haut Atlas par une série de contreforts comprenant le plateau des Aït Khzama et le volcan du Siroua pour décrire une courbe vers l'WSW, par une crête continue qui, depuis le djebel Fidoust (2.000 m. environ). s'abaisse vers le Tazeroualt. Elle offre de ce côté, les caractères d'une véritable chaîne à laquelle nous réserverons le nom d'*Anti-Atlas* de Hooker. La seconde se poursuit, à partir de Tizi n Haroun, chez les Zenaga, vers l'ENE, sous la forme d'un plateau, dont l'altitude moyenne de 2.000 mètres va en décroissant aux abords de l'ouad Ziz et doit se poursuivre au delà. C'est ce que j'ai appelé les *Plateaux du Draa et du Tafilelt.*

Les documents géologiques recueillis sur la grande étendue de reliefs que nous venons très sommairement de décrire, entre la côte atlantique et l'Extrême-Sud des confins algéro-marocains, sont excessivement rares. Par une coïncidence malheureuse, nous n'avons guère de renseignements sur la nature du sol que dans le Tazeroualt, là où la chaîne vient s'épanouir en approchant de la côte atlantique. Les explorateurs qui ont traversé cette région sud-marocaine ont eu la préoccupation d'observer les terrains qu'ils rencontraient, incités sans doute à ces recherches par la réputation minière de la contrée. L'explorateur Oskar Lenz a fait de précieuses observations, confirmées d'ailleurs par celles de Brives dans la basse vallée du Sous; mais les français Panet, Camille Douls, l'espagnol Gatell, les anglais Jackson et Davidson, l'allemand Jannasch, n'ont rapporté que des documents litholo-

gigues que nous essayerons néanmoins d'inter-
préter.

Ailleurs nous ne savons presque rien à ce
point de vue. Rohlfs, qui cependant avait à un
plus haut degré que de Foucauld le souci de
l'observation géologique, ne cite guère que des
rochers de marbre verticaux, qu'il a recontrés
sur sa route, au sortir du col situé entre les
vallées du Sous et du Draa. Au sud du djebel
Siroua, dans une région riche en minéraux, surtout en sulfure d'antimoine, il signale également une grande étendue de basaltes. Le calcaire
marmoréen appartient vraisemblablement à quelque formation paléozoïque, tandis que les pré-
tendus « basaltes » de Rohlfs forment certainement, de ce côté, la suite des épanchements trachytiques ou andésitiques du volcan du Siroua.

Ch. de Foucauld a rencontré sur son chemin,
entre Tikirt et Tazenakht, un « grès dont la
surface semblant calcinée est noire et luisante
comme si elle avait été passée au goudron ». Ce
grès s'étend d'après lui, jusqu'à la vallée supérieure de l'ouad Aït el Hazan, au nord de Tizi
Azrar ; de Foucauld cite encore, de ce côté, dans
l'ouad el Asel, des talus de roche rose.

Elisée Reclus rattache avec raison les grès
noirs aux grès dévoniens du Sahara central ; car
il est manifeste que de Foucauld a vu, dans
cette région méridionale du Siroua, ce que j'ai
appelé « les grès de Tikirt » que j'ai placés,
provisoirement tout au moins, dans le Dévonien.
Ces grès paléozoïques, que j'avais marqués
aussi bien que possible sur mon itinéraire,
s'étendaient précisément jusqu'aux limites de cette
contrée.

On ne sait absolument rien de la composition des terrains qui prennent part à la structure du djebel Sar'ro.

Dans la zone littorale de l'Anti-Atlas, Oskar Lenz regarde la chaîne principale qui s'élève au sud d'Ilir', capitale du Tazeroualt, comme formée de schistes argileux et de granites qu'accompagnent une série de cônes éruptifs; il a poursuivi les couches paléozoïques jusqu'à la coupure de l'ouad Draa. Il a constaté en ce point, des schistes argileux anciens, redressés verticalement, avec la même direction de plissement que dans le Haut Atlas, qu'il avait recoupé au col des Bibaoun. Enfin des marnes et des calcaires récents, en couches horizontales, recouvrent tous ces terrains.

Plus près du littoral encore, l'itinéraire de Panet mentionne des schistes argileux, avec filons de quartz, entre Goulimin et Tiznit; mais ce voyageur n'a pas rencontré d'affleurements granitiques.

Le D<r> Jannasch et Camille Douls ont découvert, dans la vallée inférieure du Draa, dans une région de grès et de calcaire, des pointements de granite, qui doivent être en continuité avec les formations signalées, plus à l'est, par Oskar Lenz. D'après Jannasch, entre l'ouad Draa et l'ouad Noun, la région littorale montre une côte formée de grès, tandis que des marnes et des calcaires qui les surmontent constituent le plateau et les hautes plaines. Ces formations se poursuivent au nord de l'ouad Noun, jusqu'à l'ouad Massa, dans les parties comprises entre les contreforts de l'Atlas.

Sur la rive droite de l'ouad Draa, Panet a

observé au djebel Termakour, une argile blanche, épaisse, qui est remplacée, au gué franchi par Oskar Lenz, par des marnes sableuses blanches horizontales. Enfin l'existence de grès bigarrés, signalée par Camille Douls chez les Aït Bou Amran, semble confirmée par Panet.

Il est facile de coordonner tous ces documents en les rapprochant des observations de Brives à Tiznit. Un plateau s'étale sur le littoral entre l'ouad Oulr'as et Aglou, formé de calcaires cénomaniens reposant sur des grès bigarrés rouges et jaunes du Crétacé inférieur. Ces couches viennent recouvrir en transgression, à Tiznit et sur les flancs du djebel Tachilla, les schistes et quartzites siluriens. Ces terrains paléozoïques, plissés comme dans le Haut Atlas suivant une direction NNE-SSW, forment le prolongement, avec la même direction, de ceux observés par Oskar Lenz et Panet; ils sont traversés par des granites. Les grès bigarrés de l'ouad Oulr'as et les calcaires cénomaniens qui les surmontent, sont en continuité avec les formations analogues signalées plus au sud, jusqu'à l'ouad Draa, par les voyageurs dont nous venons de parler.

A la lumière des précieux, mais trop rares documents qui précèdent, il me semble possible de donner une première idée de la structure de l'Anti-Atlas et de son prolongement oriental le djebel Sar'ro.

1° ANTI-ATLAS. — A la naissance de l'Anti-Atlas proprement dit une plateforme, composée de schistes paléozoïques, de schistes cristallins traversés par des roches granitiques, de grès bruns que j'ai placés dans le Dévonien (les grès de Tikirt), constitue le soubassement des déjections acides ou alcalines du Siroua.

Nous ne savons rien de la composition et de la structure de cette chaîne au sud-ouest du Siroua ; mais la roche citée par de Foucauld, à l'ouad el Asel, semble bien indiquer la présence des schistes granutilisés et des granulites si répandus parmi les roches cristallines qui forment le socle du grand volcan tertiaire. Il est assez probable que les terrains paléozoïques se poursuivent sur une partie de la crête par le djebel Fidoust.

Les plissements hercyniens du Haut Atlas se prolongent à travers cette pénéplaine chez les Aït Khzama, faisant partie du faisceau en éventail dont nous avons déjà parlé. Et il est indiscutable que la branche occidentale de ce faisceau de plis carbonifères se poursuit vers le sud-ouest, c'est-à-dire suivant l'axe de la chaîne tournante de l'Anti-Atlas.

La belle description de l'itinéraire de Ch. de de Foucauld à travers la chaîne, depuis la plaine du Draa jusqu'à la vallée du Sous par le Tizi Iberkaken, est fort instructive. Bien que complètement dépourvue d'indications géologiques, elle montre que l'Anti-Atlas, dans cette région, offre un profil en escalier sur ses deux versants. Ces données, rapprochées des observations que j'ai pu faire de Taroudant, m'engagent à considérer la vallée du Sous comme une vallée symétrique ; la structure du flanc septentrional de l'Anti-Atlas rappelant celle des avant-monts du Haut Atlas, de l'autre côté de la plaine du Sous. D'autre part, l'existence d'un plateau cénomanien prés de Tiznit, d'après Brives, et le prolongement de ce plateau à couverture calcaire et soubassement de grès bigarrés du Crétacé inférieur, dans le Tazeroualt, (ainsi qu'il résulte des observations de Lenz, Panet, Douls), montrent que l'Anti-Atlas offre, de même que le Haut Atlas, un abaissement d'axe de la chaîne vers le bord de la mer.

Le revers sud de la chaîne paraît se comporter de la même façon que le flanc nord. A l'ouest et à l'est de l'itinéraire de Ch. de Foucauld s'étend encore, chez les Ida ou Izid et les Aït Jellal, une plateforme dont la signification tectonique paraît être la même que celle du versant du Sous et qui semble se relier aux plateaux crétacés décrits par Lenz, Panet, Jannasch, dans la vallée du Draa. Nous sommes ainsi portés à voir de ce côté s'établir par une série de failles ou de flexures du flanc méridional crétacé de l'Anti-Atlas, la continuité avec les plateaux crétacés horizontaux de la vallée du Draa, de même que nous avons vu le Crétacé des avant-monts septentrionaux du Haut Atlas se relier au Crétacé tabulaire du Haouz de Marrakech et, par suite, à la Meseta marocaine. Or il est indiscutable que la basse vallée du Draa, qui est formée d'un soubassement primaire hercynien recouvert par le Crétacé transgressif tabulaire, fait partie du Plateau saharien.

Si donc cette interprétation, qui conserve une grande part d'hypothèse, était confirmée, nous devrions comprendre avec le Haut Atlas occidental sa chaîne parasite, l'Anti-Atlas, dans l'idée que nous nous sommes faite de la genèse de la première, par une compression de ses sédiments entre la Meseta marocaine et le Plateau saharien. Dans cette conception la vallée de Sous serait comme effondrée entre le Haut Atlas et l'Anti-Atlas.

Quelle que soit la part qu'il faille accorder à l'hypothèse dans l'interprétation que nous venons de donner à la structure encore assez problématique de l'Anti-Atlas, il n'en demeure pas moins certain que la ligne de crêtes qui part du Haut Atlas et du djebel Siroua, pour s'abaisser vers le Tazeroualt, appartient à une véritable chaîne.

2º LES PLATEAUX DU DRAA ET DU TAFILELT. — Examinons maintenant la série des reliefs, que Chavannes avait incorporés à l'Anti-Atlas, au delà du Tizi n Haroun.

Il semble bien que la chaîne que nous venons d'examiner doive être limitée aux « grès de Tikirt » que j'ai placés, bien qu'avec quelques doutes, dans le Dévonien. Au delà s'étendent le désert de Tarouni et le djebel Tifernin, puis, entre l'ouad Draa et l'ouad Ziz, le plateau que les indigènes désignent sous le nom de djebel Sar'ro.

Ces régions sont très peu connues, mais d'après les descriptions des quelques explorateurs qui les ont traversées : Rohlfs, de Foucauld, de Segonzac, on doit y voir une série de reliefs plats de 2.000 mètres d'altitude en moyenne, s'étendant sur de grandes surfaces. Mais ils n'offrent plus. comme l'Anti-Atlas sur son versant septentrional. une avant-chaîne formée par un plateau crétacé. Ces reliefs sont arrêtés, sur leur rebord méridional, par un escarpement souvent abrupt qui regarde le Sahara. Chez les Aït Seddrat on se trouve à l'extrémité d'un plateau très étendu, surmonté d'un autre plateau plus étroit atteignant son maximum d'altitude au Tizi Trik Ir'il n

Oïttob (2.280 mètres), franchi par de Foucauld.

Ainsi est constitué le djebel Sar'ro. L'illustre explorateur français en a donné une description saisissante entre le col et l'ouad Dadès : « Je ne cesserai de marcher dans ce massif; il se compose d'un haut plateau de 2.000 mètres d'altitude moyenne, auquel on parvient par une longue succession de côtes, tantôt pierreuses, tantôt rocheuses, reliées entre elles par des talus escarpés. Le plateau supérieur présente une vaste surface unie et verdoyante... Les rampes qui y mènent forment une région très accidentée ; des ravins profonds aux flancs rocheux et escarpés les composent, des vallées les sillonnent... L'eau abonde partout dans le djebel Sar'ro [1] ».

A l'est du Todr'a, en approchant du Tafilelt, le djebel Sar'ro diminue rapidement de hauteur. Il se poursuit au delà de l'ouad R'ris et de l'ouad Ziz, par la Hammada, vers Bou Denibet Kenedsa, dans les confins algéro-marocains.

Aucun document géologique, pas même lithologique, ne permettrait de donner à ces reliefs une interprétation tectonique, si l'allure des couches de la plaine de Haskoura et de Tikirt et le parallélisme étroit que j'ai pu établir entre ces régions et celle du Haouz de Marrakech, ne m'autorisaient à conclure, avec une grande probabilité, à l'architecture tabulaire du djebel Sar'ro.

J'ai été particulièrement favorisé, dans mon voyage au Siroua, pour me faire une idée d'ensemble sur la structure de ces immenses étendues désertiques. En partant du col de Telouet, en effet, j'ai atteint la plaine de Tikirt par le plateau

---

1. Vte Ch. de Foucauld. *Reconnaissance au Maroc*, p. 213.

d'Ounila, tandis que j'avais déjà approché la plaine de Haskoura, plus à l'est, chez les Aït Mer'ran.

Le plateau d'Ounila est constitué par le Crétacé formé d'assises légèrement inclinées vers la plaine. Il est couronné par l'entablement des calcaires cénomaniens et montre, dans les coupures profondes de l'Asif Imar'ren, les dépôts arénacés et gypseux du Crétacé inférieur. En approchant de la plaine, on voit les couches prendre une horizontalité parfaite, sauf de très légers anticlinaux. Puis le Crétacé inférieur s'étale dans les parties basses s'appuyant en transgression, à Tikirt, sur les grès bruns dévoniens et recouvrant les grandes plaines des Aït Zaïneb, de Ouarzazat, de Haskoura, pour se perdre vers l'horizon immense de ces régions désertiques. Çà et là se trouvent de petits plateaux, aux flancs escarpés, couronnés par les calcaires cénomaniens et constituant des *gour*, identiques à ceux qui existent dans la plaine du Haouz de Marrakech. L'on voit nettement, à l'horizon, les plateaux du djebel Tifernin et du djebel Sar'ro se placer rigoureusement sur le prolongement de ces témoins tabulaires qui apparaissent comme les témoins minuscules d'une grande table, déchiquetée par l'érosion aux pieds des flancs ravinés de l'Atlas.

J'ai été ainsi amené à détacher de l'Anti-Atlas, chaîne plissée, cette série de reliefs d'architecture tabulaire, que j'ai désignés sous le nom de « Plateaux du Draa et du Tafilelt [1] ».

---

1. Depuis le retour de mon voyage au sud de l'Atlas (1905), époque à laquelle j'étais déjà fixé sur la signification tectonique à donner à ces plateaux, j'ai émis, avec la réserve que comportait la

3° LE DJEBEL BANI. — L'explorateur de Foucauld a distingué sous le nom de djebel Bani, une longue file de collines peu élevées, commençant à l'Océan au nord de l'ouad Noun, se prolongeant au delà de l'ouad Draa et traversées par ce fleuve au Foum Takkat, au-dessous de Tamgrout.

Cette prétendue chaîne sillonne la vallée du Draa, sur la rive droite du fleuve, et constitue une bande très étroite, n'ayant pas plus de un à deux kilomètres à la base. Elle forme une arête aiguë s'élevant à 200 ou 300 mètres au-dessus de la plaine environnante, sorte de lame rocheuse tranchante, isolée des autres reliefs dans le désert.

Elle est beaucoup plus étendue que l'a pensé de Foucauld. Elle a été traversée par Panet à son extrémité occidentale, entre l'ouad Draa et l'ouad Noun, et les explorations de Rohlfs permettent de fixer sa terminaison orientale. Il semble qu'il faille la limiter au djebel Bellgrout, au bord ouest

solution d'une aussi importante question, l'idée que je viens de développer un peu plus dans les pages qui précèdent. Depuis, je me suis efforcé de la mûrir et de l'appuyer par tous les documents que j'ai pu recueillir sur les régions si incomplètement explorées.

Les résultats de la Mission de Segonzac (1904-1905) publiés en 1910, complétés par les explications sur les photographies qu'a bien voulu me donner cet explorateur, m'ont été d'un précieux concours.

C'est ainsi qu'une vue de la falaise méridionale du djebel Sar'ro, prise à trente kilomètres au nord de Tamgrout, dans la plaine d'El Adeb, m'a confirmé dans l'idée que ce plateau était formé de couches horizontales. De même, la région tabulaire persiste plus à l'ouest, au sud de l'Anti-Atlas (*sensu stricto*) à Agnemmour. Enfin les assises horizontales sont très visibles en photographie sur le flanc du djebel Maoua; tandis que, plus au nord, en approchant des crêtes de la chaîne, les vues prises à Adnan, à la zaouïa Sidi Mohammed ou Yâkoub, à Amzour, etc., montrent des terrains nettement plissés.

de la vallée de l'ouad ed Daoura, qui est formé de la réunion de l'ouad R'ris et de l'ouad Ziz.

Il en résulte que le djebel Bani se développe, plus ou moins parallèlement à l'Anti-Atlas et à la falaise méridionale du djebel Sar'ro, dont il est séparé par le plateau d'El Feïja et son prolongement, embrassant une étendue de plus de 600 kilomètres. Il est recoupé, en une dizaine de points, par des gorges qui laissent passer des cours d'eau, le plus souvent des affluents de droite de l'ouad Draa, et que les indigènes appellent des *kheneg*. On ne sait rien de la géologie du djebel Bani à part les quelques remarques suivantes de de Foucauld.

« Le Bani est une roche sans terre ni végétatation : grès calcinés comme les monts de Tazenakht, il présente une écaille noire et brillante sur toute la surface de ses flancs. Ceux-ci sont en pente douce au pied, très raide vers le sommet. En maints endroits du Bani existent des minerais de cuivre, zinc, argent, or, vers l'occident » [1].

Je serais bien étonné que les grès observés par de Foucauld, dans la région du Bani, fussent des grès de Tikirt, et il convient de remarquer que la couleur noire des roches qu'il a rencontrées, s'applique aussi bien a d'autres roches détritiques, calcaires ou cristallines, car j'ai observé partout cette « patine du désert ». Je serais plus disposé à admettre que les grès de Tisint de Ch. de Foucauld sont crétacés et qu'ils forment le prolongement vers l'est des grès observés par Panet et Jannasch, à la terminaison occidentale du djebel Bani

---

1. Vᵗᵉ Ch. de FOUCAULD. *Reconnaissances au Maroc*, p. 158.

où ils sont accompagnés des calcaires de la série crétacée. Un seul fait me semble acquis en ce qui concerne sa structure, c'est que cette interminable colline est plissée. Je m'en suis assuré par de nombreuses photographies rapportées par de Segonzac de son voyage au sud de l'Atlas. L'une d'elles notamment, prise au djebel Richa, montre les couches nettement plissées dans cette ramification du Bani.

On se demande quelle peut être, dans le système de l'Atlas, la signification tectonique de cette chaîne très étroite, qui serpente dans les grandes plaines du Draa et du Tafilelt, sur une étendue de près de 700 kilomètres ! Je n'en vois pas d'autre que celle d'une ride anticlinale s'élevant dans une région d'architecture tabulaire des couches crétacées.

Cette idée simple d'un relief qui ne peut d'ailleurs être compliqué, s'est fortifiée depuis que je l'ai émise par l'interprétation des documents que j'ai étudiés avec soin, notamment ceux consignés par de Segonzac dans son ouvrage « Au cœur de l'Atlas »[1]. Il semblerait que le Crétacé du bord septentrional du Plateau saharien se soit comporté comme celui du bord méridional de la Meseta marocaine ; c'est-à-dire que les mouvements orogéniques tertiaires qui ont plissé le Haut Atlas et sa chaîne parasite l'Anti-Atlas, auraient eu, au sud comme au nord, la même répercussion dans les couches secondaires horizontales qui doivent exister dans la vallée du Draa.

____

1. Marquis de Segonzac. *Au cœur de l'Atlas. Mission au Maroc 1904-1905.* Paris, 1910.

Je verrais très volontiers dans le djebel Bani un anticlinal analogue à ceux du Bou Zergoun, du Mr'amer, du djebel Hadid, etc., qui, dans le Haouz de Marrakech, surgissent du Crétacé tabulaire et se montrent sensiblement déversés sur la Meseta marocaine. La seule différence résiderait dans la longueur démesurée de l'anticlinal de la plaine du Draa, car nous avons vu les rides de la plaine septentrionale du Haut Atlas formées d'anticlinaux très courts, parfois même de dômes. Mais l'analogie ne serait pas moins parfaite si l'hypothèse que nous venons d'envisager était confirmée par l'observation directe.

D'ailleurs il convient de remarquer que le Bani ne forme pas une suite continue, mais une ligne brisée en plusieurs points comme à Foum Akka, à Tintazart, à Foum Takkat, etc. ; et il est possible qu'il ne constitue pas un seul anticlinal mais une file d'anticlinaux.

Il est bon de remarquer encore que cette étroite suite de reliefs n'est pas l'unique ruban montagneux qui se développe dans les régions du Draa et du Tafilelt. Au sud-est de l'ouad Draa il semble qu'il y en ait un autre qui s'étendrait sur une grande longueur dans l'Erg Marir, chez les Aït Atta. Il en est encore un qui se développe presque parallèlement au Bani et qui a été recoupé en 1828 par René Caillié; puis en 1862 par Rohlfs, au djorf Hammou Allal. Il n'est pas douteux qu'il y en ait d'autres, encore insoupçonnès, dans ces régions désertiques si peu explorées.

La généralisation possible de la répercussion des mouvements tertiaires de l'Atlas, sur les bords de la Meseta marocaine et du Plateau saharien, suggère une explication des plus simples des plis ainsi produits.

Dans l'effort de compression subi par les sédiments de l'Atlas par suite du rapprochement des deux grands horsts africains, il s'est produit un refoulement superficiel du revêtement secondaire des deux pénéplaines. Le glissement de cette couverture a été favorisé peut-être, par une couche plastique interposée de Trias gypseux que l'on voit affleurer dans les anticlinaux situés au nord du Haut Atlas occidental, partout où ces plis ont été suffisamment éventrés par l'érosion.

Cette explication, très vraisemblable en ce qui concerne la cause originelle des brachyanticlinaux du bord méridional de la Meseta marocaine, sera applicable aux rides secondaires de la vallée du Draa, si les hypothèses que nous avons émises sur la structure de l'Anti-Atlas et du djebel Bani sont confirmées par l'observation.

Quelle que soit la justesse de l'interprétation hypothétique que nous venons de donner de la structure du djebel Bani, il me parait impossible de laisser à cette file de collines l'importance qui lui a été donnée, après les voyages de Ch. de Foucauld, dans le système de l'Atlas marocain. Les géographes qui ont utilisé avec tant de profit, à l'exemple du professeur Paul Schnell, les itinéraires et le texte si nourri de l'illustre explorarateur, ont exagéré l'importance de cette suite de reliefs. Elle doit être considérée comme un accident d'ordre tout à fait secondaire, de même que les rides du Haouz de Marrakech, qui n'ont, jusqu'ici, jamais frappé ceux qui se sont occupés de de la géographie physique du Nord-Africain.

4. — Le Moyen Atlas.

Il est difficile de dire, en l'état actuel des observations sur le Maroc, où commence exactement le Moyen Atlas, dans la région où il se détache du Haut Atlas. On est par contre fixé sur sa terminaison septentrionale qui se fait au contact des dépôts du détroit Sud-Rifain.

Il résulte des récits des voyages et des levés d'itinéraires de tous ceux qui l'ont traversé, Gerhard Rohlfs, de Foucauld, Schaudt, de Segonzac, etc., qu'il forme une série de crêtes plus ou moins parallèles, dont l'orientation oscille entre le NE-SW et l'ENE-WSW.

Dans sa partie la plus méridionale, depuis l'ouad Teçaout el Fouquia dans la plaine de Sidi Rehal, jusqu'à la région des sources de la Mlouya, la chaîne est soudée à celle du Haut Atlas.

La crête qui sépare, chez les Atteb et au djebel Amhaouch, la vallée de l'ouad el Abid de celle de l'Oum er Rbëa, est en grande partie formée par des terrains jurassiques, ainsi qu'il résulte de la lecture du récit de l'itinéraire de Ch. de Foucauld, entre Kasbat Beni Mellal et Ouaouïzert. Cet explorateur montre la vallée de l'ouad el Abid creusée en aval de ce dernier point dans de grandes gorges, et la présence fréquente de grottes habitées et utilisées par les indigènes, dans les parois de grandes falaises calcaires. Les caractères du relief rappellent ceux de la région située au sud de Demnat.

L'itinéraire de R. de Segonzac, entre les sources de l'ouad el Abid et Azerzour, est non moins intéressant. tracé sur des marno-calcaires à *Harpoceras opalinum* du Lias, pétris de Brachiopodes jurassiques.

Entre Aferda Aït Abdi et Azerzour. ce voyageur a cheminé sur des calcaires et des marnes secondaires, dans lesquels il a recueilli quelques fragments de fossiles. Il est malheureusement impossible de se faire la moindre idée de l'allure de ces couches jurassiques. Il est indiscutable cependant qu'elles sont plissées. puisqu'elles laissent apparaître en plusieurs points des schistes qui semblent appartenir au Paléozoïque: et des roches volcaniques, diabases et porphyrites. accompagnent des couches gypseuses et gréseuses rouges que j'ai quelque raison d'attribuer au Permo-Trias.

Mais comment sont répartis les différents plis tertiaires qui sillonnent indiscutablement les terrains secondaires dans ces massifs ?

L'ouad el Abid et la Mlouya prennent naissance chez les Aït Aïssa. sur les deux bords d'un plateau étendu limité. au nord, par les crêtes du Moyen Atlas qui ne dépassent pas 2.500 mètres et le séparent du Tadlà : au sud. par les rides du Haut Atlas.

Quelle est la structure de ce plateau dominé par les pitons du djebel Toujjit ? c'est ce qu'il est impossible de dire. Il me semble cependant, sans pouvoir l'affirmer, que la vallée de l'ouad el Abid entre Inguert et la Zaouïa d'Ahançal. doit être creusée dans une ride anticlinale mettant à nu. dans les parties profondes. des dépôts permo-triasiques. De même. entre Tanoudfi et les gorges de Titalouïn n Atta, l'itinéraire de R. de Segonzac par le djebel Tinguert, est presque partout tracé

sur des affleurements de roches permiennes qui
semblent marquer, de ce côté, l'ossature d'un
anticlinal en continuité avec celui recoupé par le
même voyageur au col de Tounfit.

Il n'est guère douteux qu'ici, comme au sud de
Demnat dans le Haut Atlas, le massif soit constitué par des couches secondaires traversées par une
série de plis dont les anticlinaux éventrés laissent affleurer le Permo-Trias, formé de grès
rouges et de gypse avec roches volcaniques.
L'ouad el Abid, entre Inguert et la Zaouïa d'A-
hançal semble bien couler au fond d'une vallée
anticlinale, et l'on doit se trouver au centre de
plis différents entre Tanoudfi et les gorges de
Titalouïn n Atta.

Mais il semble prématuré d'affirmer que le
« Moyen Atlas et le Haut Atlas sont séparés
par une vallée orientée suivant la bissectrice
de l'angle formé par les deux chaînes et dont
la direction prolonge la haute vallée de la
Mlouya »[1], puisque la vallée de l'ouad el Abid
à laquelle il est fait allusion, intéresse plusieurs
plis tertiaires, dont le plus méridional fait indiscutablement partie du Haut Atlas.

La séparation des deux grandes chaînes doit
être conçue différemment, par la virgation des
plis tertiaires du Haut Atlas qui doivent se
détacher de la chaîne, dans une zone qui reste
indéterminée. Rien ne dit qu'à Demnat on ne
se trouverait pas déjà dans le Moyen Atlas.
D'ailleurs, en partant de l'idée que nous sommes
en droit de nous faire d'un Haut Atlas composé
de deux massifs distincts, on se trouverait, de ce

---

1. Marquis de SEGONZAC. *Au cœur de l'Atlas.* p. 46.

côté, dans la zone synclinale de séparation de ces deux massifs. Et il est encore possible que des plis *nés en coulisse* dans la région du Draa puissent, par une inflexion, se prolonger dans le Moyen Atlas. Aussi le problème de la séparation des deux grandes chaines de l'Atlas demeure-t-il entier, malgré les observations des rares voyageurs qui ont traversé cette dernière chaine.

Au delà du djebel Amhaouch, en avançant vers le NE, on se rend suffisamment compte, d'après les levés encore très précaires du reste de la chaine, que le Moyen Atlas s'épanouit en une série de rides en éventail. Celles-ci côtoient par le djebel Outiki et le djebel Aït Youssi, la vallée de la Mlouya adossée au plateau du Rekkam et à la gada de Debdou, d'architecture tabulaire. Au nord-est, la chaine s'incline brusquement pour s'arrêter au contact des dépôts miocènes du détroit Sud-Rifain, entre Taza et le djebel Keddamin, dans la Moyenne Mlouya.

La route suivie en 1864, par Rohlfs entre la plaine des Beni Mtir et la haute vallée de la Mlouya, à peu près reprise par de Segonzac en 1901, est très instructive. Les indications géologiques de l'explorateur allemand sont insignifiantes, mais les échantillons reçueillis par de Segonzac et déterminés par E. Ficheur ont permis à ce dernier de faire une comparaison avec la partie occidentale de la province d'Oran [1]. Mes recherches dans certaines régions marocaines, parfois assez voisines, vont nous permettre des conclusions

---

1. Marquis de SEGONZAC. *Voyages au Maroc.* Paris 1904. p 245-349.

beaucoup plus serrées ou du moins plus vrai-
semblables.

Jusqu'aux approches d'Azrou, on demeure
dans la région jurassique d'architecture tabulaire
qu'il m'a été donné d'observer à Kasbat el Hajeb et qui s'étend chez les Beni Mtir et les Beni
Mguild. Puis l'Ari Boudaa, qui fait suite à l'Ari
Bouggader, offre une muraille de 700 mètres de
hauteur, au pied de laquelle M. de Segonzac a
recueilli des roches volcaniques, déterminées
basaltes ou scories basaltiques par E. Ficheur.
Je ne doute pas que cet ensemble représente, non
pas les vestiges d'éruptions volcaniques tertiaires,
mais les dépôts permo-triasiques entremêlés des
laves et des tufs porphyritiques qui les accompagnent généralement.

Je ne serais pas surpris qu'on se trouve, en cet
endroit, en présence d'une faille à grande dénivellation qui serait l'analogue de la faille bor-
dière qui limite le Massif central du Haut Atlas,
dans l'ouest.

Depuis l'Ari Boudaa jusqu'à la vallée de la
Mlouya, la chaîne offre une série de crêtes plus
ou moins rectilignes, et l'on est frappé de voir,
en repérant soigneusement sur son itinéraire les
échantillons rapportés par de Segonzac, que partout où ce voyageur a franchi ces arêtes affleurent des roches anciennes [1], qui doivent être considérées comme appartenant aux noyaux des plis
anticlinaux. Ailleurs, sur les flancs de ces plis
ou dans le fond des synclinaux, ce sont des marno-calcaires et des calcaires dolomitiques renfer-

---

1. Schistes ou grès paléozoïques et, plus fréquemment, grès rouges
avec gypse et roches volcaniques du Permo-Trias.

mant parfois des débris de fossiles plus ou moins déterminables, mais toujours d'âge jurassique. On est ainsi à peu près certain que le Moyen Atlas, le long de la route du Tafilelt, est formé de rides tertiaires à couverture jurassique, de même que le Haut Atlas oriental.

La vallée de la Mlouya semble se trouver à la limite du Moyen Atlas et du Haut Atlas, du moins à partir de Kasbat el Makhzen. Une indécision persiste sur le point de jonction des deux chaînes, dans le bassin de réception du fleuve méditerranéen; de même qu'il est impossible d'affirmer, en l'état précaire de nos observations à l'ouest, que la vallée de l'ouad el Abid est creusée à la limite des deux grandes chaînes. En amont du gué de Mechrat Akkan Jidi, le Permo-Trias gréseux et gypseux affleure, tandis que le cours du fleuve est jalonné par des pitons granitiques qui forment le soubassement des dépôts détritiques et lagunaires.

A partir de Kasbat el Makhzen, la chaîne subit un redressement vers le Nord, prenant une direction NE-SW. Elle paraît constituée par trois rides principales : la plus centrale semble prolonger le djebel Amhaouch par le djebel Bou Iblal, le culminant de la chaîne (4.000 mètres environ), pour s'épanouir dans la Moyenne Mlouya. La plus septentrionale forme le prolongement de l'Ari Boudaa dans la région d'Azrou, pour constituer, dans le nord-est, le promontoire de Taza. Enfin, la ride méridionale va se terminer au delà du djebel Keddamin à l'entrée de la Moyenne Mlouya, sur la rive gauche du fleuve.

Cette dernière ride forme un brusque escarpement sur la vallée depuis la plaine d'Asdal, et il n'est pas douteux que les terrains jurassiques jouent un rôle important dans sa structure. Les calcaires gris de Tinerst sont de cet âge ; ils forment le flanc d'un pli incliné à 45° vers le SE. Le djebel Keddamin est également jurassique sur son flanc oriental et ses calcaires secondaires laissent percer, au voisinage de la plaine tertiaire, le noyau des plis constitué par des gypses et des marnes permiennes et triasiques.

Chez les Beni Azziz, l'arête du djebel Bou Iblal se poursuit par une crête jurassique, escarpée, qui s'enfonce sous les dépôts néogènes. Enfin le promontoire de Taza offre un complexe de schistes paléozoïques et de roches granitiques avec couverture jurassique.

Au point de vue stratigraphique, nous devons donc nous attendre à voir dominer, dans le Moyen Atlas, les terrains jurassiques ; sans exclure cependant les sédiments crétacés sur lesquels nous n'avons encore aucun document. Au point de vue tectonique, nous ne pouvons nous livrer qu'à des suppositions.

Le Moyen Atlas, de même que le Rif, offre les problèmes les plus intéressants de la géologie marocaine ; mais quelque surprise que puisse nous réserver, dans l'avenir, la structure de cette grande chaîne, un fait me paraît désormais indiscutable : les plis du Moyen Atlas *s'ennoyent* sous les dépôts miocènes de la Moyenne Mlouya et de la région de Taza.

J'ai été frappé de voir dans la Moyenne Mlouya, notamment au gué de Merada, les rides du Moyen Atlas disparaître sous les sédiments néogènes entre la gada de Debdou et Taza. L'éperon du djebel Keddamin et celui des Beni Azziz s'enfoncent visiblement sous les dépôts miocènes, légèrement relevés à leur contact.

La lecture attentive des récits des rares voyageurs qui ont longé la terminaison de la chaîne confirme nettement cette observation. Le djebel Keddamin forme, au nord de Feggous, un promontoire dans la plaine tertiaire de la Mlouya. Et l'on se rend compte qu'un golfe miocène s'enfonçait entre le Keddamin et le djebel Tirechen, où les dépôts néogènes presque horizontaux, légèrement relevés sur le Moyen-Atlas, sont affouillés par l'ouad Zebzit et ses vallées tributaires. On voit aussi qu'un autre golfe, comblé par les mêmes sédiments miocènes, sépare le djebel Tirechen du promontoire de Taza et qu'il est actuellement sillonné par le cours de l'ouad Mlellou.

On est frappé en outre, à la simple lecture de la carte, de l'abaissement rapide des axes des principales rides du Moyen Atlas à leur approche des rives de la mer tertiaire. On voit que l'arête méridionale de la chaîne s'abaisse de plus de 1.000 mètres sur moins de 30 kilomètres, entre le djebel Reggou (3 000) et la vallée de la Moyenne Mlouya et que le djebel Bou Iblal fait une chute d'au moins 2.500 mètres sur le court espace de 50 kilomètres à partir du djebel Moussa ou Salah. Ces brusques inclinaisons d'arêtes montagneuses sont bien d'origine tectonique. Les éperons qui s'enfoncent sous les sédiments néogènes en effet, se terminent invariablement par les dépôts jurassiques ; tandis que les sommets sont formés de roches anciennes. Ce fait implique que l'abaissement d'axe des plis du

Moyen Atlas est, à sa terminaison septentrionale, plus accusé encore que le relief ne semble l'indiquer.

L'explorateur de Foucauld a distingué dans l'Atlas marocain, avec le djebel Bani, une autre chaîne secondaire à laquelle il n'a pas donné de nom et qu'il place au nord du Moyen Atlas. Elle comprendrait le djebel Oulmès, au sud de Meknès, le djebel R'iata et, au delà de la Mlouya, le djebel Narguechoum et les monts des Beni Bou Zeggou, qui se rattachent aux monts de Tlemcen.

Son impression est basée sur la vue d'ensemble qu'il eut, de la plaine de Saïs, entre Fez et Meknès. En regardant vers le sud, la terrasse d'Azrou lui apparut comme la crête d'une chaîne qui, commençant à l'ouest, au plateau d'Oulmès, longeait l'ouad Innaouen et avait son culminant au djebel R'iata. L'illustre voyageur résume l'idée qu'il s'en fait de la façon suivante : « Elle semble avoir son origine entre Oulmès et l'Océan, passerait à quelque distance au sud de Sfrou, serait traversée par le Sebou à un kheneg, atteindrait la Mlouya sous le nom de djebel R'iata ; ce fleuve se fraierait un passage au nord de la plaine de Tafrata et il se prolongerait ensuite sans interruption jusqu'à Tlemcen par les monts Mergueshoum, Beni Bou Zeggou, Zekkara, Beni Snous. La chaîne commencerait à l'ouest d'Oulmès aurait un de ses points culminants au pic des R'iata et se continuerait jusqu'en Algérie[1] ».

Mais, bien que de Foucauld compte cette chaîne parmi les cinq grandes rides qui, d'après lui, cons-

---

1. Vicomte Ch. de FOUCAULD, *Reconnaissances au Maroc*, p. 101.

tituent l'Atlas marocain, il n'est pas bien fixé sur sa composition : il fait observer d'ailleurs qu'il ne l'a franchie que sur le territoire des Zaïan, au plateau d'Oulmès. Rolhfs l'avait recoupée chez les Beni Mguild et René Caillié chez les Aït Youssi.

On doit au géographe Paul Schnell d'avoir, avec un sens critique remarquable, par l'étude et la comparaison des itinéraires de Rohlfs, d'Ahmed ben Hassen el Mtioui et de Schaudt, montré que l'opinion de Ch. de Foucauld sur l'existence de cette chaîne secondaire septentrionale, n'était pas acceptable.

J'ai, au cours de mes voyages, touché la prétendue chaîne en plusieurs points : à Kasbat el Hajeb, dans l'ouest ; à la gada de Debdou, chez les Beni Bou Zeggou, au djebel Nerguechoum et chez les Zekkara, dans l'est. Et j'ai pu voir à distance les autres montagnes que de Foucauld comprend dans sa chaîne secondaire.

Mes observations confirment de façon éclatante l'avis de Paul Schnell et je crois qu'il ne sera pas inutile de les résumer pour effacer définitivement, s'il était besoin encore, la distinction de cette prétendue chaîne septentrionale. Elle serait constituée par une série de reliefs que des caractères tectoniques, nettement distincts, ne permettent pas de rapprocher. Mais ces reliefs marquent une limite géographique d'une signification importante ; ils forment la bordure méridionale du détroit Sud-Rifain.

Depuis le plateau d'Oulmès, chez les Zaïan, et même depuis le pays des Zaër, il est possible de suivre, jusqu'au delà de Tlemcen, le rivage des mers miocènes qui battaient le rebord septentrional de ces régions émergées.

La chaîne secondaire de Ch. de Foucauld comprend à la fois des reliefs plissés et des plateaux tabulaires.

Les montagnes des R'iata, avec leurs sommets élevés de 2.000 et même de 2.800 mètres, appartiennent à une chaîne plissée. Elles sont nécessairement en relation tectonique avec celles des Beni Ouâraïn, dominées par le djebel Moussa ou Salah qui, à une cinquantaine de kilomètres plus au sud, élève son front majestueux d'environ 4.000 mètres d'altitude. Ce dernier relie le djebel Tazekka aux chaînes ininterrompues du grand pâté montagneux qui constitue le Moyen Atlas. On ne peut encore rien dire de la bordure du bassin miocène au pied nord-ouest de ces montagnes. Mais plus à l'ouest encore, depuis Sefrou jusqu'au djebel Oulmès, s'étend un plateau séparé en deux par la haute vallée de l'ouad Behts qui descend de la région d'Azrou vers les plaines tertiaires du R'arb : le plateau d'El Hajeb à l'est, celui d'Oulmès, à l'ouest.

Je ne puis rien préciser sur ce dernier que j'ai vu de Souk el Arbâ ez Zemmouri à une grande distance ; mais je ne doute pas qu'il forme le prolongement du plateau d'El Hajeb vers l'ouest. D'autre part, il domine, au bord de la tribu des Zaïan, la grande pénéplaine primaire que j'ai pu suivre au nord-est des Chaouïa, chez les Zaër, et que j'ai vue s'étendre jusque chez les Zemmour, aux abords de l'ouad Grou. J'ai par contre, pu examiner de près la structure du plateau d'El Hajeb. On retrouve dans cette région la succession d'assises marno-calcaires et dolomitiques, d'âge jurassique, qui surmonte les calcaires du Lias plus au nord, dans le massif du djebel Zerhoun. Mais, à Kasbat el Hajeb. cette série secondaire se montre en bancs horizontaux ou très légèrement ondulés. elle appartient donc à un régime tabulaire du Jurassique. Ces terrains secondaires se poursuivent à perte de vue. avec la même structure, dans l'est par le djebel Ouriki. dans l'ouest par le djebel Agouraï, et paraissent s'enfoncer vers le sud sur une cinquantaine de kilomètres, du côté d'Azrou. c'est-à-dire jusqu'au pied du Moyen Atlas.

Le plateau d'Oulmès se trouve à quelque cinquante kilomètres de là. Ses flancs sont entaillés dans les terrains paléozoïques de la pénéplaine primaire, recouverts par une épaisseur relativement faible de dépôts transgressifs, probablement néogènes. Quelque soit l'âge de ces couches. il paraît certain que le plateau d'Oulmès appartient au même régime tabulaire que le plateau d'El Hajeb et qu'il se trouve sur le prolongement de la Meseta marocaine.

Il en résulte que la Meseta marocaine s'étend au moins jusqu'à l'est de Sefrou. sous les dépôts transgressifs du Miocène. encadrant la chaîne du Moyen Atlas sur son flanc nord-ouest. de même qu'elle s'appuie au pied septentrional du Haut Atlas.

Si nous nous reportons à l'est des montagnes plissées des R'iata. le djebel Tirechen est à peu près inconnu; mais plus à l'est. le djebel Keddamin qui ferme l'entrée de la Moyenne Mlouya. m'est apparu comme formé de calcaires secondaires. probablement jurassiques. relevés à 45°. ce qui nous amène à le comprendre dans la chaîne plissée du Moyen Atlas.

Sur la rive droite de la Mlouya, à partir de la

gada de Debdou, apparait le régime tabulaire du Jurassique que nous avons vu s'étendre par les monts des Beni Bou Zeggou, des Zekkara, des Mehaïa, jusqu'aux monts de Tlemcen qui font partie, on le sait, de la région de Saïda. Je ne doute pas que tout ce pays d'architecture tabulaire se poursuive dans le sud-ouest par le plateau d'Er Rekkam, longé par de Foucauld sur la rive droite de la Mlouya. Et je considère que la vallée de ce fleuve est creusée à la limite de cette région tranquille et de la zone plissée du Moyen Atlas ; de sorte que nous voyons cette dernière chaîne encadrée à l'est comme à l'ouest par deux régions tabulaires, la Meseta marocaine d'un côté, la Meseta sud-oranaise [1] de l'autre. Cette dernière s'enfonce comme un coin entre le Moyen Atlas et le Haut Atlas oriental.

5. — Le Rif.

On désigne généralement sous le nom de Rif, la chaîne côtière qui, depuis la presqu'île de Melilla (Ras Ouark), encadre au sud, la Méditerranée occidentale jusqu'au détroit de Gibraltar ; c'est le Petit Atlas de Ptolémée.

Le Rif constitue, avec le Moyen Atlas, la partie la moins connue du Maroc. Il s'élève progressivement depuis le cap des Trois Fourches pour atteindre environ 2.500 mètres au djebel Tiziren ; il s'abaisse ensuite jusqu'au Mont aux Singes, qui domine Ceuta à l'entrée du détroit.

Nous ne savons que très peu de chose sur le

---

1. E. GAUTIER, *La Meseta sud-oranaise* (Annales de Géographie, VIII, 1909).

Rif oriental. Les documents recueillis par Fernandez Navarro, de l'Université de Madrid, nous donnent de précieuses indications sur la région de Melilla et de Selouan et nous révèlent, notamment, la présence de vestiges d'éruptions andésitiques au cap des Trois Fourches, au djebel Gourougou, à l'Atalayon[1]; mais ils ne permettent pas de donner une idée de la structure de cette partie du Maroc. On ne sait absolument rien sur la région centrale du Rif. Nous avons, par contre, quelques données précises sur la structure de la presqu'île nord-marocaine, qui s'avance vers le détroit de Gibraltar et qui comprend le Rif occidental.

J'ai montré comment l'axe de la chaîne entre Tétouan et le djebel Moussa était jurassique, contrairement à ce que pensait H. Coquand qui faisait des calcaires de l'Andjera, de l'Urgonien[2], alors qu'ils sont en grande partie liasiques. Toute la partie comprise entre Tétouan et la deuxième colonne d'Hercule, que j'ai désignée sous le nom de chaîne de l'Andjera, forme une suite ininterrompue de ces crêtes calcaires. On retrouve les mêmes terrains, au Rocher de Gibraltar situé en face du djebel Moussa, de l'autre côté du détroit.

Cette série secondaire repose sur des schistes et quartzites primaires (Silurien) recouverts par la succession puissante de couches rouges, poud-

1. L. Fernandez Navarro, *La peninsula del Cabo Tres Forca (iebel Guork)* (Bul. Real. Soc. Esp. d'Hist. nat., 1909, p. 421-430, pl. VIII-IX), Id. *Estudios géologicos en El Rif oriental* (Mem. Real. Soc. Esp. d'Hist. nat., VIII, 1911, pl.-60, pl. I-V).

2. H. Coquand, *Description géologique de la partie septentrionale de l'Empire du Maroc* (Bull. Soc. Géol. de Fr. (2e), IV, p. 1188-1249, pl. XI, 1847.

dingues, grès et argiles bariolées, du Permo-Trias. Cette importante formation avait été confondue par Coquand avec *l'Old Red Sandstone*. J'ai pu suivre, à la jumelle, la grande extension de ces formations dans la chaîne et je crois pouvoir affirmer que l'axe du Rif est en grande partie jurassique.

La constitution géologique de la chaîne est différente de part et d'autre de cet axe. Les roches paléozoïques se montrent presque partout du côté de la mer, on y voit les couches rouges et les schistes siluriens, des schistes métamorphiques cristallins (micaschistes et gneiss, traversés par des intrusions granitiques), connus au Cabo Negro et à la pointe de Ceuta. Vers l'extérieur de la chaîne se montrent les formations récentes, le Crétacé et l'Éocène, qui s'étalent sur de vastes surfaces, recouverts en transgression, à une assez grande distance de la zone axiale, par les dépôts néogènes.

Le trait dominant de l'orographie de cette chaîne réside dans sa forme en chapelets qui tient à la disposition de ses couches, en dômes anticlinaux et en cuvettes synclinales. Si l'on suit l'axe du Rif, on passe d'une surélévation anticlinale, dans laquelle ces couches offrent un plongement périphérique autour d'un point central, à un autre bombement identique, par une dépression synclinale qui abaisse visiblement la hauteur de la chaîne. Et, tandis que dans le premier cas les couches inférieures du Lias formées de calcaires massifs émergent, dans le second la cuvette montre des couches stratigraphiquement supérieures.

On peut citer parmi les dômes du Rif occidental le djebel Touaïla et le Hafat el Kebira, le djebel Tserents, le djebel Moussa (Mont aux singes), dans la chaîne de l'Andjera ; le djebel Bou Zeïtoun et le djebel Kelti (Mont Anna), au sud de Tétouan. Le col de Makhnakh el Teldja, de l'Andjera, et le cirque de Khannous, chez les Beni Ahsan, sont dans des cuvettes synclinales. On peut encore remarquer que la coupure de la vallée de l'ouad Bou Sfiha correspond à une dépression synclinale de la chaîne qui a abaissé considérablement les assises les plus élevées de son axe jurassique.

La structure en dômes du Rif occidental se complique de traces manifestes de poussées vers l'extérieur de la courbe qu'il décrit. J'ai pu en effet, au cours d'un voyage à Tétouan et Ceuta en 1910, relever une coupe de la chaîne de l'Andjera, suivant le parallèle de Cabo Negro (Ras Tarf). Ce profil géologique intéresse la succession complète des formations du Rif. Ce sont, de l'est vers l'ouest, les micaschistes granitisés, les schistes ardoisiers avec quartzites du Silurien, les poudingues et grès rouges avec schistes bariolés du Permo-Trias ; puis les calcaires massifs du Lias moyen surmontés de marno-calcaires toarciens (Lias supérieur) ; enfin la série argilo-gréseuse éocène avec lits calcaires à *Nummulites Fabiani*.

Les calcaires et les marnes jurassiques forment une série de plis imbriqués, déversés et chevauchés sur l'Éocène, de l'est vers l'ouest. Et ces phénomènes tectoniques ont leur répercussion jusqu'au delà de Tanger, car la falaise côtière, au cap Spartel, montre encore dans les ondulations des couches éocènes, les plis avec leur flanc redressé du côté extérieur de la chaîne.

Toutes ces observations confirment d'une façon décisive l'idée d'Ed. Suess, d'une continuité du Rif et de la Cordillère bétique à travers le détroit de Gibraltar. Et pourtant l'illustre géologue de Vienne ne pouvait s'appuyer, à ce sujet, que sur les documents très imparfaits, rapportés par H. Coquand de son voyage dans le Nord-Ouest africain et sur des considérations orographiques.

La continuité stratigraphique des deux chaînes africaine et espagnole, par Gibraltar, devient évidente. Le régime des dômes se retrouve au delà du détroit et il est intéressant de constater que le djebel Moussa et le Rocher de Gibraltar, les deux colonnes d'Hercule qui gardent l'entrée du détroit, sont tout à fait comparables, et par leur composition géologique, et par leur structure. La continuité tectonique apparaît non moins évidente. De plus les plis imbriqués poussés vers l'extérieur du Rif, sont à rapprocher des nappes charriées vers l'*avant-pays* de la Cordillière bétique, nappes dont l'existence nous a été révélée en deux points distincts de l'Andalousie, par les beaux travaux de René Nicklès et de Robert Douvillé. Et je m'attends à voir en d'autres points du Rif, dans la partie centrale de cette chaîne, des phénomènes analogues témoignant des mêmes poussées, de plis imbriqués ou même de nappes, charriées vers la dépression du détroit Sud-Rifain. Je fais là une simple supposition, mais cette hypothèse est basée sur la continuité tectonique que je serais surpris de ne plus retrouver au cœur du Rif, alors qu'elle est déjà positivement reconnue dans le Rif occidental et dans la Cordillière bétique qui forme un prolongement de la Péninsule ibérique.

Aussi me semble-t-il assez difficile de souscrire à l'idée ingénieuse de Pierre Termier qui voit, dans la partie la plus occidentale de la Méditerranée, une grande « carapace » chevauchée du sud vers le nord et actuellement effondrée en son centre ; ses débris sur le Continent seraient représentés par la chaîne hispano-africaine Rif-Cordillière bétique[1]. Toutes les observations qu'il m'a été permis de faire jusqu'ici plaident contre cette brillante conception, car si la structure de la Sierra Nevada lui apporte un semblant de confirmation, par contre celle de la chaîne de l'Andjera lui oppose une grave objection ; puisque j'aurais dû voir dans le Rif occidental les couches plonger vers l'ouest, tandis qu'elles plongent manifestement vers l'est. Mais cet important problème ne pourra être définitivement résolu que par l'étude du Rif central et des deux bords du détroit Sud-Rifain, au voisinage de la trouée de Taza. Il s'agit de voir si, de ce côté, il y a poussée du sud vers le nord et si la dépression de l'ancien détroit correspond bien à une zone de racines, ainsi que l'exigerait la théorie de Termier.

La question est passionnante, elle vient ajouter encore à l'intérêt scientifique de l'étude géologique de la grande voie de communication nord-africaine.

J'avoue que, sur ce point, le prolongement des plis du Moyen Atlas sous les dépôts miocènes de la région comprise entre Taza et la

---

1. Voir à ce sujet, notamment, la remarquable conférence de P. TERMIER. *Les problèmes de la Géologie tectonique de la Méditerranée occidentale* (Revue générale des Sciences, XXII. 1911, n° 6. p. 225-234).

Moyenne Mlouya, me laisse assez peu d'espoir de voir se vérifier l'idée de l'éminent académicien.

J'envisagerais plus volontiers, dans l'état actuel de nos connaissances sur la Méditerranée occidentale, la chaîne du Rif comme établissant, non seulement à l'ouest, ainsi que je le crois démontré, mais aussi dans l'est, la continuité du Rif et de Cordillière bétique. La presqu'île des Guelaïa (Melilla) est tournée vers le Cabo de Gata et les cartes hydrographiques accusent, entre ces deux points, une crête sous-marine qui pointe à l'île d'Alboran, où le géologue Osann a décrit une andésite (alboranite), qui marque les vestiges d'éruptions volcaniques analogues à celles de la région de Melilla et du Cabo de Gata. De telle sorte que la Méditerranée occidentale nous apparaîtrait comme un noyau hercynien, comparable aux massifs amygdaloïdes des Alpes, effondré entre la zone plissée tertiaire qui l'entourait primitivement et dont la plus grande partie est accessible à l'observation, au Maroc et en Espagne.

De fait, le Rif m'est apparu en 1910, lors de mon premier voyage dans la Moyenne Mlouya, comme indépendant de l'Atlas, et, sans que je puisse encore l'affirmer d'une façon définitive, il m'a semblé que cette chaîne partait de la région des Guelaïa pour s'incurver vers le sud-ouest avant de décrire la courbe qui la dirige vers le détroit de Gibraltar. J'ai alors pensé que la continuité n'existait pas entre les chaînes côtières de l'Oranie et le Rif qui se séparait ainsi de l'hinterland marocain.

Nous verrons plus loin que la dépression du détroit Sud-Rifain apporte son appui à cette manière de voir. Mais avant d'aborder cette importante question de paléogéographie, je désire faire une remarque sur les conditions tectoniques qui ont présidé à l'ouverture du détroit de Gibraltar. J'ai montré comment la chaîne du Rif s'abaisse graduellement en approchant de cette communication, pour se relever ensuite dans la Péninsule ibérique. L'abaissement d'axes des plis du Maroc est surtout sensible à partir du Mont Anna (djebel Kelti), accusant une descente de plus de 1.200 mètres, sur une étendue de 60 kilomètres jusqu'au djebel Moussa. De sorte, que la région du détroit correspond à une *aire d'ennoyage* des plis de la chaîne du Rif. Et c'est dans cette zone, déprimée entre deux dômes liasiques tout à fait comparables, les deux colonnes d'Hercule, que s'est produite la rupture qui a ouvert la communication actuelle de la Méditerranée et de l'Océan Atlantique.

6. — Le détroit Sud-Rifain.

La chaîne du Rif est séparée du Moyen Atlas et des plateaux d'architecture tabulaire que nous venons d'étudier par des dépôts miocènes horizontaux ou légèrement relevés au contact des massifs plissés. Les terrains néogènes étalés du côté de la zone frontière algéro-marocaine et vers la côte atlantique, se montrent très resserrés au voisinage du méridien de Taza, marquant un profond sillon sur lequel l'attention des géographes a été appelée à la suite des voyages de Badia (Ali Bey el Abasi), il y a un siècle [1].

---

[1] *Travels of Ali Bey in Marocco. Tripoli, Cyprus, Egypt, Arabia, Syria and Turkey between the years 1803 and 1807*, London, 1816.

Cette dépression a une signification géologique très importante ; elle mettait en communication, à l'époque miocène, la Méditerranée avec l'Océan Atlantique.

On sait depuis longtemps que, par suite de l'analogie entre les formations littorales atlantiques et les dépôts méditerranéens, il a toujours existé, durant la période néogène, une libre communication entre les deux mers. On a cherché de quel côté pouvait se faire tout d'abord les mélanges marins et l'on a renoncé à l'idée d'un passage au fond du golfe de la Gironde [1]. Tournoüer a appelé « détroit andalou » une communication comprise entre la Meseta ibérique et la Cordillière bétique qu'on désigne plus généralement sous le nom de « détroit Nord-Bétique. » Enfin Ed. Suess a pensé qu'il existait peut-être à la même époque, une autre communication plus méridionale, en Afrique [2].

Mon attention a été, dès mon premier voyage au Maroc, attirée vers la solution de cet important problème. J'ai d'abord confirmé la notion capitale, acquise à la suite des travaux remarquables de la Mission française d'Andalousie [3], que le détroit de Gibraltar était ouvert tout au début de l'époque pliocène. Et, comme le détroit Nord-Bétique était fermé dès la fin du Miocène inférieur, il fallait forcément qu'un autre fût ouvert ailleurs, sur le Continent africain. Mes observations s'accordent à démontrer qu'il réunissait l'Océan à la Méditerranée néogène par l'em-

1. EMM. DE MARGERIE. *Note sur la structure des Corbières* (Bull. Service Carte géol. de la Fr., n° 17, 1890. p. 29).

2. ED. SUESS. *La Face de la Terre*, trad. Emm. de Margerie. t. I, p. 397.

3. *Mission d'Andalousie.* Paris, Impr. nat., 1889.

placement actuel de Taza et de Fez, au sud de la chaîne du Rif.

Nous le désignerons sous le nom de « détroit Sud-Rifain ».

Cette communication était établie entre le Rif et les reliefs que nous avons examinés au sud de la ligne Oujda-Fez par Taza.

Au nord, il était limité par les flancs secondaires ou éocènes de la chaîne du Rif déjà plissée ; mais de grandes incertitudes règnent encore sur l'extension des dépôts du détroit néogène de ce côté.

Au sud, on peut suivre à peu près les rivages de la mer miocène, ainsi que nous l'avons déjà entrevu. Chez les Beni Mtir, le bord du plateau d'El Hajeb marque nettement les limites de la mer tortonienne jusqu'auprès de Sefrou. Et il semble que ce plateau, souvent battu en falaise par la mer tertiaire, ainsi qu'en témoigne la présence de poudingues littoraux, se poursuive plus à l'est chez les Beni Laden. Puis, les rides du Moyen Atlas s'avancent du côté de Taza, dans la mer miocène, formant un promontoire montagneux que l'on ne peut s'empêcher de comparer au Rif occidental, qui remonte vers le détroit de Gibraltar jusqu'au djebel Moussa, dans le nord du Maroc.

D'autres rides du Moyen Atlas, au djebel Tirechen et au djebel Keddamin, formaient autant d'éperons dans la mer néogène. Puis, sur la rive droite de la Mlouya, la mer tertiaire venait battre, sur de grandes étendues, le bord du plateau qui, depuis la gada de Debdou, s'étendait par les Beni Bou Zeggou et les Zekkara aux monts de Tlemcen, bordant au sud, les bassins de la Mekerra, de la Tafna, des Angad et de la Moyenne Mlouya. Au nord, le massif des Beni Snassen et des Beni Bou Yahi formait probablement ilôt, sans qu'il soit encore possible de l'affirmer.

Le détroit offrait donc son maximum de rétrécissement entre les montagnes des Branès et des R'iata, dans la région que l'on est convenu d'appeler la trouée de Taza, puisqu'il s'étalait largement jusqu'au cap Spartel, en empiétant sur la Meseta marocaine, dans l'Atlantique néogène. Au contraire, à l'est il formait un chenal plus ou moins resserré, élargi seulement dans la Moyenne Mlouya et comprimé de nouveau entre les massifs des Beni Snassen et des Beni Bou Zeggou dans l'Angad, du côté de la Méditerranée tertiaire.

L'étude des dépôts tertiaires, de part et d'autre de la trouée de Taza, jette un jour lumineux sur l'histoire de ce précurseur du détroit de Gibraltar. Du côté algérien, j'ai suivi pas à pas, depuis Oran jusqu'à la Mlouya, les formations néogènes. Les sédiments burdigaliens (Miocène inférieur) semblent disparaître à partir de Nemours et de Lalla Mar'nia, alors que les dépôts transgressifs du Miocène moyen se montrent partout dans la zone-frontière, jusqu'au delà de la Mlouya.

Le Miocène supérieur (Sahélien), d'abord formé de calcaires blancs avec couches à Poissons, à Oran, prend un faciès gréseux et argileux, à partir de Nemours. Il débute toujours, dans la vallée de la Mlouya, par un conglomérat de base qui témoigne d'une transgression de l'est vers l'ouest. Du côté atlantique, les dépôts synchroniques des précédents sont non moins intéressants. Le Miocène inférieur est invisible dans le R'arb, recouvert par les argiles helvétiennes et les grès tortoniens du Miocène moyen. Ces dépôts sont surmontés de marnes et de calcaires blancs dont l'âge sahélien ne peut faire de doute et qui rappellent. par leur origine, les couches à Poissons d'Oran. De sorte que nous sommes amenés à voir. depuis l'époque helvétienne, une transgression de la Méditerranée néogène vers Taza tandis que. du côté atlantique. la même transgression s'est produite en sens inverse. de l'ouest vers l'est.

Il m'est difficile d'affirmer que les argiles helvétiennes n'offrent pas de solution de continuité entre le bassin méditerranéen et le bassin atlantique, parce que, si loin que j'aie pu les suivre. je n'ai pas encore franchi le seuil de Taza; mais cette continuité est très vraisemblable car les dépôts du Miocène moyen accusent un même faciès dans la Mlouya et du côté de Fez.

Il semble que, comme pour le détroit Nord-Bétique, on assiste dans le détroit Sud-Rifain à une sédimentation de mer de moins en moins profonde; si bien que vers la fin de l'époque miocène, avant l'émersion définitive du détroit, les échanges entre les deux mers étaient devenus superficiels.

Si l'on envisage au point de vue chronologique, les détroits qui ont mis en relation l'Atlantique et la Méditerranée on est conduit, à la suite des observations qui précèdent, à voir comme un balancement entre ces différentes communications. Le détroit Sud-Rifain s'est ouvert dès la fermeture du détroit Nord-Bétique, il était définitivement obstrué au moment où le détroit de Gibraltar s'est effondré.

Il paraît indiscutable que le chenal de Gibraltar n'a plus l'importance des deux autres, lesquels établissaient, du moins à leur début, un échange beaucoup plus facile des eaux des deux mers. Il est intéressant, en outre, de voir que le Sahélien, depuis Oran jusqu'à la côte occidentale du Maroc, offre partout des faciès de mers très peu profondes représentés notamment par les calcaires sublittoraux du Sahel d'Oran, de la Tafna et du R'arb. Au contraire, dans l'est ce terrain est argileux, affectant le faciès à Pleurotomes dans la province d'Alger. Il en résulte qu'à ce moment, le chenal qui reliait l'Atlantique à la Méditerranée était très étendu, alors que la partie profonde du bassin était considérablement réduite par rapport à ce qu'elle était antérieurement, depuis le début de l'époque néogène.

Enfin, s'il me paraît inutile d'insister sur le rôle capital joué par les dépôts de comblement du détroit Sud-Rifain, dans l'orographie du Nord-Ouest africain, je crois devoir signaler à l'attention des géologues la question importante des relations des chaînes marocaines avec celles du Tell.

J'ai déjà fait remarquer que la chaîne du Rif me semblait indépendante de l'Atlas et de l'orographie du littoral algérien. Mais je pense que le Moyen Atlas doit se poursuivre par la chaîne des Mtalsa et du Guilliz, sur la rive gauche de la Mlouya, des Beni Snassen, sur sa rive droite, avec la chaîne plissée du Tell. Le plongement sous les dépôts miocènes de la Moyenne Mlouya, des plis tertiaires du Moyen Atlas, se montre identique au nord de l'ancien détroit; de sorte que si la continuité que je présume est définitivement établie, il nous faudra admettre que le détroit Sud-Rifain correspond à une *aire d'en-*

noyage des plis du Moyen Atlas et du Tell algérien, de même que les plis de la chaîne côtière du Rif et de la Cordillière bétique *s'ennoient* sous le détroit de Gibraltar.

La portée des différents problèmes que nous venons de soulever n'échappera à personne ; nous devons reconnaître, cependant, qu'ils sont à peine effleurés.

Aussi lorsque la civilisation française aura étendu son œuvre dans le Nord-Africain, par l'ouverture définitive de la grande voie romaine de la Syrte à l'Atlantique, depuis si longtemps fermée entre Fez et la Mlouya, ce jour là sera vraisemblablement marqué par l'une des plus belles conquêtes des sciences géologiques dans le bassin méditerranéen.

III

LE ROLE DE L'ATLAS ET DU RIF DANS L'OROGRAPHIE DU NORD DE L'AFRIQUE

Les chaînes du Nord-africain se développent entre la Syrte et l'Océan Atlantique. Les unes comme le Tell (Atlas tellien) et le Rif bordent la Méditerranée, tandis que l'Atlas saharien et l'Atlas marocain s'étendent vers le sud, jusqu'à la limite septentrionale du Plateau saharien.

Il y a continuité entre les reliefs marocains que nous avons étudiés et ceux de l'Algérie ; il y a aussi prolongement de l'Atlas vers l'ouest, dans les régions en grande partie effondrées sous l'Atlantique.

Nous examinerons successivement les relations de ces différentes chaînes, en commençant par les ramifications probables de l'Atlas au delà des côtes du Maroc occidental.

A. — LE PROLONGEMENT DE L'ATLAS SOUS L'OCÉAN ATLANTIQUE

A la suite de l'exploration de Joseph Thomson, on admettait que le Haut Atlas se terminait au col des Bibaoun, aux vallées de l'ouad es Serratou et de l'ouad Aït Moussi ; c'est-à-dire aux terrains anciens du « Massif central » que nous avons distingué dans la haute chaîne.

L'illustre voyageur anglais considérait, en effet, la zone comprise entre Mogador et le Sous, comme un plateau littoral qui serait venu s'adosser à l'Atlas, brusquement limité aux hauteurs des Bibaoun et des Ida ou Mahmoud. Il s'appuyait pour cela sur l'âge crétacé et l'allure régulière des assises qui prennent part à sa structure. L'idée que Thomson se faisait de l'orographie de cette région était tellement nette que l'on admit après lui que « le cap Ghir (R'ir) qui, depuis Arlett (1835) était considéré comme l'extrémité occidentale du Haut-Atlas, n'est pas autre chose qu'une dépendance du plateau des Haha [1] ».

Le savant anglais généralisait beaucoup trop ses observations en les étendant à des régions situées au delà de celles qu'il avait parcourues. Ce qu'il pensait était vrai pour le pays d'architecture tabulaire compris entre Mogador et la plaine de Marrakech, qui se trouve en dehors de l'Atlas, dans la Meseta marocaine. Mais il a eu tort d'étendre sa conception aux régions situées plus au sud et qui, entre le cap R'ir et le Sous, appartiennent à un pays plissé, ainsi que je l'ai démontré.

L'idée de J. Thomson a néanmoins prévalu pendant longtemps, exposée avec clarté dans son beau travail de synthèse géographique, par Paul Schnell; si bien que Brives, malgré son voyage jusqu'au Sous qui lui a permis de longer toute la région littorale du Haut Atlas, a désigné toute cette zone atlantique sous le nom de « plateaux occidentaux ». « D'une manière générale, la

1. Paul SCHNELL. *L'Atlas marocain d'après les documents originaux*. Traduction française par A. Bernard. Paris, E. Leroux, 1898, p. 33.

région se présente sous forme d'une succession de plateaux plus ou moins importants, étagés les uns au-dessus des autres et s'élevant ainsi jusqu'à l'altitude de 2.000 mètres. Dans toutes ces terrasses successives, les couches se présentent horizontales [1] ».

Mes devanciers auraient pu remarquer que les plateaux crétacés des Haha sont régulièrement inclinés vers la côte et, fait beaucoup plus frappant encore, qu'il existe entre le cap R'ir et Agadir, une région plissée définie par les deux rides anticlinales que nous avons étudiées dans les pages précédentes, et qui descendent du Massif central avec un abaissement d'axe très marqué.

C'est à cette partie du littoral, assez restreinte sans doute, qu'il convient de limiter la haute chaîne au bord de l'Océan ; mais il n'en est pas moins vrai que l'Atlas aboutit au cap R'ir, ainsi que le pensait le lieutenant de vaisseau anglais Arlett.

Toute la région qui s'étend au nord du cap R'ir est d'allure beaucoup plus tranquille, formée de couches régulières, traversées de loin en loin par des plis courts (brachyanticlinaux) que nous avons antérieurement étudiés et qui doivent être considérés comme la répercussion des mouvements orogéniques de l'Atlas dans la Meseta marocaine.

Ainsi, la chaîne du Haut Atlas se prolonge indiscutablement jusqu'à la côte atlantique. J'ai soutenu cette idée à la suite de mon premier voyage au Maroc (1904-1905).

Un voyage plus récent (1909) jusqu'à Agadir,

1. A. BRIVES. *Les terrains crétacés dans le Maroc occidental* (Bul. Soc. géol. de Fr., IVᵉ série, V, 1905, p. 82).

m'a permis de la confirmer en l'élargissant. J'ai rapporté l'impression très nette que les plis tertiaires de l'extrémité occidentale du Haut Atlas plongent sous l'Atlantique, entre le cap R'ir et la forteresse d'Agadir, pour se relever plus loin, aux îles Canaries; autrement dit, il y a ennoyage des plissements de l'Atlas sous l'Océan, entre la côte sud-marocaine et l'archipel espagnol.

Cette observation m'a conduit à remettre en question l'existence de l'Atlantide de Platon.

CONSIDÉRATIONS SUR L'ATLANTIDE. — On sait que des textes antiques ont conservé le souvenir de relations qui auraient existé, à une époque très reculée, entre l'ancien continent et une contrée située à l'ouest de l'Europe ou de l'Afrique, qu'un cataclysme aurait fait disparaître. Deux de ces textes désignent cette contrée sous le nom d'*Atlantis*, dont on a fait à tort l'*Atlantide*[1], et ses habitants sous le nom d'Atlantes[2].

Le plus ancien de ces récits est d'origine égyptienne; il a été recueilli par Solon au huitième siècle avant l'ère chrétienne, et reproduit par Platon dans le Timée et le Critias[3].

D'après la légende, il aurait existé autrefois, au delà des colonnes d'Hercule, une terre plus vaste que l'ensemble de l'Asie et de la Libye, de laquelle serait partie, quatre-vingt huit siècles avant l'époque de Solon, une armée qui aurait

---

1. Nous conserverons néanmoins le mot d'Atlantide parce qu'il a été consacré par l'usage.

2. Voir à ce sujet : E. F. BERLIOUX. *Les Atlantes. Histoire de l'Atlantis et de l'Atlas primitif ou Introduction à l'histoire de l'Europe.* Paris, E. Leroux, 1883.

3. T. II, de l'édition Didot, p. 202 et 251.

envahi l'Afrique et l'Europe occidentale, jusqu'à la Tyrrhénie et la Libye et jusqu'aux confins de l'Egypte. Les Atlantes se seraient heurtés, en Europe, à la résistance des Pélages, en Afrique, à la civilisation des peuples de la Haute Egypte ; puis les Athéniens, à la tête des nations unies, auraient après une longue lutte, vaincu la puissante armée qui avait prétendu asservir l'Europe et l'Asie. Les crimes des Atlantes provoquèrent la colère des dieux : l'éruption d'un volcan, suivi de tremblements de terre et d'un cataclysme général firent disparaître l'Atlantide en une nuit.

Théopompe, écrivain grec de l'époque de Platon, donne de cette tradition une variante : d'après les récits de Silène au roi Midas, les habitants d'un immense continent situé au delà de l'Océan, auraient passé en Europe au nombre de dix millions d'hommes, mais ne se seraient avancés que dans les contrées habitées par les races celtiques.

Enfin les légendes des druides rapportent que les populations de la Gaule qui n'étaient pas autochtones étaient venues, les unes d'au delà du Rhin, les autres des « îles plus éloignées », ces dernières s'étant enfuies devant l'envahissement d'une mer irritée. On peut reconnaître dans ces îles auxquelles il est fait allusion, soit l'Atlantide d'après d'Arbois de Jubainville, soit les îles qui bordent la Mer du Nord, ce qui élève un doute. Mais un autre texte antique est tout aussi explicite que ceux de Platon et de Théopompe.

Marcellus parlant, dans ses Ethiopiques, des sept îles situées dans l'Océan, non loin de la côte mauritanienne, constate que les habitants de cet archipel avaient conservé le souvenir d'une île beaucoup plus grande, l'Atlantide, dont la domination s'était longtemps étendue sur les autres terres atlantiques.

On voit que les légendes que nous venons de résumer s'accordent pour admettre qu'à une époque très reculée, il aurait existé un continent situé à l'ouest du monde connu. Les traditions gauloises et les souvenirs des prêtres d'Égypte font disparaître cette terre dans un cataclysme volcanique et séismique, suivi d'un effondrement sous l'eau. Trois de ces légendes conservent, en outre, la tradition d'une émigration des Atlantes vers l'Orient, dans le Nord de l'Afrique et l'Europe occidentale, qui auraient laissé une empreinte dans l'origine des races du vieux monde civilisé.

Mais, malgré la concordance de ces documents qui appartiennent, il est vrai, beaucoup moins à l'histoire qu'à la tradition, l'Atlantide et ses Atlantes ont été considérés, par les philosophes qui ont commenté Platon, comme un mythe. Alexandre de Humboldt penche également vers cette opinion dans son célèbre ouvrage « Cosmos »[1]. Il croit que Platon a transporté au delà des Colonnes d'Hercule une terre fabuleuse qui existait dans le bassin de la Méditerranée, entre Chypre et l'Eubée, la Lyctonie, et qu'il en a fait le mythe de l'Atlantide.

L'interprétation des hommes de science ne s'accorde pas toujours avec celle des philologues. Ainsi de Tournefort pense que la Méditerranée était autrefois un grand lac qui s'est brusquement dégorgé dans l'Océan où l'impétuosité de

---

1. Alexandre de HUMBOLDT. *Cosmos. Essai d'une description physique du Monde.* Traduction de H. Faye et Ch. Galeski. Paris, 1847, t. II. p. 143.

son débordement a concouru à la ruine d'une grande île [1].

Bory de Saint-Vincent, dans ses « Essais sur les Iles Fortunées » [2] s'efforce, au début du XIX° siècle, en partant de ses études de géographie et d'histoire naturelle sur les îles Canaries, de reconstituer l'Atlantide dont il voit les vestiges dans les îles situées au large de la côte occidentale d'Afrique. Il réunit les îles Açores, les îles Madères, l'archipel des Canaries (Isles Fortunées) et les îles du Cap Vert (Iles Gorgides), en un vaste continent qu'il fait presque toucher à l'Afrique au cap Bojador et au cap Vert, enserrant entre ces deux points le lac Tritonyde [3]. L'illustre voyageur fait la synthèse des phénomènes qui durent se succéder dans la destruction de la plus grande partie de ce continent atlantique. Les éruptions volcaniques accompagnées de secousses, de fissures et de fractures eurent, par leur collaboration avec l'action érosive des flots, rapidement raison de la plus grande partie de l'Atlantide dont il ne reste plus que la charpente dans les îles actuelles.

La conviction de Bory de Saint-Vincent sur l'existence d'un vaste continent presque complètement effondré sous l'Atlantique, à l'époque actuelle, est absolue : « Les traditions de l'antiquité tombent d'accord avec tout ce que nous

1. Pitton de Tournefort. *Relation d'un voyage du Levant*, fait par ordre du Roy, à Paris. Imprimerie royale, MDCCXVII, t. II, p. 128.

2. J.-B.-C. M. Bory de Saint-Vincent. *Essais sur les Isles Fortunées et l'antique Atlantide et Précis de l'Histoire générale de l'Archipel des Canaries*. Paris, Beaudoin, Germinal, an XI.

3. *Loc. cit.*, p. 429 et suiv. et Carte, n° III, p. 427.

avons dit de l'état physique des îles atlantiques, pour prouver l'ancienne existence d'un continent perdu : nous n'accumulerons donc pas les raisonnements pour démontrer une chose déjà évidente » [1].

On ne peut, sans s'exposer gravement, partager les idées de cet auteur, parce qu'elles sont basées sur des données géologiques assez précaires et qu'elles datent d'une époque où la géologie était encore dans l'enfance. En somme Bory de Saint-Vincent part uniquement du fait de l'origine volcanique des divers groupes iusulaires qu'il englobe dans son Atlantide pour les rattacher à un même continent. On voit d'ailleurs, dans le chapitre fort intéressant qu'il consacre à cette histoire de l'Atlantide et des Atlantes, qu'il ne peut se défendre de la tradition qu'il invoque à chaque page, notamment au sujet de l'emplacement du continent atlantique, de ses dimensions, de la dispersion des Atlantes [2].

Konrad Kretschmer a consacré, à propos du quatrième centenaire de la découverte de l'Amérique, quelques pages fort intéressantes à l'existence de l'Atlantide considérée comme un mythe [3].

C'est 300 ans après Platon qu'on en entend parler pour la première fois par Strabon qui met en doute le récit du célèbre philosophe. La question reste dans l'oubli au Moyen-âge ; l'Atlantide est de nouveau discutée après la découverte

---

1. *Loc. cit.*, p. 443.

2. *Loc. cit*. p. 444 et suiv.

3. *Die Entdeckung Amerika's in Ihrer Bedeutung für die Geschichte des Weltbildes* von Konrad Krestschmer (Festchrift der Gesellschaft für Erdkunde zu Berlin zur vierhunderjähringen feier der Entdekung Amerika's). Berlin, 1892, voir II, Platon's Atlantis. p. 156-170.

de l'Amérique parce que l'intérêt se reporte vers l'Océan occidental. Comme Platon a fait remarquer que la mer où se trouve englouti le continent effondré n'est pas navigable, on croit voir des vestiges de l'Atlantide dans les Canaries, Madère et les îles du Cap Vert ; d'autres recherchent ses débris dans la réunion des Färoër, de de l'Irlande, de l'Islande, du Groënland et du Spitzberg.

Après les voyages de Christophe Colomb, on croit retrouver des traces de l'Atlantide dans la mer des Sargasses, puis, dans l'Amérique elle-même ainsi qu'en témoigne une carte de Nicolas et Guillaume Sanson parue à la fin du XVIIIe siècle[1].

On a voulu voir également l'Atlantide non seulement en Amérique, mais en Europe et en Afrique. On l'a même localisée dans le Sahara, en Hollande, dans la mer Noire, en Palestine, etc.

Quoi qu'il en soit, Konrad Kretschmer paraît certain que Platon s'est appuyé sur des données qui ne sont pas exclusivement mythologiques mais qui paraissent relever de la géographie scientifique. Les changements séculaires qui se sont produits dans les lignes de rivage, dans les alluvionnements, les deltas, par suite d'affaissements, de soulèvements, etc., n'avaient pas passé inaperçus. L'empiètement de la mer, là où existait le continent, ou l'émersion d'un fond marin, déjà entrevus par Platon, ont pu, considérablement amplifiés, lui donner l'idée de l'Atlantide qui serait l'expression poétique de réalités scientifiques.

---

1. 1689. Le nom d'*Atlantis insula* recouvre, sur cette carte, toute l'Amérique.

Tout récemment Leo Frobenius [1], dans un beau volume, bien illustré, croit devoir conclure d'un voyage en Afrique occidentale et au Togo jusqu'au Tchad que l'Atlantide se trouve dans l'Ouest-africain parce que le récit de Platon s'applique à un centre détruit de civilisation ancienne qu'il a découvert dans ces régions.

Il s'appuie, à cet effet, sur la présence d'objets en pierre et en bronze, de débris de terres cuites et de verroterie trouvés dans les marais de l'Ouest africain ! Il pense que, pour élucider cette question, il convient de suivre les migrations de peuples plus loin, vers le Sud, et, sur le point d'entreprendre un nouveau voyage vers ces contrées africaines, il s'écrie : « Je m'achemine vers l'Atlantide. »

Je crois néanmoins qu'il faudra revenir sur la question d'un continent Atlantique, à la condition toutefois de l'envisager autrement. Les connaissances géologiques actuelles, en effet, semblent bien devoir évoquer l'existence d'un continent effondré à une époque très récente. Mes recherches dans le Sud-marocain m'ont incité à poser à nouveau, sinon à résoudre, ce problème et j'ai très succinctement exposé mes observations dans une note à l'Académie des Sciences en mai 1910 [2]. Nous y reviendrons un peu plus loin.

Depuis, un distingué zoologiste. Louis Germain, en se basant surtout sur des données malacologi-

1. LEO FROBENIUS. *Aus dem Wege nach Atlantis.* 1 vol. in-8° avec reproduct. en noir et en couleurs, Berlin 1912. Voir notamment : Erster Kapitel, *Ueber die Bedeutung « Atlantis »* : et le dernier chapitre de l'ouvrage.

2. Louis GENTIL. *Les mouvements tertiaires dans le Haut Atlas marocain* (Comptes rendus de l'Acad. des Sciences, séance du 3 mai 1910).

ques, a repris l'histoire de ce continent disparu [1]. Ses arguments peuvent se résumer brièvement.

La faune terrestre, surtout la faune malacologique, des archipels de l'Atlantique (Açores, Madère, Iles Canaries et du Cap Vert), a une origine continentale très nette et se rattache, par ses caractères généraux, à la faune circa-méditerranéenne sans présenter de points de contact avec la faune africaine équatoriale. D'autre part, on trouve, en Mauritanie, des formations quaternaires à *Helix* dont les analogies avec les espèces actuelles des Canaries sont évidentes ; les mêmes Hélices fossiles se retrouvent dans l'archipel espagnol. L'auteur cite également la survivance, aux Canaries et aux Açores, de l'*Adiantum reniforme* L., cette fougère aujourd'hui diparue en Europe mais qui existe à l'état fossile dans le Pliocène du Portugal.

Parmi des faits de zoographie, il invoque surtout la répartition d'une famille de Mollusques pulmonés, les *Oleacinidae*. Ces animaux, représentés par un assez grand nombre de genres (*Spiraxis, Varicella, Ferussacia*, etc.), ne vivent que dans l'Amérique centrale, les Antilles et le bassin méditerranéen. Mais, tandis qu'ils sont représentés en Amérique, par des formes de grande taille, comme ils l'étaient dans l'Europe méridionale, à l'époque miocène, ils ne se montrent plus, dans le bassin méditerranéen, aux Açores, à Madère et aux Canaries, que sous la forme de Mollusques de petite taille.

Deux autres faits sont, d'après ce naturaliste,

_____

1. Louis GERMAIN. *Sur l'Atlantide* (Comptes rendus de l'Acad. des Sciences, séance du 20 nov. 1911).

également importants. D'une part l'existence de quinze espèces de Mollusques marins vivant à la fois dans les Antilles et sur les côtes du Sénégal, de l'autre la faunule des Madréporaires de San Thomé étudiés par Ch. Gravier, représentée par six espèces dont quatre ne sont connues qu'aux Bermudes et une ne vit que dans les récifs de la Floride. Or, la durée de la vie pélagique des larves de Madréporaires n'étant que de quelques jours, il est impossible d'après le même auteur d'expliquer cette distribution géographique par le jeu des courants marins.

Louis Germain croit pouvoir conclure de ces faits que « les îles Açores, les Canaries, Madère et l'archipel du Cap Vert, autrefois réunis, constituaient une aire continentale qui est l'Atlantide. Relié à la Mauritanie, ce continent devait avoir pour limite sud une ligne de rivages qui, partant des environs du Cap Vert, traversait l'Atlantique pour se rattacher à un point indéterminé du continent américain, vraisemblablement le Vénézuéla ».

Pour le savant zoologiste, « l'Atlantide s'est effondrée beaucoup plus récemment que le continent africano-brésilien, si bien que la forme de l'Océan Atlantique a dû s'effectuer en deux temps correspondant respectivement à l'effondrement du continent africano-brésilien et à celui de l'Atlantide ». De plus ce vaste continent s'est morcelé tout d'abord du côté des Antilles par un effondrement partiel qui établit, dès ce moment, entre les Antilles et les côtes de Guinée une communication qui explique la distribution des Madréporaires de San Thomé et des Bermudes ainsi que l'existence de Mollusques marins communs aux Antilles et aux côtes du Sénégal. Après ce premier effondrement, une aire continentale très vaste a subsisté, reliée d'une part à la péninsule ibérique, d'autre part à la Mauritanie. Enfin, « à une époque relativement récente, et probablement pliocène, ce continent s'abîme dans l'Océan en ne laissant émerger qu'une île très vaste qui se dissocie pour donner naissance à l'archipel du cap Vert, à Madère, aux Canaries et, enfin, aux Açores. C'est la tradition orale de cette dernière phase du morcellement de l'Atlantide que les anciens, et surtout Platon, ont relatée dans leurs écrits ».

Les déductions de M. Louis Germain, on le voit, sont fort séduisantes, elles paraissent résoudre le problème de l'Atlantide des anciens. Mais elles sont basées sur des observations qui n'ont peut-être pas la précision que ce savant semble leur attribuer et la conclusion finale de leur auteur s'inspire évidemment de la tradition dont, à l'exemple de la plupart de ses devanciers, il n'a pas su se défendre.

En somme, le distingué zoologiste attribue à l'Atlantide les limites méridionales que Bory de Saint-Vincent, en s'appuyant sur les textes anciens, lui avait données ; car la considération d'une communication entre les Antilles et la côte de Guinée d'après la distribution géographique des Madréporaires de San Thomé et des Bermudes est assez précaire.

On sait que San Thomé se trouve sur l'Équateur, au large du Congo français, tandis que les Bermudes sont situées au 32° degré de latitude nord, bien en dehors de la zone torride, où sont localisés de grands récifs de coraux ; ces îles sont baignées par une branche du Gulf Stream.

Si l'on admettait que la zone zoogéographique deLouis Germain était due à des courants marins, il faudrait, de toute nécessité, donner à ces courants des vitesses inimaginables, que les observations océanographiques ne peuvent autoriser. La vie pélagique des larves madréporaires en effet, est au maximum, de trois ou quatre jours de l'avis même de Ch. Gravier dont l'auteur invoque les beaux travaux sur San Thomé.

De plus, l'éminent zoologiste américain A. E. Verill[1] a montré la difficulté qu'il y a, pour expliquer la faune de Coralliaires des Bermudes, d'admettre leur transport par le Gulf Stream depuis les îles Bahama, les plus septentrionales des Indes occidentales ; car il faudrait environ quatre semaines pour le trajet qu'auraient à effectuer leurs larves éphémères. A plus forte raison est il impossible d'envisager un échange faunique par courants marins entre les Bermudes et San Thomé qui se trouvent les unes des autres à une distance six fois plus grande que celle qui sépare les Bermudes et les Iles Bahama. Enfin les courants équatoriaux sont dirigés de l'Afrique vers l'Amérique, or la faune des coraux des Antilles est incomparablement plus riche que celle du Golfe de Guinée[2]. Si donc l'on admet

1. A.-E. VERILL. *Comparisons of the Bermudian West Indian and Brazilian Coral Faunae.* Trans. of the Connecticut Acad. of Arts and Sciences. vol. XI, Part I, 1901-1903, p. 160.

2. « VERRILL (1901-1903) a fait observer que la faune corallienne des Bermudes qui, d'après lui, compte 10 genres et 22 espèces actuellement connues de polypes coralliaires des récifs (non compris les formes d'eau profonde), peut vraisemblablement être considérée comme une colonie détachée des espèces les plus résistantes qui ont émigré des Indes occidentales, grâce peut-être aux courants septentrionaux qui ont porté les larves nageant librement jusqu'à ces îles. L'éminent zoologiste américain rappelle que par le plus

une relation nécessaire entre la faune de San Thomé et celle des Bermudes il convient, avec Louis Germain, d'en rechercher la cause ailleurs que dans les courants marins. L'existence d'un continent très récemment effondré pourrait suffire à l'expliquer. Mais les arguments qu'il invoque n'ont pas, je crois, la valeur qu'il voudrait leur accorder.

La survivance dans l'archipel des Canaries et celui des Açores de l'*Adiantum reniforme* (fougère disparue d'Europe et retrouvée dans le Pliocène du Portugal) ne peut constituer un argument à l'appui de la thèse qu'il veut soutenir ; car elle implique seulement que cette plante a pu vivre simultanément à l'époque pliocène dans l'Ancien continent et dans les îles atlantiques, et qu'elle s'est éteinte plus tard dans l'est pour persister seulement dans l'ouest, à l'époque actuelle. Or, il n'est pas question de la liaison avec la vieille Europe durant la période néogène d'un continent aujourd'hui disparu, puisque l'Atlantide serait, d'après la tradition, plus récente encore que l'époque préhistorique qu'on ne peut faire remonter au delà du Quaternaire.

L'existence de quinze espèces de Mollusques marins, vivant à la fois dans les Antilles et sur les côtes du Sénégal, n'a peut-être pas non plus

court trajet, des Bahama aux Bermudes, il y a plus de 700 milles en ligne droite ; même en supposant un déplacement très rapide. la durée du voyage serait notablement supérieure à celle de la vie pélagique des larves de Madréporaires, qui ne se prolonge pas, en général, au-delà de quelques jours. En supposant — et c'est l'hypothèse la plus favorable — que ces larves cheminent dans le Gulf Stream, où la vitesse est de 3 à 4 milles par heure, il faudrait environ quatre semaines ! » *in* Ch. GRAVIER. *Madréporaires des îles San Thomé et du Prince (golfe de Guinée)*. (Ann. de l'Inst. océanog., t. I, fasc. 2. 1909, 9 planches, p. 5).

la valeur chronologique que Louis Germain semble lui attribuer. On sait que dans ces mers chaudes il y a eu, depuis l'époque miocène, une persistance remarquable des types de Mollusques puisqu'on retrouve, dans les mers de l'Afrique occidentale, des Huîtres des groupes *Ostrea crassissima* et *Ostrea gingensis* qui ont disparu à partir du Miocène dans le Néogène méditerranéen ; les récents travaux de G. Dollfus et Dautzenberg sont là pour l'affirmer.

Seuls les arguments basés sur la distribution des Mollusques terrestres, notamment des Pulmonés de la famille des *Oleacinidæ*, aux Antilles et dans le bassin de la Méditerranée, et sur la présence des mêmes espèces d'Hélices, dans les dépôts quaternaires des Canaries et des côtes africaines, méritent d'être retenus. Encore ce côté de la question implique-t-il une certaine réserve.

Tous les géologues qui se sont spécialement occupés des terrains tertiaires savent que la valeur stratigraphique des Mollusques terrestres est des plus précaires. Je m'empresse de reconnaître que Louis Germain a apporté, dans l'étude délicate des différents groupes de ces invertébrés, un sens critique qui fait que ses déterminations offrent beaucoup plus de garantie que celles de la plupart de ses devanciers. C'est ainsi notamment, qu'il a fait bon marché de la pulvérisation de l'espèce inaugurée par Bourguignat et entretenue par son école. Mais les conclusions tirées de la distribution géographique des Mollusques pulmonés dans les îles atlantiques et sur l'Ancien continent sont néanmoins un peu prématurées. Je ne crois pas que ce distingué malacolgiste puisse en tirer des déductions chronologiques, les seules valables en ce qui concerne l'histoire d'un continent actuellement effondré sous les eaux de l'Océan.

Que les mêmes espèces de Mollusques terrestres vivent actuellement en Europe ou en Afrique occidentale, et dans les îles de l'Atlantique, cela ne peut être mis en doute puisque nous pouvons maintenant invoquer, à ce sujet, le témoignage d'un observateur délicat et consciencieux comme Louis Germain. Mais qui nous dit que la présence de ces invertébrés ne témoigne pas simplement des survivances de familles, de genres ou d'espèces, ayant déjà vécu à l'époque néogène ? Il faudrait, pour admettre définitivement les conclusions importantes de ce savant zoologiste, que ses études eussent embrassé, non seulement les espèces actuelles ou quelques types quaternaires, mais des faunes complètes des périodes quaternaire, pliocène et miocène des diverses régions intéressées.

Ainsi l'existence de l'Atlantide n'est pas scientifiquement démontrée et les observations si intéressantes que nous venons d'examiner ne constituent que des présomptions en faveur de la légende transmise par Platon.

Il n'en est pas moins probable que cette légende doit résulter de quelque grand phénomène de la Nature susceptible de frapper vivement les habitants des régions de l'Europe et de l'Afrique occidentales ou des îles atlantiques, et dont le souvenir, plus ou moins déformé, aurait été transmis par la tradition et se serait perpétué jusqu'au début de l'Histoire.

Mais s'agit-il d'un continent effondré sous

l'Atlantique dans les parages des Canaries et des Açores? Si l'on veut voir dans l'Atlantide un tel continent, en grande partie disparu, le problème est susceptible d'être résolu ainsi que je crois l'avoir montré. Mais toute la difficulté consiste à prouver que l'effondrement des terres émergées s'est fait à une époque assez proche de nous pour que ce cataclysme géologique ait transmis des souvenirs à l'époque historique.

La question ainsi envisagée mérite d'être prise en considération. Je crois l'avoir, non pas résolue, mais simplement posée, dans une note à l'Académie des Sciences relative aux mouvements tertiaires dans le Haut Atlas marocain [1].

Nous avons vu comment le Haut Atlas aboutit à la côte Atlantique, entre le Cap R'ir et Agadir n Ir'ir, par une descente des plis tertiaires depuis le Massif central paléozoïque, à travers les sédiments jurassiques et crétacés. Ces anticlinaux appartiennent visiblement à une région plissée qui se poursuit plus à l'ouest, *s'ennoyant sous l'Atlantique*, pour se relever aux îles Canaries.

L'ennoyage que j'ai signalé des plis de l'Atlas sous le chenal qui sépare la côte africaine de l'Archipel canarien, a reçu une confirmation éclatante dans la découverte, par le botaniste J. Pitard, de dépôts crétacés, auprès de Las Palmas, dans la grande Canarie et à l'Ile de Fer (Hierro). Ces sédiments sont formés de couches calcaires avec des empreintes de Mollusques et un Oursin représenté par une variété de *Discoidea*

1. Comptes rendus de l'Acad. des Sciences, séance du 30 mai 1910.

pulvinata Desor, que l'on connaît en Egypte dans le Crétacé supérieur. Cette belle trouvaille, signalée par J. Cottreau et Paul Lemoine [1], a une grande importance ; elle témoigne de la présence aux Canaries de sédiments néritiques de l'époque cénomanienne, tandis que dans la zone littorale sud-marocaine, les dépôts du même âge ont été formés dans des eaux marines plus profondes, ainsi qu'en témoigne la fréquence des Céphalopodes.

Or, on sait d'après les travaux de Léopold de Buch (1825), ceux plus récents de Dœlter (1882) et de Gagel (1908), que le socle de l'Archipel est formé de roches anciennes, de diorites et de diabases, de schistes et de calcaires, sur lesquels reposent les terrains crétacés et miocènes. Les déjections volcaniques qui constituent la presque totalité du sol des îles espagnoles, forment un capuchon à ce pivot de roches éruptives anciennes ou de terrains sédimentaires.

On ne peut s'empêcher, à cause de la nature du soubassement de l'Archipel, de faire un rapprochement avec le Massif central du Haut Atlas occidental. L'ossature des îles canariennes serait formée d'un massif analogue, en partie effondré, puisqu'il s'élève à peine au-dessus du niveau de la mer, tandis que dans l'Atlas les roches paléozoïques atteignent des altitudes élevées. Les deux noyaux anciens seraient séparés par une région effondrée, actuellement occupée en grande partie par les eaux de l'Océan.

Nous sommes ainsi amenés à voir dans le groupe insulaire canarien, les vestiges de la chaîne tertiaire, prolongement vers l'ouest de la

---

1. Bul. Soc. géol. Fr. (4), X, 1910. p. 267-271.

chaîne de l'Atlas que nous avons comprise dans le système alpin ; de sorte que ces îles marquent, dans l'Océan atlantique, le passage de la grande chaîne qui reliait les plissements tertiaires du bassin méditerranéen à ceux de l'Archipel des Antilles. Ou bien, ce qui revient au même, les îles Canaries se trouvent sur le prolongement de la Meseta marocaine qui est englobée dans les plissements alpins, où viendraient mourir, en s'atténuant, les plis du Haut Atlas.

On sait que la grande chaîne tertiaire s'est édifiée sur l'emplacement d'un vaste fossé océanique, qui faisait le tour du globe, jalonné par les Montagnes Rocheuses, et le pourtour du Pacifique, l'Himalaya, le Caucase et les Alpes. Ce sillon circumterrestre qui, par la nature de ses dépôts puissants révèle les caractères d'un géosynclinal, de la *Tethys* d'Ed. Suess, a été remplacé par un bourrelet saillant qui atteint, dans la Cordillière américaine, l'Himalya, les Alpes et l'Atlas marocain, des altitudes élevées.

Il était important de confirmer par l'observation directe, la continuité de cette formidable chaîne à travers l'Atlantique, entre le Maroc et l'Amérique centrale ; et c'est à cette partie de la grande ride tertiaire qu'appartient l'Archipel canarien, qui marque comme un jalon par quelques sommets élevés de la chaîne effondrée qui émergent des eaux de l'Océan.

Ainsi l'Atlantide a existé, fait scientifiquement constaté, si l'on fait abstraction de l'époque à laquelle elle s'est affaissée entre l'Ancien et le Nouveau continent. Faut-il comprendre dans cette terre autrefois émergée les Iles du Cap Vert, Madère, le groupe des Açores ? C'est ce qu'il est impossible de dire. Tout ce que l'on peut affirmer c'est que ces différents archipels ne peuvent appartenir aux mêmes zones orographiques d'un compartiment de l'écorce terrestre, en grande partie effondrée aujourd'hui sous les eaux océaniques.

Nous avons vu que l'Archipel canarien jalonnait le prolongement de l'Atlas. Les îles Madère semblent, au contraire, se trouver sur le prolongement de la Meseta marocaine, brusquement coupée par l'effondrement océanique, et nous savons que cette partie du Maroc est plus ancienne, puisqu'elle n'a pas été plissée depuis la fin des temps primaires. Le groupe des Açores semblerait aussi se trouver en continuité avec la Meseta ibérique et partagerait de ce fait, par son soubassement ancien, les caractères des îles précédentes. Enfin les îles du Cap Vert doivent se trouver en relation avec une région plus ancienne encore que celles du Maroc et de la Péninsule ibérique que nous venons de citer. Elle appartiennent plus vraisemblablement, par leur socle, à la Mauritanie qui borde de ce côté le Continent africain et dont les plissements remontent à la plus haute antiquité, puisqu'ils sont anté-carbonifères.

En admettant que toutes les îles atlantiques dont nous venons de parler aient, à une époque relativement récente, appartenu à un même continent, il est impossible de dire, en l'état de nos connaissances géologiques, si le morcellement de ce continent en grande partie effondré, s'est fait en une seule ou en plusieurs phases. Tout ce que l'on peut affirmer c'est que ces îles sont recouvertes par des déjections volcaniques récentes, et les phénomènes éruptifs se perpétuent encore de nos jours, comme à Ténériffe, par des volcans en activité. Il est naturel de penser que ces éruptions témoignent encore du jeu des fractures qui ont englouti sous l'Océan, de vastes territoires autrefois émergés.

Mais en admettant que le continent atlantique se soit affaissé d'un seul coup, cet effondrement s'est-il produit à une époque, contemporaine de l'Homme, et suffisamment avancée de la Préhistoire pour que ce cataclysme géologique ait laissé des souvenirs transmis par la tradition jusqu'à l'aurore de l'Histoire ?

C'est en cela que se résume tout le problème de l'Atlantide et de ses Atlantes.

Je crois avoir apporté sur cette question quelques documents qui pourront l'éclairer d'un jour nouveau, sans avoir nullement la prétention de la résoudre [1].

Le chenal qui sépare la côte sud-marocaine de l'archipel canarien est comparable au détroit de Gibraltar qui correspond, ainsi que je l'ai montré, à la zone d'ennoyage des plis de la chaîne continue du Rif et de la Cordillière bétique, effondrée entre les deux colonnes d'Hercule.

De même, le bras de mer qui nous occupe résulte de l'affaissement, entre le cap R'ir et les îles espagnoles, de la zone d'ennoyage des plis de l'Atlas marocain. Il reste à déterminer à quelle époque précise s'est produite la rupture, c'est-à-dire la séparation des îles espagnoles du Continent africain. Tout ce que je puis affirmer, c'est

---

1. Louis GENTIL. *Les mouvements tertiaires dans le Haut Atlas marocain*. (Comptes rendus de l'Acad. des Sciences, séance du 30 mai 1910).

qu'elle est de date plus récente que l'ouverture du détroit de Gibraltar.

La solution de ce problème implique d'abord la connaissance exacte de l'âge des plis tertiaires ou, ce qui revient au même, de l'âge de l'Atlas dans ces régions. Les documents sont encore assez imprécis à ce sujet ; je suis seulement porté à croire que l'Atlas constitue, de ce côté du moins, une chaîne très jeune.

J'ai observé, lors de mon dernier voyage dans le Sud-marocain, tout le long de la côte entre Mogador et Agadir, des grès tortoniens à *Ostrea crassissima* qui sont antérieurs aux plis tertiaires de la région. De plus, une bande presque continue d'un Plaisancien, bien caractérisé par des faunes de Pectinidés, borde la côte du Maroc depuis le cap Spartel ; j'ai pu la suivre jusqu'à la plaine du Sous. Or, on voit dans le Sud, ce Pliocène s'élever, depuis le niveau de la mer, sur le flanc septentrional de l'anticlinal du cap R'ir, puis recouvrir, jusqu'à Agadir, des plateaux côtiers d'une altitude de 200 à 250 mètres.

Ce terrain a donc pris part aux derniers mouvements de la chaîne et les plissements du Plaisancien sont également visibles dans les brachyanticlinaux qui, dans la région littorale, surgissent, comme au djebel Hadid, du Crétacé tabulaire, marquant le contre-coup des efforts orogéniques qui ont plissé le Haut Atlas. Or, l'effondrement du chenal qui sépare le Continent africain de l'archipel des Canaries est postérieur à ces mouvements : il date donc de l'époque quaternaire.

Ces observations sont corroborées par l'existence de formes d'érosion d'une extrême jeunesse qui affectent les flancs des plis tertiaires dans la zone littorale marocaine comprise entre Mogador et Agadir.

Mais à quelle phase de la période quaternaire appartient l'effondrement de l'aire d'ennoyage des plis de l'Atlas? C'est ce qu'il m'est impossible de préciser en l'état actuel de mes observations.

On peut prévoir seulement qu'une étude géologique minutieuse apporterait quelques précisions sur cette question. Elle consisterait à établir le synchronisme d'anciennes plages soulevées à des altitudes comprises entre 0 et 100 mètres, dont j'ai constaté les vestiges sur les côtes sud-marocaines, avec les dépôts similaires qui doivent exister dans l'archipel canarien.

Comme on le voit, nous sommes encore loin de la solution définitive du problème passionnant de l'Atlantide. Je ne crois pas que des études de zoologie ou de botanique permettent jamais de l'élucider, quelles que soient la sagacité et la finesse apportées dans leurs observations par des naturalistes qui se livreraient à l'étude de la faune et de la flore qui vivent sur le Continent noir et dans les îles de l'Atlantique. La valeur chronologique des organismes vivants n'est pas suffisante pour permettre de dater une époque beaucoup trop rapprochée de nous puisqu'il s'agit, d'après la légende transmise par les prêtres égyptiens et par les Celtes, de la protohistoire. Et les tentatives méritoires de deux chercheurs distingués, Louis Germain qui s'est basé sur la considération des faunes, J. Pitard qui a minutieusement étudié la flore des Canaries[1].

---

[1]. PITARD et PROUST. *Les Iles Canaries. Flore de l'Archipel.* Paris, Klincksieck, 1908.

ne sont pas faites pour nous encourager dans cette voie, puisque le premier conclut que la dernière phase de l'effondrement du Continent atlantique est extrêmement récente, tandis que le dernier fait remonter l'insularité des Canaries assez loin dans le passé.

De toute façon, si les sciences de la Nature doivent dans l'avenir apporter quelques données définitives sur l'histoire de l'Atlantide et des Atlantes, c'est aux lumières et aux précisions de la géologie qu'il convient surtout de s'adresser.

B. — Les prolongements de l'Atlas marocain sur le Continent

Si l'on jette un coup d'œil sur une carte générale du Nord-africain, il semble, à première vue, que la région du Tell soit en continuité avec le Rif marocain ; tandis que le Haut Atlas se trouve sur le prolongement de l'Atlas saharien, formant avec lui une longue barrière qui sépare, depuis la Syrte jusqu'à l'Atlantique, la région montagneuse du Sahara.

Entre les deux grandes zones orographiques que nous venons d'indiquer s'étalent des plateaux ou des plaines élevées : les Hauts-Plateaux et les Hautes-Plaines du Sud-algérien. Enfin le Moyen Atlas apparaît comme le trait d'union entre le Rif et le Haut Atlas.

En réalité, si nous exceptons la continuité des reliefs méridionaux, les relations des autres chaînes du Nord de l'Afrique sont différentes, ainsi que semblent l'indiquer les observations, parfois peu nombreuses il est vrai, sur la structure tectonique des chaînes marocaines. Nous allons, dans les lignes qui vont suivre, discuter ces données et envisager la liaison des divers éléments de l'orographie nord-africaine en commençant par les reliefs qui forment la bordure du Sahara.

I. Les relations du Haut Atlas et de l'Atlas saharien. — La continuité du Haut Atlas et de l'Atlas saharien a été admise depuis longtemps. Dès 1853, Gumprecht, dans le chapitre consacré au pays de l'Atlas du traité de Wappäus, emprunte à Renou la division en zones du relief marocain ; il rattache ces zones à celles de la Berbérie orientale qu'il regarde comme leur continuation.

D'après lui, le Nord-africain se divise en quatre bandes parallèles qui se succèdent du nord au sud : une zone côtière montagneuse, une zone de plaines qui se poursuit sans interruption depuis l'Atlantique jusqu'en Tunisie, une seconde zone montagneuse formée par le Haut Atlas et l'Atlas saharien regardé comme sa continuation, au sud de l'Algérie ; enfin le Sahara [1].

Cette conception du relief de la Berbérie ne pouvait être que grossièrement approximative : c'est ainsi que la « zone de plaines » de l'Algérie n'aboutit pas à la côte atlantique, puisqu'elle est arrêtée par le Moyen Atlas ainsi que nous l'avons vu.

Si l'on examine de plus près le Haut Atlas et

1. S. Wappäus. *Handbuch der Geographie und Statistik. Das atlasland.* Teil II, I Abt., p. 18-54. Leipzig, 1853-1854.

l'Atlas saharien, d'après les cartes récentes, on est frappé de voir qu'il est difficile de relier ces deux chaînes à leur contact, alors qu'elles offrent toutes deux une direction à peu près identique ENE-WSW. On a quelque peine à les raccorder parce qu'il semble exister, dans les confins algéro-marocains, une rupture de continuité comme s'il existait de ce côté, un « décrochement » des plis, le Haut Atlas finissant plus au nord que ne commence l'Atlas saharien.

Mais cette discontinuité n'est qu'apparente et, pour bien comprendre les relations des deux systèmes orographiques, il me faut d'abord jeter un coup d'œil sur la structure des massifs nord-sahariens, après avoir examiné de près, comme nous l'avons fait dans les pages qui précèdent, celle du Haut Atlas marocain.

L'Atlas saharien ne constitue pas une chaîne proprement dite; c'est plutôt une suite de reliefs dans laquelle des rides tertiaires, qui ont une direction différente de la direction générale de l'ensemble, émergent des régions plates et se groupent de façon à constituer des *massifs montagneux*, séparés par des dépressions plus ou moins marquées. On peut y distinguer :

Le *massif des Ksour* qui commence au bord de la Hammada et subit, après s'être élevé, un abaissement important à l'est, entre Mecheria et El Abiod Sidi Chikh. Il se continue par le *djebel Amour* auquel se relient les *monts des Oulad Nayl*. Ces derniers subissent encore un abaissement d'axe pour se relever à la limite des provinces d'Alger et de Constantine, dans le *massif de l'Aurès*.

Le djebel Amour constitue un nœud orogra-

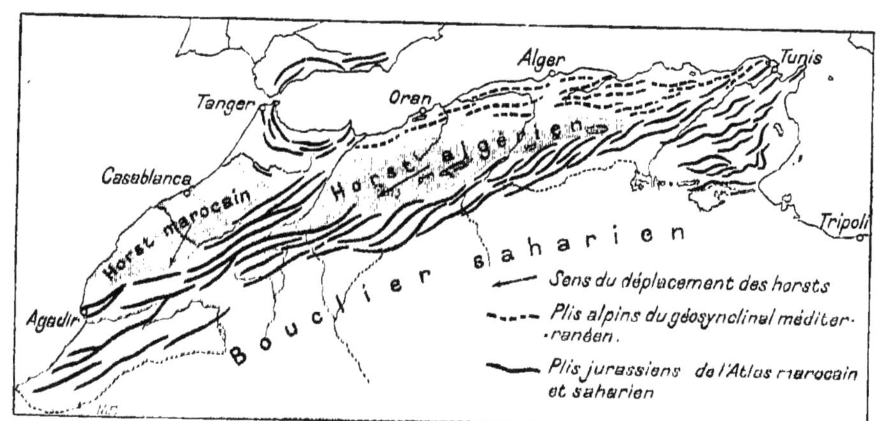

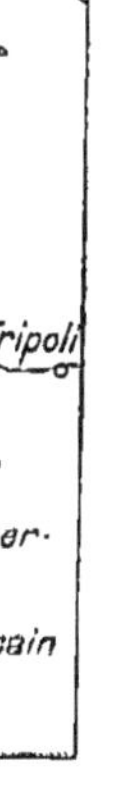

Fig. 7. — Allure schématique des plissements tertiaires dans le Nord-Africain.

phique important où prennent naissance deux importants cours d'eau : le Chélif qui prend ses sources auprès d'Aflour et se jette à la mer non loin de Mostaganem ; et l'ouad Djedi, qui naît tout près des sources du Chélif, sur le versant saharien de la chaîne, pour aller se perdre dans le chott Melr'ir, au sud de Biskra.

Ce massif, ainsi que les monts des Oulad Nayl qui s'y rattachent, ont fait de la part de E. Ritter l'objet d'un travail très remarquable, où l'observation minutieuse des faits stratigraphiques et tectoniques n'exclue pas l'esprit de synthèse [1].

Cet excellent mémoire va nous permettre des comparaisons étroites entre le Haut Atlas et la partie centrale de l'Atlas saharien.

L'aspect général de la chaîne, dans le djebel Amour et dans les montagnes des Oulad Nayl, est celui de vastes steppes presque horizontales, disposées en gradins. A des altitudes comprises entre 800 et 1.200 mètres de longues collines, qui s'élèvent à 150 ou 400 mètres, émergent au-dessus de la plaine environnante. Ces crêtes atteignent leur maximum d'altitude dans le djebel Amour.

Les niveaux les plus anciens que l'on y rencontre sont des pointements salifères du Trias gypseux et le Jurassique supérieur marno-calcaire à faune néritique ; au-dessus viennent successivement les calcaires néocomiens, l'Aptien avec faciès urgonien, les « grès à dragées » albiens, les marno-calcaires cénomaniens, les calcaires durs du Turonien, enfin les calcaires marneux sénoniens.

1. Etienne RITTER. *Le djebel Amour et les monts des Oulad Nayl* (Bull. Serv. Carte géol. de l'Algérie (2e), no 3, Alger, 1902, un vol. in-8o, 101 p., 16 fig. texte, 4 planches).

Si l'on examine les intéressants profils de Ritter et si l'on suit attentivement la description qu'il donne des plis du djebel Amour et des monts des Oulad Nayl, on est frappé de la ressemblance parfaite de ces plissements avec ceux que nous avons étudiés dans le Haut Atlas occidental. Les plis monoclinaux (flexures) y sont fréquents : ils regardent toujours vers l'extérieur de la chaîne[1]. Des anticlinaux à flancs monoclinaux séparés par un méplat se montrent identiques à ceux qui existent dans le Haut Atlas occidental. Parfois encore le sommet de l'anticlinal est affecté d'ondulations secondaires ou bien se trouve compliqué par un chevron, par un anticlinal central, ou par une dépression synclinale. Il n'est pas rare encore de voir les plis monoclinaux compliqués de plis déjetés qui sont toujours déversés vers l'extérieur de la chaîne. Il arrive fréquemment que deux anticlinaux surgissent de la plaine et sont séparés par un large synclinal à fond plat qui se confond avec les couches horizontales. Et « l'on rencontre de nombreux anticlinaux dont les deux flancs, et souvent une extrémité, se raccordent avec une grande surface de couches horizontales au moyen d'un jambage monoclinal[2] ». E. Ritter fait encore remarquer « que les plis qui naissent dans le désert au milieu de la surface des couches horizontales sont toujours des anticlinaux ».

Ces caractères rappellent fidèlement la structure des plis du Haouz de Marrakech et de la zone littorale de l'Atlas occidental, de même que ceux que nous avons compris dans la chaîne à

1. *Loc. cit.*, pl. I et II.
2. *Loc. cit.*, p. 92.

l'ouest et à l'est du Massif central du Haut Atlas.

Les plis du djebel Amour et des monts des Oulad Nayl forment des faisceaux que Ritter considère comme de véritables amygdales ; ils sont disposés en faisceaux allongés dans le sens NE-SW.

Chacun des plis élémentaires du faisceau, né au sud, au milieu des couches horizontales du Sahara, a une direction différente de celle de l'ensemble de la chaîne; il se montre plus près de la méridienne. Ces plis s'arrêtent ou bien ils vont *relayer* un anticlinal du revers septentrional de l'Atlas saharien, ce qui a fait dire à Ed. Suess que la chaîne saharienne « ne forme pas une chaîne continue mais plutôt une série de coulisses disposées en quinconces assez semblables au bord oriental des Montagnes Rocheuses »[1].

E. Ritter[2] considère avec raison que les plis méridionaux d'un des faisceaux, comme celui du djebel Amour, *relayent* les plis septentrionaux du faisceau suivant. Il étend cette règle au passage du massif des Ksour à celui du djebel Amour (p. 90-91) et il attribue cette structure à tout l'ensemble de la chaîne saharienne.

Si nous revenons au massif des Ksour, nous y retrouvons la même structure que dans le djebel Amour et chez les Oulad Nayl.

Les importantes recherches de G. B. M. Flamand nous montrent que, dans l'ensemble, les arêtes d'anticlinaux ou les sommets de dômes anticlinaux, qui font partie de ce faisceau, sont presque toujours jurassiques ; ils comprennent tous les

1. Ed. Suess. *La Face de la Terre.* Trad. Emm. de Margerie, t. III, p. 880-883.

2. E. Ritter. *Loc. cit.*, p. 90-91.

étages géologiques à partir du Lias et même de l'Infra-Lias, tandis que le Trias gypseux se montre fréquemment dans les anticlinaux éventrés [1].

Les bandes jurassiques les plus méridionales ainsi figurées sur la carte, celles de Figuig par exemple, appartiennent à des plis qui vont relayer les plis les plus septentrionaux du djebel Amour avec une direction à peu près NE-SW, de sorte que la partie centrale du massif des Ksour est, malgré cette disposition, située plus au sud que celle du massif du djebel Amour. Il convient de remarquer que la règle établie par E. Ritter, du déversement vers l'extérieur de la chaîne des plis monoclinaux et anticlinaux, dès qu'ils se montrent déjetés, est même applicable au massif des Ksour. Le djebel Melias, formé de couches jurassiques, est en effet déversé au sud sur le Cénomanien. Nous admettrons naturellement avec Ed. Suess « que ce point est bien à la limite de l'Atlas méditerranéen du côté de l'avant-pays » [2].

Essayons de voir comment se fait le raccordement du Haut Atlas avec la chaîne des Ksour.

Ici la pénurie de documents géologiques parfois même topographiques ne nous permettra pas de discuter cette liaison avec autant d'assurance que nous venons de le faire pour les plis des Ksour et du djebel Amour ; mais nous pourrons nous rendre compte, avec quelques réserves, que

---

1. G.-B.-M. FLAMAND, *Recherches géologiques et géographiques sur le Haut-Pays de l'Oranie et sur le Sahara* (Algérie et Territoires du Sud). Lyon, A. Rez et Cie, 1911.

2. L'illustre géographe viennois entend par « Atlas méditerranéen » l'ensemble de zones volcanisées ou plissées du Nord de l'Afrique, depuis les îles côtières jusqu'au Sahara.

le passage de la grande chaîne à l'Atlas saharien, procède des mêmes phénomènes tectoniques.

Le Haut Atlas subit, à partir du Tizi n Tel-r'emt (2.067 m.), ou plutôt de l'Ari Abari (3.500 m.) qui domine ce col, une descente assez rapide vers l'est. Il aboutit de ce côté par une ou plusieurs crêtes, correspondant à un nombre indéterminé de plis de cette vaste région tabulaire, en grande partie au moins jurassiques.

Ainsi que je l'ai fait remarquer [1], le plateau du Rekkam qui s'étend sur la rive droite de la Mlouya, entre Kasbat et Makhzen et la zone frontière algéro-marocaine, doit faire partie du régime non plissé de la gada de Debdou et des monts des Beni Bou Zeggou qui se relient, par les monts de Tlemcen, à la région d'architecture tabulaire des Hauts Plateaux sud-algériens. D'autre part la région désertique de la Hammada, considérée avec raison par Schnell, d'après les indications de rares explorateurs, comme le prolongement vers l'est du plateau du djebel Sar'ro, jouit des mêmes propriétés d'une tranquillité parfaite de ses assises géologiques. Il en résulte que le Haut Atlas vient en quelques sorte mourir et s'épanouir dans une région plate, en une série de ramifications de peu d'importance par rapport aux crêtes élevées de la haute chaîne.

Plus à l'est, les nombreuses rides tertiaires des Ksour se relèvent pour former un nouveau massif. Il est très vraisemblable qu'une dépression sépare le Haut Atlas de la chaîne des Ksour de même que cette dernière est séparée d'un

---

1. Louis GENTIL. *L'Amalat d'Oujda. Etude de géographie physique.* La Géographie, t. XXIII, 1911, p. 334.

faisceau de plis analogues au djebel Amour, par
un nouvel abaissement d'axe de ces plis.

Des raisons plus importantes encore justifient
le rapprochement que nous venons de faire. Il
existe au sud du Haut Atlas oriental, entre la
grande chaîne et les plaines du Tafilelt, une série
de rides qui ont été recoupées par Rohlfs,
Schaudt et Ch. de Foucauld. Ce dernier les a
figurées sur ses itinéraires en une série d'arètes
plus ou moins parallèles à la crête principale,
traversées, au fond de cluses (*kheneg*), par des
cours d'eau descendus de l'Atlas. Or, l'examen
attentif des itinéraires récents, relevés par les
reconnaissances militaires au nord et au nord-
ouest de Colomb-Béchard, montre que ces rides
méridionales du Haut Atlas oriental vont *relayer*
les plis septentrionaux de la chaîne des Ksour.

Il convient de remarquer, en outre, que les
chaînons signalés par de Foucauld et qui sont
certainement formés, en grande partie du moins,
par des terrains jurassiques, prennent naissance
dans les couches horizontales du plateau tabulaire du djebel Sar'ro. La similitude de structure
du Haut Atlas et de ses dépendances avec l'Atlas
saharien paraîtra plus complète encore si l'on
songe que le djebel Bani et les petites chaînes
analogues, qui courent dans la plaine du Draa de
l'WSW vers l'ENE, prennent naissance dans le
Crétacé horizontal du Plateau saharien ; de même
que les plis de l'Atlas saharien qui forment des
redans avec *la disposition en coulisses* à la
bordure du désert.

Ainsi, que l'on examine le Haut Atlas dans les
détails de sa structure ou dans son ensemble, on
est frappé de l'analogie qu'il offre avec l'Atlas

saharien. Il semble également devoir être divisé en faisceaux de plis analogues, si l'on en juge d'après les rides anticlinales de son extrémité occidentale qui, partant du bord sud du massif, ont tendance à *relayer* les plis parallèles à la direction générale de la chaîne sur son flanc septentrional.

Et si l'on envisage l'ensemble des plissements qui se trouvent au bord de l'anticlinal du cap R'ir, à partir de celui du cap Tafetneh, on se rend compte que le pays effondré sous l'Atlantique devait au delà de la côte actuelle, singulièrement ressembler, par sa structure, à l'Atlas saharien, à cause de ses analogies avec le djebel Amour ou le massif des Ksour.

Peut-être la partie orientale de la haute chaîne se révèlera-t-elle comme un deuxième massif accolé à celui de l'Atlas occidental, mais il n'est pas permis de l'affirmer à cause de l'obscurité qui règne encore sur la structure géologique de cette partie du Haut Atlas oriental.

Un fait important distingue cependant le Haut Atlas de la Chaîne saharienne ; c'est la différence tout à fait disproportionnée des hautes altitudes de l'Atlas marocain par rapport à celles des crêtes culminantes de l'Atlas saharien.

Si nous nous déplaçons de l'ouest vers l'est, nous constatons que, jusqu'au djebel Amour et aux monts des Oulad Nayl, les affleurements de la chaîne plissée sont formés de terrains de plus en plus jeunes ; tandis que l'altitude moyenne diminue. C'est ainsi que nous avons vu le Haut Atlas marocain offrir de vastes affleurements cristallins et paléozoïques et une couverture en grande partie jurassique ; que les anticlinaux du massif des Ksour montrent de fréquents noyaux triasiques enveloppés de Jurassique, les terrains crétacés constituant les flancs de ces plis et le fond des synclinaux. Enfin les terrains crétacés ne laissent plus apparaître que quelques noyaux de Jurassique supérieur, dans les anticlinaux ou les dômes surélevés, dans le djebel Amour et les monts des Oulad Nayl.

Si nous poursuivons notre marche plus à l'est encore, nous voyons les plis de cette dernière chaîne subir toujours la même loi d'abaissement d'axe sous la dépression qui s'étale entre les plaines de Hodna et d'El Outaïa, puis se relever dans l'Aurès.

Mais ici, malgré des altitudes de plus de 2.300 m. atteintes par les crêtes, le massif ne laisse presque plus apparaître le Jurassique. Il est en grande partie formé de Crétacé supérieur, qui enserre dans ses plis les terrains tertiaires, l'Éocène inférieur et l'Oligocène, tandis que le Miocène est également développé sur ses flancs. Nous nous trouvons là à la jonction de l'Atlas saharien et de l'Atlas tellien.

Plus à l'est, des séries de plis, en guirlandes atténuées, s'observent remontant vers le cap Bon. Enfin dans le Sud-Tunisien le massif de Négrine-Gafsa, bien étudié par H. Roux, rappelle par ses faisceaux de plis, ceux étudiés par E. Ritter dans le djebel Amour et les monts des Oulad Nayl, par Flamand dans le massif des Ksour.

H. Roux [1] a très heureusement fait remarquer que l'Atlas saharien offre des alignements transversaux de points bas des axes des anticlinaux,

_____

1. *Loc. cit.*, p. 175.

lesquels correspondent à des régions naturelles distinctes de l'ensemble de la chaîne et séparent les différents massifs que E. Ritter considérait comme des massifs amygdaloïdes. Les « transversales » de Roux correspondent à des *zones d'ennoyages* des plis tertiaires sous les dépôts récents néogènes ou quaternaires d'origine continentale.

II. LES RELATIONS DU MOYEN ATLAS ET DE L'ATLAS TELLIEN. — Nous avons vu qu'une obscurité presque complète règne encore au sujet de la structure du Moyen Atlas qui n'a jamais été traversé par un géologue. Les rides longitudinales de cette grande chaîne, que j'ai pu soupçonner d'après les récits et les itinéraires des rares voyageurs qui l'ont explorée, peuvent se compliquer d'accidents que les observations actuelles ne nous permettent pas d'analyser. Mais un fait tectonique important, que nous avons déjà énoncé, me paraît indiscutable, à son extrémité nord-est les plis du Moyen Atlas *s'ennoyent* sous les dépôts du détroit Sud-Rifain[1].

Les rides du Keddamin, du djebel Tirechen et de Taza, qui formaient autant de promontoires s'avançant dans la mer miocène, plongent sous les dépôts néogènes. Nous sommes autorisés à admettre, d'après des observations faites à distance, que les plis du Moyen Atlas se relèvent de l'autre côté de l'ancien détroit, dans la série de crêtes des Mtalsa, du Guelliz, qui ne semblent pas faire partie du Rif, ainsi que les anciennes

---

1. Louis GENTIL. *Un panorama de la Moyenne Mlouya (Maroc oriental)*, [C. R. Acad. des Sciences, séance du 12 juin 1911.]

cartes l'avaient fait admettre. J'ai constaté, en effet, que les plis qui affectent l'aire anticlinale du massif des Beni Snassen se poursuivent sur la rive gauche de la Mlouya, au delà des gorges des Beni Mahiou, chez les Beni Bou Yahi[1]. De plus, les axes de ces plissements tertiaires s'infléchissent vers le SSW en imprimant cette direction à la crête des Mtalsa qui était jusqu'ici figurée à peu près EW.

Il en résulte que le massif des Kebdana, qui encadre sur sa rive gauche le cours inférieur de la Mlouya, fait encore partie de cet ensemble, car il ne peut être séparé des chaînes plissées du littoral oranais.

Nous sommes ainsi amenés à relier le Moyen Atlas au Tell algérien dont il formerait la continuation au Maroc.

Si l'on envisage dans son ensemble la structure des confins algéro-marocains, on y reconnaît des zones tectoniques bien distinctes, dont nous allons rapidement esquisser les principaux caractères. Nous partirons, à ce sujet, de la région littorale pour aboutir au Sahara.

Les régions des Kebdana, des Msirda et de Nemours, appartiennent aux débris d'une chaîne fortement plissée établie sur l'emplacement d'un géosynclinal secondaire. On y rencontre des dépôts de mers profondes dont l'origine est nettement accusée, non seulement par la puissance de sédimentation, mais encore par des formations bathyales secondaires et parfois aussi ter-

---

1. Louis GENTIL. *Le cours inférieur de la Mlouya (Maroc oriental)*. [C. R. Acad. des Sciences, séance du 5 déc. 1910.]

tiaires. Les efforts orogéniques puissants qui ont agi sur ces terrains ont donné lieu, durant la période néogène, à des plis non seulement très relevés mais, parfois aussi, couchés ou charriés. On y voit notamment, les calcaires liasiques poussés sur des terrains plus récents, jusques et y compris le Miocène inférieur, interposant fréquemment, entre la lame charriée et son substratum, un lambeau étiré de Trias gypseux.

Il n'est pas toujours possible de dire sur quelle étendue ces charriages se sont effectués. J'ai pu cependant montrer que, sur le territoire algérien, de tels plis couchés ont conservé à la fois leur tête et leur racine, séparées par une quinzaine de kilomètres. Ailleurs, ils sont plus étendus, provenant de régions actuellement effondrées sous la Méditerranée. Les phénomènes que j'ai signalés depuis longtemps entre l'embouchure de la Tafna et Nemours, se répètent à l'ouest de Nemours sur le territoire algérien et dans le massif des Kebdana, au Maroc.

Quelle que soit l'amplitude du phénomène, celui-ci n'en est pas moins démonstratif. Il témoigne d'efforts orogéniques dont les puissants effets sont comparables, toutes proportions gardées, à ceux qui ont été mis en lumière dans les Alpes, dans ces dernières années par les éminents géologues de l'École française.

Il est à remarquer que le sens de la poussée, dans ces lambeaux de recouvrement, est très visible ; l'effort s'est indiscutablement fait sentir du nord vers le sud.

Si l'on s'éloigne du littoral pour s'enfoncer sur le continent, on constate que l'intensité du phénomène de plissement diminue, et déjà la chaîne du djebel Filhaoucen, en Algérie, le massif des Beni Snassen qui lui fait suite au Maroc, offrent des plis plus simples. Ce dernier montre la superposition de trois plis formant trois écailles imbriquées, légèrement poussées vers le sud et nettement déversées dans cette direction. Les terrains des Beni Snassen ont encore participé aux efforts tangentiels qui ont poussé vers le continent la nappe de recouvrement qui jalonne le bord de l'effondrement méditerranéen [1].

Si l'on se reporte plus au sud encore, au delà des plaines tertiaires de la Tafna et des Angad, le changement s'accentue. Dans les monts des Beni Bou Zeggou, prolongement de ceux de Tlemcen, les efforts orogéniques n'ont laissé que des traces peu sensibles. Les plissements se réduisent à de simples ondulations que l'on peut suivre sur une grande étendue dans une succession de couches à peu près horizontales. Et, comme dans les *pays d'architecture tabulaire*, les calcaires jurassiques, qui forment la masse principale de ces montagnes, s'y montrent fréquemment disloqués. On y voit un grand nombre de failles mettant parfois à nu, malgré de faibles dénivellations des deux lèvres de la cassure, le soubassement des terrains secondaires formé des vestiges de la pénéplaine, avec ses calcaires à Crinoïdes et ses roches volcaniques carbonifères.

Il est indéniable que tous ces accidents : lames de recouvrements, écailles ou plis imbriqués, faibles

1. Louis GENTIL. *Esquisse géologique du massif des Beni Snassen.* [Bull. Soc. géol. de Fr. (4), t. VIII, 1908, p. 391-417, pl. VIII-IX.]

ondulations accompagnées de fractures, sont de même âge et résultent de l'action des mêmes mouvements orogéniques à des degrés d'intensité variables. Il en résulte des zones tectoniques distinctes : la zone littorale où les efforts tangentiels se sont fait énergiquement sentir, sur le bord du géosynclinal secondaire ; la zone des Beni Snassen qui porte encore la trace des actions orogéniques puissantes ; enfin la zone des Beni Bou Zeggou où elles sont très atténuées, faisant pressentir une tranquillité parfaite des couches plus au sud.

L'étendue vers le sud de la zone d'architecture tabulaire, qui commence avec les monts des Beni Bou Zeggou, est considérable. Il faut franchir près de 200 kilomètres avant de retrouver les premières rides du massif des Ksour, dont nous avons esquissé la structure. Et, sur la plus grande partie de ce long parcours, les couches secondaires existent à une certaine profondeur ; elles ont, par affaissement, produit des dépressions qui ont été comblées par des dépôts fluviatiles ou lacustres remontant à l'époque pontique ou même au delà.

Les événements orogéniques que je viens d'envisager se sont déroulés, de même que dans les Alpes, durant la période néogène. Il est même permis de préciser l'une des principales phases de ces mouvements. C'est ainsi que j'ai constaté, en plusieurs points du littoral, que le Lias calcaire a été charrié sur le Miocène inférieur, tandis que les dépôts du Miocène moyen, au moins dans leur partie élevée, sont venus s'étaler sur la nappe définitivement en place. Ces faits apparaissent avec netteté aux environs de Nemours et dans la tribu des Msirda, à la frontière algérienne; ils démontrent que le Lias a été chevauché au début de l'Helvétien. Plus à l'ouest, je n'ai pu constater, au Maroc, dans le massif des Kebdana, que la postériorité du Miocène supérieur (Sahélien) par rapport à ces mouvements importants.

A ces phénomènes orogéniques sont liées des manifestations volcaniques dont la zone littorale nord-africaine a été le théâtre, depuis l'époque du Miocène moyen.

J'ai eu l'occasion de décrire en détail, autrefois, un volcan ainsi produit, entre le cap Figalo et Oran, remarquable par la variété de ses déjections andésitiques et par sa structure. Je l'ai désigné sous le nom de *volcan de Tifarouïne*. Édifié au bord de la mer sahélienne il a, par intervalles, fait reculer ses rives; puis il s'est trouvé presque complètement immergé et a été recouvert par des récifs littoraux de la même mer. J'ai montré, à ce moment, comment d'autres volcans andésitiques devaient être échelonnés le long du rivage de la mer sahélienne, tandis que d'autres éruptions avaient dû, toujours à la même époque, se poursuivre sous la mer.

J'ai pu, au cours de mes recherches dans les confins algéro-marocains, étudier la structure d'un vaste appareil, de même composition et de même âge, formé comme le premier, d'épaisses coulées d'andésites accompagnées de brèches ignées rappelant celles du volcan du Cantal et, comme celui du volcan de Tifarouïne, édifié sur le rivage de la mer sahélienne. C'est ce que j'appellerai le *volcan des Msirda*. Il élève ses pitons de lave à plus de 600 mètres d'altitude au djebel Bou Khirat, au djebel Nâdor, du côté algérien de la frontière, et son pied s'enfonce sous la plaine des Trifa, au Maroc.

D'autres volcans néogènes, dont je ne puis autrement préciser l'âge, ont édifié leurs cônes de débris au sud du massif des Beni Snassen, entre ce massif et le djebel Mer'ris et entre cette dernière montagne et la ville d'Oujda. D'autres éruptions encore se sont manifestées plus au sud, jusqu'au sommet de la montagne liasique du djebel Metsila où se trouvent les vestiges d'un cratère et les traces des cheminées, mises à nu par l'érosion et par une cassure. Mais tous ces *volcans des Angad* ont des caractères minéralogiques qui les séparent nettement de celui des Msirda, car leurs déjections sont leucitiques, comme celles du Vésuve et des volcans des Champs Phlégréens. Ils se rapprochent, à ce point de vue, de ceux que j'ai décrits, plus à l'est, auprès d'Aïn Temouchent, mais leur âge peut être plus ancien.

Toutes ces manifestations éruptives sont concomittantes des efforts orogéniques qui ont affecté la zone frontière algéro-marocaine, elles sont aussi en rapport avec les effondrements successifs qui ont préparé le lit de la Méditerranée actuelle.

Les différentes zones tectoniques que nous avons traversées en nous dirigeant dans les confins algéro-marocains, du nord au sud, s'étendent de l'ouest à l'est à la plus grande partie de l'Afrique du Nord, au moins à l'immense surface du territoire algérien, en partie à la Tunisie.

Quand on parcourt, suivant un méridien quelconque l'Algérie, depuis le littoral méditerranéen jusqu'aux bords du Sahara, on est frappé de voir que les trois zones tectoniques que nous venons de décrire se retrouvent, avec les mêmes caractères, en continuité avec celles de la zone frontière algéro-marocaine.

Dans la région littorale, le Tell ou *Atlas tellien* est caractérisé par les dépôts du géosynclinal secondaire et tertiaire, énergiquement plissés. Dans cette zone de sédimentation bathyale, les efforts orogéniques ont eu manifestement comme résultat d'énergiques poussées vers le sud. Les coupes du littoral de l'Oranie occidentale que j'ai publiées ne laissent aucun doute, en ce qui concerne le département d'Oran [1]. Dans la province d'Alger, la belle étude de E. Ficheur sur l'Atlas de Blida montre que des plis couchés ont été refoulés vers le sud, chevauchant les dépôts du Miocène inférieur et recouverts en transgression par ceux du Miocène moyen. D'autres plis de moins grande amplitude se montrent refoulés vers le nord et doivent être considérés comme un retour en arrière des plis, au nord de l'axe du massif ancien [2].

Dans la province de Constantine, les chevauchements observés par J. Savornin dans la chaîne des Biban et les phénomènes tectoniques signalés par L. Joleaud au bord de la chaîne numidique, témoignent de la généralité des poussées du nord vers le sud de la zone géosynclinale du Tell algérien [3].

1. Louis Gentil. *Esquisse stratigraphique et pétrographique du bassin de la Tafna.* Alger, 1902.

2. E. Ficheur. *Les plissements du massif de Blida* (Bull. Soc. géol. de Fr. (3e), XXIV, 1896, p. 982-1041, pl. XXXI-XXXIII).

3. Léonce Joleaud. *Etude géologique de la chaîne numidique et des monts de Constantine (Algérie)* (Thèse de Doctorat, Paris, 1912).

On est tenté de faire un rapprochement entre cette zone géologique du Nord de l'Afrique, en partie effondrée sous la Méditerranée actuelle, et les Alpes, bien que, dans cette chaîne, les phénomènes de plissement se manifestent dans des proportions beaucoup plus grandioses. D'autres faits que ceux que nous venons de signaler militent en faveur de cette comparaison.

La côte algérienne, entre le massif de Bouzaréah, qui domine Alger, et la baie de Bougie, d'une part, la région du massif de l'Edough et la chaîne numidique, d'autre part, offrent les débris de vastes noyaux anciens qu'on est tenté de rapprocher des massifs amygdaloïdes hercyniens des Alpes [1].

Mais il ne subsiste de ces noyaux que leur bord en regard avec l'extérieur de la chaîne plissée; car il est de toute évidence qu'il faut admettre avec Ed. Suess que l'*avant-pays* (vorland) de l'Atlas tellien se trouve, non pas du côté de la Méditerranée, mais vers la région saharienne. Il faut renoncer à l'idée du prolongement des Dinarides dans l'Afrique du Nord, tandis qu'il paraît plus naturel d'y voir, avec l'illustre géologue viennois, la structure de l'Apennin qui serait « tourné vers le Sud [2] ».

Au sud de l'Atlas tellien, la grande étendue des Hauts Plateaux et des Hautes Plaines de la Berbérie mérite, par sa structure, d'être rapprochée de la Meseta marocaine. C'est ce que E. Gau-

1. Louis Gentil. *Les grandes lignes du relief marocain* (Revue générale des Sciences, 22ᵉ année, nᵒ 12, 30 juin 1911, p. 492).

2. Ed. Suess. *La Face de la Terre*. Édit. franç, de E. de Margerie, t. III, p. 873.

tier a, avec quelque raison, désigné sous le nom de Meseta sud-oranaise [1].

Le plateau de Saïda en fait partie, il est formé d'un socle de schistes anciens ou de roches cristallines, recouvert par le Jurassique. Ces terrains mésozoïques montrent dans leur ensemble, bien qu'avec des accidents secondaires, une allure tabulaire. Ils doivent être, ainsi que je l'ai fait remarquer, reliés par les monts de Tlemcen aux monts des Beni Bou Zeggou, à la gada de Debdou et au plateau du Rekkam jusqu'à la Mlouya, au pied du Moyen Atlas. Au sud du plateau de Saïda, la continuité du Jurassique et du Crétacé se fait sous les dépôts continentaux alluvionnaires et lacustres de la région des chotts.

G. B. M. Flamand a observé, à ce sujet, que cette partie du Sud-Algérien correspond à un affaissement de la couverture secondaire (miocène et crétacée) des Hauts Plateaux, comblé par les dépôts miocènes (pontiens) ou pliocènes qui forment la majorité des terrains tertiaires dans les grandes plaines des chotts. Cet affaissement des terrains secondaires représente, en plus grand, les fossés effondrés que j'ai signalés dans les monts des Beni Bou Zeggou, dont l'architecture tabulaire est sillonnée des fractures habituelles à ces régions non plissées.

Il en résulte que l'ensemble des Hauts Plateaux et des Hautes Plaines du Sud-Algérien, qui se prolongent à l'ouest dans les confins algéro-marocains, est formé d'un socle primaire provenant de l'arasement de la chaîne hercy-

---

1. E.-F. GAUTIER. *La Meseta sud-oranaise* (Annales de Géographie, 1909, p. 328-340).

nienne, sur lequel repose une succession de couches secondaires, accessoirement tertiaires, rappelant, malgré des différences de détails, la Meseta marocaine.

Au sud de ce *horst algérien* se déploie la succession de faisceaux de plis qui forme les massifs juxtaposés de l'Atlas saharien dont nous connaissons la structure.

Et, au delà, commence le Sahara, le véritable Sahara défini par une structure géologique uniforme s'étendant à d'immenses surfaces. Dans ces régions centrales et dans l'Extrême-Sud tunisien, de même que dans le Sahara occidental, il est invariablement formé d'un soubassement ancien, schisteux et cristallin, dans lequel G. B. M. Flamand a signalé les vestiges de la chaîne hercynienne. Mais celle-ci a été complètement arasée et se trouve en continuité avec la pénéplaine primaire, que nous avons observée dans l'Ouest-Marocain et qui embrassait ainsi d'immenses étendues, dans le Sud et le Centre africains.

Au-dessus de ce vaste *horst saharien* se montrent les dépôts transgressifs du Crétacé débutant par les couches à Poissons décrites par E. Haug, d'après les matériaux rapportés par F. Foureau de sa célèbre mission, lesquels représentent vraisemblablement l'Albien. Puis, c'est la succession du Crétacé moyen et supérieur dans laquelle le Cénomanien et le Turonien dominent, laissant subsister, à la suite d'érosions actives, des débris, sortes de buttes-témoins en forme de *hammada*, de *gour*, dans les régions désertiques. Dans l'est, les niveaux plus élevés de la série crétacée s'étalent sur de grandes surfaces, ainsi que Pervinquière l'a récemment montré dans l'Extrême-Sud tunisien, à la suite de son beau voyage à R'adamès.

La principale caractéristique tectonique du Sahara, c'est la tranquillité parfaite ou même l'absolue horizontalité des couches crétacées partout où se montrent des témoins épargnés par l'érosion.

Ainsi, au sud de l'Atlas saharien les plissements tertiaires ont à peu près disparu, si bien que tout ce qui se trouve au nord de la bordure montagneuse du Sahara peut, en y comprenant ces dernières rides alpines, être désigné, avec Ed. Suess, sous le nom d'« Atlas méditerranéen ».

Nous venons d'esquisser rapidement les différentes entités tectoniques de l'Afrique du Nord si variée et par sa structure et par l'origine des dépôts sédimentaires qui prennent part à sa constitution. Aussi semble-t-il important de savoir comment sont venus mourir, à la bordure du grand désert, les efforts de plissement contemporains de la formation des Alpes.

Des théories très intéressantes ont été émises à ce sujet par d'excellents observateurs.

E. Ritter admet, pour expliquer les amygdales de plis qui constituent les grands faisceaux de l'Atlas saharien, que la surface « sur laquelle s'exercent les forces de refoulement est encastrée dans d'autres terrains où, par suite de leur incompressibilité, naissent des forces opposées ». Prise entre ces forces contraires, la matière tendra à s'écouler latéralement; il en résultera deux nouvelles forces opposées à 90° des premières et la surface sédimentaire soumise à ces quatre forces fera alors saillie et prendra la forme d'une surface gauche qui ne sera pas formée de plis parallèles, mais d'une amygdale comme celle du djebel Amour ou des monts des Oulad Nayl. En plus petit elle donnera un dôme plus ou moins allongé. Enfin des plis orthogonaux pourront se produire, par interférence, au contact de deux amygdales consécutives.

Cette conception très ingénieuse ne peut être retenue parce qu'elle n'est pas étayée par l'observation. On se demande comment le refoulement latéral a pu ainsi avoir des points de prédilection puisque, d'après cette théorie, il faudrait admettre une suite d'actions localisées en quelques points qui auraient chacune donné naissance à un faisceau de plis en amygdales.

Celle de J. Savornin mérite une certaine attention : mais ce géologue admet que les plissements de l'Atlas saharien sont d'âge anté-tertiaire. « Ce faisceau de plis, auquel ne participent que le Jurassique et le Crétacé, et qui date assez exactement de la fin des temps secondaires »[1]. Il fait remarquer qu'ils se trouvent encadrés entre la plateforme jurassique de Saïda (axe E. W.) et la plateforme crétacée du Mzab (axe N. S.). « En un mot, ces plissements sont compris entre les deux mâchoires d'étau formées par le massif de Saïda et par la Chebka du Mzab, dont les directions sont perpendiculaires entre elles. Tout se passe donc comme si l'Atlas saharien avait pris orographiquement naissance sous l'influence

---

1. J. Savornin. *Sur l'évolution paléogéographique du cap Bon et sur la direction des plissements de l'Atlas considérée comme résultante de deux actions orogéniques orthogonales.* (C. R. Acad. des Sciences, séance du 27 déc. 1909.)

de deux pressions orthogonales venues simultanément du Nord (géosynclinal subméditerranéen) et de l'Est (synclinal de l'ouad R'ir). Il faut considérer d'ailleurs que la pression venue du Nord est seule active, l'autre étant passive. Cette observation est aussi à rapprocher du fait, aujourd'hui classique, que les plis hercyniens sont à direction générale sub-méridienne, dans toute la zone du Touat, du Guir et de l'Atlas marocain. Un tel substratum avait naturellement tendance à imprimer des directions analogues à sa couverture de sédiments plus récents. On se rend compte alors que, sur un tel substratum, les sédiments paléozoïques soumis aux pressions originaires du géosynclinal méditerranéen, qui tendaient au contraire à leur imprimer des directions E.-O., se sont plissés suivant la bissectrice de l'action et de la réaction orogéniques dont ils subissent les effets ».

Une remarque est à retenir dans ces considérations, mais à laquelle l'auteur ne paraît pas avoir attaché une importance suffisante : c'est que les plissements de l'Atlas saharien sont compris entre les deux mâchoires d'étau formées par le massif de Saïda et la Chebka du Mzab. Mais on ne conçoit pas quelle réaction aurait pu opposer à des pressions venant du géosynclinal méditerranéen, c'est-à-dire NS, qui tendraient, de l'avis même de l'auteur, à imprimer aux sédiments mésozoïques des plis EW. D'après l'auteur, les plis hercyniens ont une direction généralement sub-méridienne, c'est-à-dire à peu près NS ; or, il semble difficile de voir, dans la poussée du géosynclinal méditerranéen, une autre direction qu'une direction dans le sens du Nord vers le Sud.

D'ailleurs, je ne crois pas qu'il faille donner, aux plis hercyniens du soubassement, l'influence que J. Savornin leur attribue parce que, partout où j'ai pu observer la surface du socle ancien, c'est-à-dire la surface de la pénéplaine résultant de l'arasement de la chaîne hercynienne, j'ai constaté qu'il ne subsistait que des saillies de roches dures épargnées par l'érosion ; et la pénéplaine affleure fréquemment dans l'Ouest-Marocain où j'ai pu l'observer, avec ses *sokhrat* qui n'ont pu exercer qu'une influence très légère sur la couverture sédimentaire plissée, comme dans l'Atlas saharien.

Je ferai remarquer, en outre, que les plis hercyniens n'ont pas la direction régulière subméridienne que leur attribue J. Savornin. J'ai démontré que dans le Haut Atlas et la Meseta marocaine la direction N N E, qu'on leur attribuait invariablement devenait parfois NS, ou NE-SW ou NW-SE, autrement dit qu'elle varie dans un secteur de 90°. Les cartes tectoniques de E. Gautier et de G. B. M. Flamand montrent la même variation dans le Sahara septentrional.

Ce dernier fait remarquer, dans son travail très important de thèse de doctorat, que les plis atlasiques (alpins) du massif des Ksour se décomposent en éléments voisins du méridien et des parallèles, se reliant entre eux par des arcs restreints. Il en conclut qu'un réseau orthogonal préexistant a commandé ces orientations qui ont simplement épousé les axes directeurs du dit réseau [1]. Malgré tout le crédit qu'il convient d'accorder aux observations précises et conscien-

---

1. G. B. M. FLAMAND, *loc. cit.*, p. 786.

cieuses de mon distingué collègue, je crois que son réseau orthogonal n'est qu'approché ; et si l'on peut trouver dans les plis tertiaires du massif des Ksour les éléments N S et E W qu'il indique, les premiers de ces éléments sont très restreints car la schématisation des plis de l'Atlas saharien en plis longitudinaux et transversaux est bien telle que l'a indiquée E. Ritter. Les premiers sont dirigés parallèlement à l'axe de l'Atlas et les autres à environ 45°. Je ferai, en outre, à la théorie si séduisante de G. B. M. Flamand la même objection qu'à celle de J. Savornin ; en effet, en admettant qu'un réseau orthogonal ait préexisté en profondeur, je ne crois pas qu'il ait eu l'influence prépondérante sur le plissement de la couverture mésozoïque que ce savant voudrait lui attribuer.

Enfin, dans une étude remarquable sur le Sud-Tunisien [1], H. Roux a essayé d'étendre ses importantes observations sur le massif de Gafsa-Négrine à tout l'Atlas saharien. La considération de ses « transversales » c'est-à-dire des lieux de points bas des anticlinaux, qui divisent l'Atlas en autant de régions naturelles est fort intéressante. Il a admis en outre que les plis longitudinaux résultaient de deux forces opposées de direction NS, tandis que les plis transversaux étaient dus à l'interférence de deux ondulations concomitantes, qui auraient composé leurs efforts au lieu de les additionner. Il renonce à admettre la trace posthume des plis anciens invoqués par ses devanciers.

---

1. H. Roux. *Les plis des environs de Redeyef (Sud-Tunisien).* (C. R. Sommaire des séances de la Soc. géol. de Fr., séance du 4 déc. 1911, p. 775.)

De toutes les théories qui précèdent, la dernière seule répond à tous les faits d'observation; mais si la conception de H. Roux donne une explication simple de l'effet des mouvements orogéniques, elle n'en indique pas la cause.

L'origine de ces mouvements tertiaires me paraît devoir être liée à celle de l'orogenèse de tout l'ensemble du Nord-Africain; car il semble impossible de les séparer de l'effort général qui a énergiquement plissé les dépôts du géosynclical méditerranéen.

J'insisterai tout d'abord sur l'âge des plis de l'Atlas saharien. Je ne doute pas que les phénomènes mécaniques qui leur ont donné naissance aient pu jouer dès l'époque secondaire; mais je crois fermement, avec tous ceux qui ont étudié antérieurement quelque partie de la bordure montagneuse du Sahara, E. Ritter, G. B. M. Flamand, H. Roux, que la grande phase de plissement date de la période néogène, de la deuxième partie de l'époque miocène. Autrement dit, que l'Atlas saharien est contemporain du Haut Atlas dont il forme le prolongement oriental. Or, nous avons vu que si la grande chaîne marocaine a subi des mouvements durant l'ère secondaire, c'est au cours de la période néogène qu'elle a été en grande partie édifiée et qu'elle a pris son allure définitive.

Il est indiscutable que d'autres mouvements se sont fait sentir dans le Nord-Africain à d'autres époques de l'ère tertiaire, notamment durant la période néogène. Mais il ne semble pas douteux que, de la Syrte à l'Atlantique, entre la Méditerranée et le Sahara, il y eu concomitance des grands mouvements tertiaires qui ont donné à cette partie méditerranéenne du Continent africain sa structure définitive. Et cette phase d'orogenèse est à peu près contemporaine des grands mouvements tertiaires des Alpes : elle date surtout du Miocène et a pu se prolonger jusqu'à la fin du Pliocène. La phase importante de glyptogénèse qui lui a succédé, commencée à la fin du Néogène, s'est ac ivement poursuivie au cours de la période quaternaire.

Non seulement je crois que les grands mouvements tertiaires dans le Nord-Africain appartiennent à une même phase orogénique; mais il me semble que c'est à la même cause qu'il convient d'attribuer l'édification de tout le réseau orographique qui sillonne la région méditerranéenne du Continent noir, qui a superposé ses plis aux ridements plus anciens.

Je suis conduit, en effet, à la suite de mes recherches au Maroc, à expliquer l'origine des plissements de l'Atlas saharien comme j'ai tenté de le faire pour le Haut Atlas marocain, du moins dans sa partie occidentale.

Nous avons vu que les faisceaux de plis qui constituent les massifs en bordure du Sahara sont encadrés, au nord, par le massif tabulaire des Hauts Plateaux et des Hautes Plaines du Sud-Algérien et des confins algéro-marocains. Cette région, d'allure tranquille dans son ensemble, appartient à la couverture secondaire d'un *horst* profond datant de la fin des temps primaires.

Au sud, l'Atlas saharien est bordé par le plateau désertique également formé par le vaste horst ancien du Centre africain, recouvert par les dépôts tabulaires du Crétacé. Si donc l'on admet, ce qui est très probable, que la zone effondrée lors du morcellement de la chaîne hercynienne, et sur l'emplacement de laquelle s'est établi le Haut Atlas, se prolongeait au delà du Maroc jusqu'à la Syrte, on conçoit que les dépôts de l'Atlas saharien aient pu, à l'époque néogène, *être comprimés entre le horst algérien et le horst saharien formant bouclier*, par un rapprochement du premier.

Admettons ce mouvement en profondeur du socle hercynien septentrional. Un simple déplacement normal à la direction de l'Atlas aurait produit une série de plis parallèles dirigés à peu près EW, et plus rigoureusement suivant l'axe de l'Atlas saharien, dans les terrains secondaires qui prennent part à sa structure. Mais, nous avons vu que si de tels plis longitudinaux existaient à la bordure septentrionale des faisceaux qui constituent la chaîne saharienne, de même qu'à leur bordure méridionale, ils se relayaient mutuellement par des plis transversaux, dirigés sensiblement à 45° des premiers.

Il suffit donc, pour expliquer la formation des systèmes de plis qui composent l'Atlas saharien, d'admettre que le *horst algérien s'est déplacé dans le sens du N E vers le S W.*

Ainsi, tandis que les plis tertiaires du Haut Atlas occidental semblent devoir être attribués à un rapprochement du horst de la Meseta marocaine, par rapport au bouclier saharien, par un simple mouvement de bascule du socle hercynien qui le constitue, ceux de l'Atlas saharien ont très vraisemblablement une origine analogue, par suite d'un mouvement de *rapprochement* et de *translation* dans une direction plus ou moins voisine de la bissectrice des méridiens et des parallèles de ces contrées. Bien entendu le mouvement de translation que nous venons d'envisager est un mouvement *relatif* du horst algérien par rapport au bouclier saharien.

Le mouvement profond du horst septentrional a produit une striction dans la couverture secondaire de la zone faible du soubassement, née du morcellement de la chaine primaire à l'époque permienne.

La seule différence à noter entre l'Atlas saharien et le Haut Atlas tient à la sédimentation qui s'est produite dans l'immense fossé tracé à la fin des temps primaires, entre l'Atlantique et la Syrte. Les dépôts jurassiques, néritiques dans le Haut Atlas, montrent des tendances bathyales qui témoignent de profondeurs plus grandes du fossé primaire de ce côté : tandis que dans l'Atlas saharien les dépôts synchroniques sont franchement néritiques et même sublittoraux. Cette différence de profondeur des fossés, sur l'emplacement desquels se sont édifiées les deux chaines, ne semble d'ailleurs pas étrangère à la disproportion des altitudes atteintes par leurs sommets au Maroc et en Algérie.

Il est à remarquer encore que la zone d'affaissement qui jalonne le Haut Atlas et l'Atlas saharien, produite par le morcellement de la chaine hercynienne, ne devait pas être très régulière. Non seulement le fossé ainsi produit ne pouvait avoir ses bords parallèles, mais il n'avait pas de raison de suivre une direction plus ou moins rectiligne. Ainsi s'explique la largeur variable de l'Atlas saharien dont les plis s'étalent souvent sur 70 kilomètres, tantôt sur 40 seulement. C'est à la même cause qu'il faut également attribuer la courbure convexe, à partir du massif de l'Aurès qui ramène l'Atlas saharien au niveau du golfe de Gabès. Et certaines irrégularités dans la succession des massifs ou faisceaux de plis en amygdales doivent s'expliquer par celles du bord du horst algérien ou de son butoir, le bouclier saharien. D'ailleurs cette sinuosité des bords de la zone faible, datant de la dislocation de la chaîne carbonifère, a certainement contribué à donner à l'Atlas saharien sa structure si singulière en créant sur les bords du fossé une adhérence parfaite des sédiments mésozoïques. Si les deux bords avaient été rectilignes, le mouvement de translation du socle primaire se serait vraisemblablement traduit à la surface par un décollement ou un décrochement, en raison de la rigidité relative des couches secondaires.

Il est possible de nous faire une idée de l'amplitude du mouvement en profondeur du horst des Hauts Plateaux, les plis transversaux étant disposés, ainsi que nous l'avons vu, à environ 45° des plis longitudinaux. Considérons un point pris à l'extrémité N E de l'un de ces plis transversaux ; il serait demeuré sur le bord méridional du faisceau saharien s'il y avait eu seulement compression suivant le sens de la normale de la part du horst septentrional. Tout se passe donc comme si, par son redressement vers la méridienne, ce point avait parcouru, par translation, une longueur égale à la différence entre l'hypoténuse et le côté d'un triangle rectangle isocèle dont le côté est égal à l'épaisseur du faisceau, c'est-à-dire à la largeur de l'Atlas. Si nous appelons l cette largeur, le déplacement d sera donné par la formule

$$d = l\,(\sqrt{2} - 1).$$

Or, cette distance comptée dans le sens de l'axe du bourrelet montagneux représente au moins le chemin parcouru par le horst algérien dans son mouvement sous la couverture sédimentaire mésozoïque.

Si nous prenons pour l la largeur moyenne de

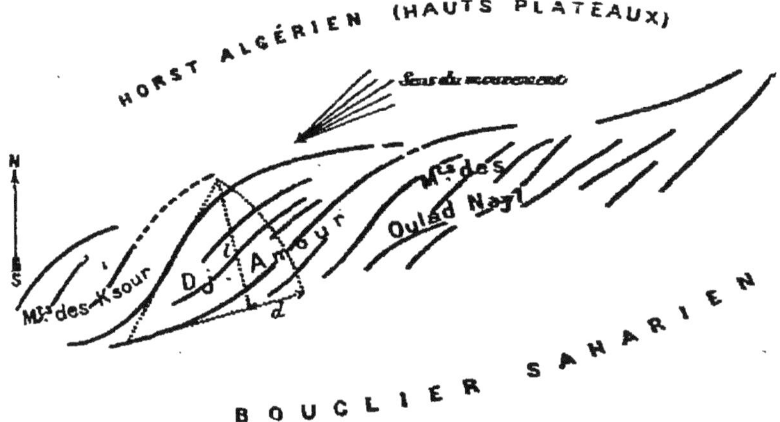

Fig. 4. — Allure des plis tertiaires de l'Atlas saharien
(d'après E. Ritter).

l'Atlas saharien soit 60 kilomètres, nous voyons que le horst a dû parcourir un espace d'environ 25 kilomètres.

Il est entendu qu'il ne faut voir dans ce nombre qu'une valeur approchée ; mais il nous donne, sinon une valeur absolue, du moins une idée de l'ordre du mouvement relatif qui s'est produit au nord du Plateau saharien et qui a marqué d'une ride remarquable, par la singularité de ses faisceaux de plis, la limite géologique du grand désert.

De même que sur le bord méridional de la Meseta marocaine, au contact de la chaîne du Haut Atlas, l'interposition de Trias gypseux *plastique*, entre le socle primaire du horst algérien et sa couverture beaucoup plus *rigide*, a facilité le ridement des couches superficielles. Il est à remarquer, en effet, que partout où les anticlinaux à noyau jurassique ont été assez profondément éventrés par l'érosion, la présence des dépôts lagunaires gypso-salins a été signalée.

L'idée théorique que je viens de développer trouve son appui non seulement dans les faits tectoniques que j'ai brièvement examinés, mais aussi dans la présence d'anticlinaux tertiaires, méridiens ou subméridiens, dans le Jurassique et le Crétacé de la plateforme de Saïda. Ces plis ont été très bien étudiés par G. B. M. Flamand qui pense que leur existence enlève à cette région secondaire ses caractères d'architecture tabulaire, si nets par ailleurs. Je vois plutôt dans ces rides l'effet d'une réaction du butoir auquel est venu se heurter le horst des Hauts Plateaux et de la résistance de frottement offerte par les dépôts du géosynclinal qui bordaient le massif jurassique, au nord. Ces plissements d'ordre secondaire, assez peu accentués, d'ailleurs, ont été facilités par la présence sousjacente du Trias lagunaire.

Une autre conséquence se dégage du mouvement de translation que nous avons envisagé. J'ai montré par mes travaux antérieurs, que le Moyen Atlas se trouve encadré par des plateaux d'architecture tabulaire, l'un à l'ouest formé par la Meseta marocaine, l'autre oriental qui aboutit à la Mlouya, par la gada de Debdou et le plateau du Rekkam, qui constituent le bord occidental du horst algérien. Si donc le mouvement profond que nous venons d'indiquer s'est produit, ainsi que je le crois fermement, le Moyen Atlas a été resserré entre les deux horsts, marocain et algérien[1]. Et ses plissements tertiaires ont pu naître de cette compression, de même que le Haut Atlas et l'Atlas saharien sont nés du rapprochement de ces deux piliers résistants, par rapport au bouclier africain. Il suffit d'admettre pour cela, que la zone affaissée à l'époque permienne, que j'ai envisagée sur l'emplacement du horst du Haut Atlas et de l'Atlas saharien, demeurée zone faible de l'écorce terrestre, n'était pas isolée ; mais qu'il en existait une autre, croisant obliquement la première dans la région des sources de la Mlouya et correspondant à la direction générale de la chaîne centrale du Maroc.

Dans ces conditions, en admettant que la Meseta marocaine n'ait pas bougé dans le sens EW, les dépôts secondaires du Moyen Atlas auraient subi une contraction qui n'aurait guère dépassé 25 kilomètres ; soit d'un cinquième de leur étendue, puisque la chaîne actuelle ne dépasse guère 100 kilomètres de largeur. Nous avons dû faire toute réserve sur la structure de cette chaîne parce qu'elle est encore vierge des investigations du géologue ; mais je pense qu'elle sera exempte de chevauchements importants si, toutefois, sa structure tectonique est en rapport avec les phénomènes orogéniques que nous venons de supposer.

Le prolongement des plis de l'Atlas tellien,

---

1. Voir à ce sujet la fig. 3, p. 127.

par les massifs des Kebdana et des Beni Snassen, après l'ennoyage sous le détroit Sud-Rifain que nous avons entrevu, n'explique pas forcément que le géosynclinal méditerranéen se poursuive à l'intérieur de cette chaîne. Je suis porté à croire, au contraire, que la grande chaîne centrale du Maroc nous offrira des terrains secondaires, notamment jurassiques, en majeure partie d'origine néritique; de même que les dépôts synchroniques sont surtout néritiques dans le Haut Atlas et dans l'Atlas saharien, offrant même, en ce dernier cas, une origine sublittorale.

On doit s'attendre à voir, par l'exploration géologique du Moyen Atlas, ou bien le prolongement jusqu'au cœur de la chaîne des dépôts du géosynclinal tellien; ou bien, ce qui me semble beaucoup plus probable, une *parenté stratigraphique* avec les autres chaînes de l'Atlas marocain et avec les plateaux qui les entourent, et une *continuité tectonique* des plis dans les formations bathyales du Tell et les formations néritiques du Moyen Atlas.

Quant à la cause du déplacement du horst algérien, il me paraît difficile de la séparer de celle du mouvement principal qui a énergiquement plissé les formations géosynclinales du Tell. Car je crois fermement, d'accord avec E. Ritter, G. B. M. Flamand et Henri Roux, que les plissements de l'Atlas saharien datent du Néogène, surtout de la deuxième phase de l'époque miocène ; c'est-à-dire qu'ils sont comtemporains du grand effort orogénique qui s'est fait sentir au nord, dans les dépôts du géosynclinal méditerranéen. Et, ainsi que je l'ai fait remarquer à diverses reprises, la résultante de ce grand mouvement est dirigée vers le sud sans qu'il soit possible autrement d'en préciser la direction. Cette poussée formidable a pu agir sur le horst algérien, en le déplaçant dans le sens que nous avons approximativement indiqué, tout en l'appuyant contre le bouclier saharien assez vigoureusement pour donner naissance aux faisceaux de plis qui caractérisent l'Atlas saharien.

Le mouvement de bascule de la Meseta marocaine qui a engendré les plis du Haut Atlas se serait produit à peu près à la même époque.

Ainsi l'Atlas marocain et l'Atlas saharien, dont les directions ont été déterminées par le bord fracturé des plis carbonifères, après le morcellement de la chaîne hercynienne, seraient nés du jeu de deux horsts isolés dans ce morcellement par rapport à la masse principale de la chaîne primaire arasée qui constitue le socle du Plateau saharien.

Un coup d'œil d'ensemble sur le Nord-Africain, abstraction faite du Rif, permet un rapprochement des reliefs qui le constituent avec l'ensemble des Alpes occidentales et du Jura qui encadrent le Plateau suisse.

On voit dans cette partie de l'Europe occidentale, les formations bathyales des Alpes énergiquement plissées, former des nappes superposées qui débordent sur le Plateau suisse, d'architecture tabulaire et recouvert par les dépôts miocènes; tandis que le Jura, qui se détache des Alpes dans la région du Vercors, offre des sédiments secondaires de mers moins profondes affectés par des plis simples, jurassiens. L'ensemble de ces reliefs témoigne de poussées vers l'ouest et le nord-ouest, c'est-à-dire vers le Plateau Central de la France. Il y a eu poussée vers l'intérieur des Alpes, vers le *vorland* (avant-pays), selon l'expression d'Ed. Suess.

De même, nous avons vu que l'Atlas tellien est constitué par des formations bathyales fortement plissées, débordant sur un pays d'architecture tabulaire (les Hauts Plateaux) formé de terrains jurassiques et crétacés, parfois recouverts par les dépôts néogènes (les Hautes Plaines); tandis que l'Atlas saharien se détache de l'Atlas tellien, en Tunisie et dans l'Est-Constantinois, formé de terrains jurassiques et crétacés affectés de plis atlasiens, plis comparables aux plis jurassiens. L'ensemble de ces reliefs africains témoigne de poussées vers le sud, l'avant-pays étant ici, le Plateau central africain ou Plateau saharien.

Les analogies tectoniques de ces deux parties éloignées du système alpin, en Europe et en Afrique, se complètent par la présence de noyaux hercyniens, — émergeant à travers les dépôts du géosynclinal dans les Alpes et dans l'Atlas tellien, — qui forment les massifs amygdaloïdes dans le premier cas, des affleurements paléozoïques et cristallins de la côte nord-africaine, dans le second.

Mais tandis que les massifs hercyniens des Alpes subsistent tout entiers, ceux du géosynclinal méditerranéen disparaissent, en partie effondrés sous la Méditerranée actuelle.

Enfin, le Massif central du Haut Atlas occidental apparaît comme un noyau ancien émergeant au milieu des plis de l'Atlas marocain, de même que le Massif de la Serre surgit à travers les plis du Jura.

III. — LE RÔLE DU RIF. — Le rôle du Rif dans l'orographie du Nord-Africain nous échappe complètement en l'état actuel de nos observations sur cette chaîne.

Nous avons vu que sa structure est à peu près inconnue. Tout ce qu'il nous a été possible d'affirmer c'est qu'il y a continuité entre le Rif et la Cordillière bétique par ennoyage de ses plis sous le détroit de Gibraltar et que, de ce côté, la chaîne est refoulée vers l'extérieur, de même que la Cordillière espagnole est charriée vers la vallée du Guadalquivir.

L'idée de Suess, d'un massif ancien effondré sous la Méditerranée occidentale, ne semble pas devoir être mise en doute. Et, si l'on tient compte d'une crête sous-marine indiquée par les cartes bathymétriques, entre le cap des Trois-Fourches (Guelaïa) et la côte espagnole, avec pointement volcanique à l'île d'Alboran, il semble que le massif cristallin ait été entouré d'une zone plissée tertiaire.

Mais quelles sont les relations de cette chaîne périphérique avec les autres chaînes du Nord de l'Afrique ? Il est impossible de le dire en ce moment. Je ferai seulement remarquer que les terrains crétacés (cénomaniens, sénoniens) offrent un faciès bathyal au sud de Tanger et dans la région de l'Andjera, ce qui semblerait indiquer des relations avec l'Atlas tellien. Mais nous avons vu, d'autre part, que le Rif semble se détacher du Tell dans la vallée de la Mlouya.

Aussi est-il prudent de s'abstenir de toute conclusion en l'état de nos connaissances sur le Nord-Marocain. Le Rif constitue certainement, au point de vue tectonique, la partie la plus énigmatique de tout le Maghreb.

IV

LE RELIEF DU SOL

Le relief du sol est fonction de diverses circonstances qui ont simultanément ou successivement influencé l'érosion superficielle. Les mouvements orogéniques qui ont, de la profondeur vers la surface, dérangé de leur position horizontale les couches sédimentaires, ainsi que les roches éruptives qui leur sont associées; les mouvements épirogéniques ou mouvements d'ensemble d'exhaussement ou d'abaissement de toute une région de la surface du globe; la nature des roches en affleurements qui, suivant leur imperméabilité, leur porosité, leur dureté, la décomposition de leurs éléments minéralogiques, offrent une proie plus ou moins facile à l'érosion; enfin le climat, sont autant de facteurs qui ont présidé au façonnement du relief dont le dernier terme est le modelé du terrain.

Nous allons examiner successivement le rôle de chacun de ces facteurs dans le relief marocain, malgré la connaissance très imparfaite que nous avons de certains d'entre eux, même lorsqu'il s'agit des régions les mieux explorées du Maghreb.

LES EMPREINTES TECTONIQUES OU LES GRANDES LIGNES DU RELIEF MAROCAIN

Les terrains primaires ont au Maroc, une plus grande importance que dans les autres parties de la Berbérie, parce qu'ils affleurent sur de vastes étendues. Sur le versant atlantique de l'Atlas et dans le Rif occidental notamment, ils forment de grandes surfaces. Il semble qu'il en soit de même du Rif oriental; mais l'on n'est pas fixé sur le Moyen Atlas et la partie du Haut Atlas située à l'est du méridien de Demnat.

1° INFLUENCE DES PLISSEMENTS PRIMAIRES. — La trace des plissements anté-secondaires est partout manifeste; mais leur influence sur le relief actuel est fortement atténuée à cause de leur remaniement par des mouvements orogéniques plus récents d'une part; parce que les terrains paléozoïques ont été soumis, dans les temps secondaires et tertiaires, à plusieurs cycles de phénomènes géologiques, d'autre part.

Il serait exagéré cependant de dire que les plissements anciens n'ont pas laissé leur empreinte dans les formes de terrain des affleurements anciens.

L'indécision qui règne encore sur l'existence des plis calédoniens rend impossible toute discussion sur l'influence des plissements anté-dévoniens, partout où affleurent les dépôts siluriens. Il n'en est pas de même de l'empreinte des mouvements carbonifères sur le relief des terrains anciens. Dans le Haut Atlas, notamment, les plis hercyniens, avec leur direction varisque, sont bien

marqués entre le col des Bibaoun et le Tizi n
Telouet. La forme des contours géologiques de
cette région montagneuse témoigne d'un aligne-
ment grossièrement NNE-SSW des affleurements des divers terrains paléozoïques. Des
bancs de quartzites siluriens, de grès dévoniens
ou de calcaires carbonifères, ont laissé de fortes
saillies que l'on peut suivre, parfois sur d'assez
grandes étendues, dans un sens transversal à
la direction générale de la chaîne. Les crêtes
rocheuses qui marquent ainsi l'allure des plis
carbonifères donnent au Massif Central du
Haut Atlas sa caractéristique tectonique, accentuée, en certains points, par la présence des
couches rouges permo-triasiques. Ainsi que je
l'ai déjà fait remarquer, ces dépôts d'origine torrentielle ont parfois comblé d'anciennes vallées
synclinales de la chaîne hercynienne. L'état physique de ces dépôts souvent grèso-sableux a, de
plus, offert un élément de prédilection à la désagrégation superficielle. De beaux exemples de vallées dues à leur érosion se rencontrent en remontant l'ouad Nfis, en amont de la Kasba Goundafi.

Dans l'est, chez les Aït Mdioual, les plis carbonifères avec leur direction armoricaine marquent également, par les bancs épais de quartzites ordoviciens, des crêtes arrondies qui émergent des schistes à Graptolithes et qui recoupent
la ligne de partage suivant l'axe de la chaîne. Il
faut encore attribuer à l'influence de la chaîne
carbonifère la ligne NNE-SSW de séparation,
sur son bord occidental, des terrains anciens du
Massif Central et des terrains secondaires de
la zone littorale.

Les mêmes faits morphogéniquès doivent se répéter dans l'Anti-Atlas, entre Tiznit et le djebel Bani, notamment dans le Tazeroualt, si l'on se reporte aux observations d'Oskar Lenz qui a retrouvé de ce côté la trace des plissements carbonifères. Ceux-ci sont indiscutables à la naissance de la chaîne, entre la plaine de Ouarzazat et le massif volcanique du Siroua. Là, les grès de Tikirt sont affectés par les plis primaires qui laissent paraître des têtes d'anticlinaux que l'on peut poursuivre sur d'assez grandes étendues.

La petite chaîne des Djebilet est encore plus caractéristique à cet égard. Elle forme une saillie de près de 140 kilomètres de longueur, découpée en bandes transversales par les différents terrains paléozoïques ou cristallins qui trahissent l'allure des plissements de la chaîne hercynienne, ainsi que J. Thomson l'avait remarqué. Ces plis forment, au bord du Haouz et de la Bahira, des éperons qui marquent comme un ennoyage des anticlinaux carbonifères sous les alluvions quaternaires de ces grandes plaines.

La Meseta marocaine laisse affleurer les terrains primaires partout où sa couverture secondaire ou tertiaire a été enlevée. La pénéplaine produite par l'arasement de la chaîne hercynienne, a subi quelques modifications tectoniques par suite de dislocations ou de simples gauchissements postérieurs à sa formation. Et je pense que la chaîne des Djebilet, ainsi que le petit massif du djebel Lakhdar, pourront être ainsi expliqués. Mais partout ailleurs la pénéplaine s'étend avec uniformité sous la couverture secondaire ou tertiaire. Seuls, des bancs de roches dures émergent de la surface généralement schisteuse, nivelée par l'érosion après l'ablation de la chaine carbonifère. Il en est résulté des saillies de quartzite. très durs, ordoviciens ou dévoniens, qui forment des alignements réguliers au-dessus de la plaine environnante, partout où le socle paléozoïque est décapé des sédiments qui l'avaient recouvert. Les arêtes rocheuses ainsi formées. désignées par les indigènes sous le nom de *sokhrat*, sont caractéristiques chez les Oulad Saïd et dans la région de Ben Sliman, en Chaouïa. Elles appartiennent le plus souvent à des flancs de plis. plus rarement à des axes d'anticlinaux ; elles atteignent généralement plusieurs centaines de mètres et il en est qui ont plus de 40 kilomètres d'étendue. C'est par ces saillies rocheuses que j'ai pu suivre aisément l'allure des plis carbonifères dans la Meseta marocaine.

Dans les confins algéro-marocains. les plissements carbonifères n'ont laissé que des traces peu sensibles sur le relief, par suite de l'exiguïté des affleurements de terrains paléozoïques. Dans le massif des Beni Snassen cependant. au sud du Ras Four'al, les schistes siluriens sont traversés par de grands plis hercyniens, dont un anticlinal forme ainsi le sommet du Bou Zabel. Dans la région tabulaire des monts des Beni Bou Zeggou, le réseau hydrographique de l'ouad Isly a mis à nu le soubassement des sédiments jurassiques formés de schistes et de grès carbonifères ; mais ici les plis primaires sont peu accentués.

Il en est tout autrement de la région ancienne qui, au sud du parallèle de Beni Ounif. se prolonge jusqu'au delà de Beni Abbès dans l'Extrême-Sud des confins algéro-marocains. Les calcaires et dolomies carbonifères du djebel Antar et du djebel Bechar, sur la rive droite de la Zousfana, du djebel Mzarif, sur sa rive gauche, appartiennent aux flancs d'un remarquable anticlinal hercynien, ou plutôt post-dinantien. Ici les influences tectoniques sont primordiales, sur le relief ancien de ces régions désertiques.

Le rôle orographique des plissements primaires dans la chaîne du Rif échappe complètement, parce que cette partie du Maroc est à peu près inexplorée. La partie la plus occidentale de cette chaîne située entre Tétouan et Ceuta, la seule qui soit assez bien connue, n'offre que des affleurements assez restreints des terrains primaires dont les plis, anté-jurassiques, ont été fortement repris par les plissements alpins.

2° INFLUENCE DES PLISSEMENTS TERTIAIRES. — Quelle que soit l'importance relative des affleurements paléozoïques au Maroc, le rôle primordial des mouvements orogéniques dans le relief est, de même que dans le reste de la Berbérie, dévolu aux plissements tertiaires. Il sera possible un jour de dire quelle part revient aux mouvements secondaires, qui se sont certainement fait sentir notamment vers la fin du Jurassique; mais il serait très prématuré, en ce moment, de se prononcer à cet égard. Par contre, les grandes lignes du relief de l'Atlas marocain et du Rif sont intimement liées à l'allure des plis alpins qui ont laissé dans les terrains secondaires, parfois tertiaires, une empreinte remarquable.

Si l'on jette un coup d'œil d'ensemble sur la carte géologique du Maghreb, on est frappé de voir que l'Atlas tout entier, — c'est-à-dire le

Moyen Atlas, le Haut Atlas, et sa ramification l'Anti-Atlas, — forme une grande chaîne plissée qui s'élève au cœur d'une immense région d'architecture tabulaire, limitée par les dépôts du détroit Sud-Rifain. L'Atlas, en effet, est encadré au nord par la Meseta marocaine et les Hauts Plateaux algéro-marocains, au sud par le Plateau saharien. Et si des rides traversent de loin en loin les plateaux tabulaires elles marquent la répercussion des efforts orogéniques qui ont plissé les régions montagneuses.

L'état de conservation, dans leur forme primitive, des plissements qui affectent les terrains secondaires du Haut Atlas, indique que cette chaîne est très jeune. De part et d'autre du Massif central paléozoïque les anticlinaux et les synclinaux réguliers, droits ou simplement déversés, sont parfois très bien conservés. Tel est le cas des plis du cap R'ir et d'Agadir n Ir'ir, qui forment des arêtes régulières, inclinées des hauteurs des Ida ou Zikki vers la côte atlantique. Ces crêtes coïncident avec l'axe des anticlinaux. Le premier forme la chaîne d'Azrou et atteint environ 1.100 mètres au djebel Tazenakht; le second, qui domine la plaine du Sous, s'élève à environ 1.550 mètres au djebel Legouz.

Ailleurs le relief est inversé. Des exemples de ce genre sont assez fréquents à l'est du Massif central. La dépression comprise entre Demnat et la vallée de l'ouad R'dat, qui laisse affleurer le Permo-Trias avec ses roches volcaniques, est creusée suivant l'axe d'un anticlinal à flancs jurassiques et crétacés. De même, la zone anticlinale des Aït Mdioual montre le noyau silurien d'un pli à couverture jurassique.

Des faits analogues doivent s'observer plus à l'est dans le Haut Atlas oriental. Le djebel R'at doit vraisemblablement marquer le sommet d'un anticlinal. Nous avons vu que le Haut Atlas semble formé, entre la vallée de la Haute Mlouya et le Ferkla, de trois grandes rides à flancs jurassiques, dont la plus centrale comprend le djebel Maasker (4.000 m. environ) ; tandis que la plus méridionale est dominée par le pointement éruptif de l'Ari Aïachi (4.250 m. environ). Ces plis anticlinaux, qui s'inclinent assez brusquement vers les hautes plaines des confins algéro-marocains, donnent vraisemblablement aussi à la chaîne un caractère tectonique bien marqué.

Les brachyanticlinaux et les dômes qui surgissent des couches secondaires horizontales de la Meseta marocaine, au nord-ouest du Haut Atlas, donnent également au relief leur empreinte tectonique. Le pli du cap Tafetneh, celui de Bou Zergoun, du djebel Hadid, notamment, reflètent par leur forme leur surface structurale. Les mêmes faits se répètent certainement à l'autre extrémité du Haut Atlas, dans les confins algéro-marocains, où des plis plus ou moins raccourcis surgissent des dépôts miocènes continentaux.

Il est difficile de se faire une idée assez exacte du relief de l'Anti-Atlas ; mais, au sud de cette chaîne et au sud des plateaux du Sar'ro, les rides montagneuses, dont le type est le djebel Bani, paraissent devoir appartenir à des formes de relief directement en rapport avec leur structure. Il doit en être également ainsi des files de collines situées entre le Haut Atlas oriental et la parallèle de Bou Denib, qui se poursuivent au nord du Tafilelt.

Il semble que le Moyen Atlas offre des caractères topographiques comparables à ceux du Haut Atlas. La vallée de l'ouad el Abid paraît correspondre à une dépression anticlinale. Plus à l'est, au delà du djebel Amhaouch. le relief se dessine paraissant en rapport étroit avec les grandes rides tectoniques de la chaîne. Il semble que la grande crête du djebel Fazzaz. qui se poursuit par le djebel Bou Iblal, appartienne à quelque ride anticlinale qui, après avoir atteint au djebel Moussa ou Salah la haute altitude de 4.000 mètres, s'incline assez brusquement vers la vallée de la Mlouya. Il en serait de même de la ride du Moyen Atlas qui surplombe la rive gauche de ce fleuve, depuis la région de ses sources jusqu'au djebel Keddamin. Enfin la crête de l'Ari Boudaa et de l'Ari Bougader, qui se prolonge jusqu'au promontoire de Taza, peut avoir encore la même structure anticlinale.

Il ne faudrait pas oublier qu'il entre une certaine part d'hypothèse dans ce que nous venons de dire du relief du Haut Atlas oriental et du Moyen Atlas; puisque mes déductions sont tirées des observatious plutôt topographiques que géologiques d'explorateurs très distingués mais qui n'étaient pas préparés à des études tectoniques. Aussi ces régions du Maghreb pourront-elles nous réserver de grandes surprises. le jour où la soumission des montagnards berbères permettra de circuler aisément dans leurs tribus. Je n'ai pas hésité néanmoins à émettre ces déductions hypothétiques sur ces grandes chaînes parce qu'elles offrent un certain caractère de probabilité.

Je ne me hasarderais pas aussi volontiers. en

ce qui concerne le relief du Rif et ses rapports avec la tectonique. Cette chaîne me semble devoir être plus compliquée que l'Atlas ; de plus, elle est encore beaucoup moins explorée.

On ne sait à peu près rien du Rif central. Il m'a semblé seulement que l'axe de la chaîne était jalonné par les calcaires jurassiques de la région de Tétouan ; mais ces terrains secondaires sont-ils en place ou charriés ? Seule la structure du Rif occidental nous est connue. Ici encore le relief est en rapport étroit avec la tectonique. La disposition en dômes du Rif depuis le djebel Kelti (Mont Anna), jusqu'au djebel Moussa, donne au relief son caractère de chapelet montagneux, les surélévations anticlinales étant séparées par des cuvettes synclinales.

La partie externe du Rif, son *avant-pays*, que je vois tourné du côté du détroit Sud-Rifain, montre une série de crêtes éocènes qui peuvent appartenir à des rides anticlinales. Ici encore la structure en chapelet semble devoir se répéter, si j'en juge d'après la forme apparente du djebel Sarsar, situé au sud de Ksar el Kebir, et aussi de l'affleurement en dômes des terrains crétacés qui affleurent au sud de Tanger.

D'ailleurs ces caractères tectoniques du relief se répercutent à l'extrême limite des ondulations du Rif, dans le R'arb méridional. J'ai déjà fait remarquer comment les massifs jurassiques du Zalar', près de Fez, du Zerhoun et du Tselfat, au nord de Meknès, représentaient des dômes plus ou moins compliqués émergeant des dépôts néogènes du détroit Sud-Rifain. Ces îlots rocheux ont été assez peu modifiés depuis l'époque où, émergeant des eaux miocènes, ils gardaient l'entrée du détroit Sud-Rifain ; de même que les Colonnes d'Hercule, de structure géologique comparable, encadrent de façon pittoresque l'ouverture étroite du détroit de Gibraltar.

3° INFLUENCE DES MOUVEMENTS ÉPIROGÉNIQUES ET DES GRANDES FRACTURES. — Les mouvements d'ensemble, positifs et négatifs, ont joué au Maroc, comme partout ailleurs dans le bassin méditeranéen, un rôle capital sur le relief actuel.

Il ressort de la carte géologique générale que le Maroc a subi un mouvement d'exhaussement à la fin des temps tertiaires et à l'époque quaternaire. L'état actuel des observations dans l'Atlas ne permet pas de s'en faire une idée exacte, mais les terrains de la Meseta marocaine et des plateaux tabulaires des confins algéro-marocains, les dépôts du détroit Sud-Rifain, permettent, par leur quasi-horizontalité, de mieux comprendre ces mouvements d'oscillation verticale.

Après l'arasement de la chaîne hercynienne, vers la fin des temps primaires, la pénéplaine qui marque le dernier terme de son ablation n'a pas tardé à être immergée par un mouvement d'affaissement. La présence des grès du Trias supérieur et des calcaires rhétiens horizontaux, dans la vallée de l'Oum et Rbéa (Mechrat ech Châïr), témoigne d'une immersion de la Meseta marocaine à une profondeur assez faible. Les grès triasiques grossiers affectent en effet un faciès sublittoral et les calcaires rhétiens rappellent, par l'abondance des Mollusques de très petite taille, certaines prairies d'Algues comme il en existe sur des plateformes sous-marines de la zone benthonique.

Cette immersion de la Meseta marocaine ne paraît pas avoir été de longue durée, car tandis que les mers jurassiques déposaient successivement des couches assez épaisses de sédiments néritiques, ces dépôts n'ont pas laissé de trace, depuis les bords du détroit Sud-Rifain au nord, et du pays des Zaër jusqu'au bord méridional du Haouz de Marrakech, soit sur une étendue de 350 kilomètres. L'érosion continentale et marine aurait pu faire disparaître les sédiments jurassiques qui auraient recouvert la Meseta marocaine, mais cette hypothèse devra être écartée tant qu'on n'aura pas trouvé de témoins de ces terrains secondaires. Nous sommes donc conduits à admettre que, durant toute la période jurassique, la pénéplaine primaire a, par une oscillation verticale positive, été complètement émergée.

Cette exondation a persisté durant une bonne partie de la période crétacée, car il faut atteindre l'époque turonienne, ou tout au moins cénomanienne, pour voir la mer envahir de nouveau, par transgression, la plateforme primaire. Cette nouvelle immersion, par un mouvement négatif du horst hercynien, a été de longue durée; puisque la sédimentation s'est poursuivie de façon continue durant le Crétacé moyen et supérieur et durant une partie au moins de la période nummulitique.

Enfin une dernière oscillation positive s'est produite, à peu près continue, depuis une date du Nummulitique qu'il est encore impossible de préciser. Elle embrasse la plus grande partie de la période néogène, se prolongeant jusqu'aux époques les plus récentes du Quaternaire.

L'Atlantique néogène a battu en falaise la couverture crétacée et éocène de la Meseta marocaine, formant une plateforme littorale limitée par le bord du plateau de Settat. Puis, le mouvement épirogénique se continuant, des dépôts miocènes sublittoraux ont été exondés chez les Oulad Saïd (calcaire à Lithothamnium signalés par Brives, molasses à grandes Huîtres des Ida ou Tanan). Le mouvement positif a ensuite émergé les dépôts plaisanciens de la zone littorale, entre le détroit Sud-Rifain et Agadir. Il s'est encore continué à l'époque quaternaire, ainsi qu'en témoignent les plages soulevées qui occupent des altitudes variables, de o et 100 mètres, à l'extrémité occidentale du Haut-Atlas. Ainsi s'explique la présence d'une couverture crétacée sur le horst hercynien dans la partie profonde de la Meseta marocaine ; tandis que la zone littorale est recouverte par les sédiments néogènes.

C'est au cours de cette période, après la grande phase des plissements tertiaires qui ont donné à l'Atlas ses grandes lignes orographiques, que jouèrent les grandes fractures qui ont isolé, du côté du Haouz de Marrakech au nord, au fond des vallées affaisées du Sous et du Draa au sud, le Massif central du Haut Atlas, surgi de son cadre de sédiments crétacés. Et la dénivellation importante de ces grandes failles joue un rôle important dans le relief de cette partie de la grande chaîne.

Dans le Nord du Maroc, le mouvement d'exhaussement de la Meseta marocaine s'est étendu jusqu'aux plateaux des confins algéro-marocains.

La gada de Debdou, les monts des Beni Bou Zeggou étaient déjà émergés à l'époque du Miocène moyen, si bien que les Hauts Plateaux jurassiques ont opposé une barrière à l'envahissement de le Méditerranée néogène, tandis que le massif des Beni Snassen formait presqu'île ou peut-être une île dans la mer sahélienne (Miocène supérieur).

Ainsi s'explique comment les dépôts néogènes qui s'étendent sur d'immenses surfaces, au sud des Hauts Plateaux secondaires, forment de grandes nappes d'atterrissements fluviatiles ou de calcaires lacustres, dans la région des Hautes Plaines.

Le détroit Sud-Rifain s'est vraisemblablement produit par rupture de la zone d'ennoyage des plis alpins du Moyen Atlas, à une époque remontant au Miocène moyen, établissant la communication entre l'Atlantique et la Méditerranée néogène dès l'Helvétien.

A ce moment le Rif et l'Atlas étaient beaucoup moins élevés. Par le mouvement épirogénique positif que nous avons pu suivre dans la Meseta marocaine, le détroit a perdu de sa profondeur et, à la fin de l'époque miocène, tandis que le détroit de Gibraltar établissait la communication définitive entre les deux mers, le fond du détroit Sud-Rifain était émergé. Cette exondation s'est poursuivie durant la période pliocène, élevant les dépôts les plus récents du Miocène à une altitude d'au moins 600 mètres, dans la trouée de Taza, et les dépôts plaisanciens du détroit de Gibraltar à plus de 60 mètres dans la région de Tétouan.

Si l'on fait abstraction du travail de l'érosion

qui a forcément abaissé les crètes du Moyen Atlas et du Rif, depuis l'immersion de ces grandes chaînes ; si l'on tient compte, en outre, de la profondeur de sédimentation des dépots du détroit Sud-Rifain les plus récents, actuellement émergés dans la région de Taza, on peut estimer à **un** millier de mètres l'exhaussement d'ensemble de tout le Nord-Marocain, depuis la fermeture du détroit qui mettait en communication, à travers le Maroc, l'Océan Atlantique et la Méditerranée miocènes.

DIVERSES NATURES DE RELIEFS

On sait que la nature des roches a une très grande influence sur la marche de l'érosion. Suivant sa plus ou moins grande perméabilité, sa plus ou moins rapide désagrégation, par décomposition ou par dissociation des ses éléments minéralogiques, la roche en affleurement offre une proie plus ou moins facile à l'érosion. Il en résulte des formes de terrain très variées dont quelques-unes sont caractéristiques.

Le Maroc, par la variété de son sol et de son climat, sous des latitudes comprises entre le 28° et le 36° degré de l'hémisphère Nord, par ses altitudes comprises entre 0 et 4.500 mètres, offre les aspects les plus variés de reliefs. Nous ne pouvons songer à les décrire dans un livre aussi succinct, mais il semble cependant utile de signaler les formes de terrain les plus caractéristiques.

RELIEFS GRANITIQUES. — Les *reliefs granitiques* ne sont pas très étendus. Il m'a été donné de les observer dans le Haut Atlas occidental et dans la Meseta marocaine. Il en existe certainement ailleurs, probablement dans le Haut Atlas oriental, dans le Moyen Atlas et le Rif. Dans la chaîne méditerranéenne, j'ai pu observer les pointements exigus de Cabo Negro (Ras Tarf) et de la pointe de Ceuta et je ne doute pas que des affleurements plus étendus existent plus à l'est entre l'embouchure de l'ouad Martil (Tétouan) et le Peñon de Velez, le long de la côte rifaine. Oskar Lenz a signalé des granites dans l'Anti-Atlas, au sud du Tazeroualt.

Les affleurements du Haut Atlas occidental paraissent être les plus importants. Des granites avec filons de granulites, accompagnent des roches métamorphiques (micaschistes, gneiss). Depuis les crêtes de l'Atlas (Tizi n Tar'rat) jusqu'aux approches de Tazenakht, ils forment à la fois le flanc méridional de la haute chaîne et, à la naissance de l'Anti-Atlas, le soubassement du volcan tertiaire du Siroua. Ici se retrouve la pénéplaine ancienne, recouverte plus à l'est par les grès dévoniens de Tikirt, et qui forme le plateau très étendu des Aït Khzama. Le sol couvert de fragments de roches granitiques et métamorphiques cristallines, se montre partout le même entre Aït Tamassin et les premiers contreforts de l'Atlas.

Aux approches du djebel Siroua, on trouve un réseau de ravins arides, appartenant au bassin hydrographique de l'ouad Draa, qui offrent les formes caractéristiques des roches granitiques [1].

---

1. Louis GENTIL. *Dans le Bled es Siba. Explorations au Maroc.* Paris, Masson, 1906, p. 305 et suiv.

Les petits villages de Tamassin, Techokcht,
Amacin, sont situés dans des régions au sol mamelonné et couvert de pierres, coupées par des ravins
escarpés.

La couverture épaisse des déjections du volcan
du Siroua cache, sur de vastes étendues, un
socle granitique qui n'apparaît qu'à l'ouest et au
nord de ce massif éruptif. A l'ouest, le réseau
hydrographique de l'ouad Sous découpe dans ces
roches cristallines de profonds ravins, chez les
Aït Tameldou, les Aït Ouattassa...; au nord, la
région de Tifnout offre les plus beaux types de
paysages granitiques avec ses croupes adoucies,
un sol parfois couvert de gros blocs granitiques
arrondis résultant de la « désagrégation en
boule ». Les villages des Aït Moukkor, de Le-
mouda, le col de Tizi n Mouksout, se trouvent
dans ces reliefs qui se poursuivent jusqu'au pied
du djebel Tamjout. Plus au nord, les mèmes
formes de terrain se rencontrent jusqu'au voisinage de Tizi n Tar'rat. Une brusque dénivellation
par fracture, élève la pénéplaine ancienne d'un
millier de mètres, formant le revers méridional
de l'Atlas qui offre, avec ses ravins profonds par-
courus par les eaux de fusion des neiges, les sites
les plus pittoresques des régions granitiques,
dans la partie la plus élevée du réseau hydrographique de l'ouad Sous (Asif Inmarakht, Tizgui n
Guergaa, etc.). Les blocs de roches cristallines, descendus des parois abruptes de la vallée, jonchent
partout le thalweg, qu'il est impossible de suivre.
Les rares villages, juchés sur les flancs de la
montagne, sont difficilement accessibles par des
chemins étroits, praticables seulement aux pié-
tons, se développant en lacets interminables.

Dans la Meseta marocaine les affleurements cristallins forment partout des reliefs assez peu accidentés, puisqu'ils appartiennent le plus souvent à la région nivelée de la pénéplaine. Exception peut être faite, seulement, pour la partie granitique des collines des Djebilet située au nord-est de Marrakech; encore faut-il remarquer que la petite chaîne est peu saillante au-dessus des plaines qui l'environnent.

Ailleurs, chez les Rehamna et les Sr'ar'na, chez les Zaër, des granites affleurent en pays plat.

L'ellipse granitique des Zaër est particulièrement intéressante ; elle s'étend aux tribus des Rouached, des Mkhalif et des Beni Khiran. Elle est entourée de toute part par des crêtes rocheuses, formées de schistes métamorphisés et de quartzites primaires, qui forment saillie comme les *sokhrat* de la pénéplaine primaire ; le djebel Sibbara, le Koudiat Aïn Fedj, le djebel Khaloua en sont formés. Sur une étendue de plus de 20 kilomètres se montre un granite à mica noir, traversé de filons de granulite, dont la surface topographique est mamelonnée. Les croupes arrondies sont séparées par des vallons au profil adouci. La roche apparaît à nu sur les sommets, par suite de l'entraînement des produits de sa désagrégation dans les bas-fonds où ils se réunissent en une arène poreuse. On croirait voir certains paysages granitiques du Morvan.

RELIEFS ARGILEUX OU SCHISTEUX. — Les roches argileuses ou schisteuses sont fréquentes ; les premières dans les terrains tertiaires ou secondaires, les secondes dans les terrains primaires.

Les argiles miocènes du détroit Sud-Rifain

offrent de beaux exemples de modelés **vagues**, avec drainage mal établi. Le fond des vallées est souvent marécageux. Une sénilité précoce s'établit, le ruissellement creuse une grande rigole, qui provoque à la saison des pluies, l'éboulement des pentes. La région du R'arb, certaines parties de la Moyenne Mlouya offrent, de ce fait, un sol assez instable qui nécessitera la plus grande attention de la part des ingénieurs pour l'établissement des travaux publics. Ils ne sont pas impraticables pour le tracé des voies ferrées, par exemple, mais les techniciens devront s'attacher à établir leurs travaux sur des surfaces aussi plates que possible, en évitant les tracés sur les flancs des ravins ; tout déblais et toute surcharge détruisant l'équilibre de ces masses argileuses en mouvement sur les pentes, dès qu'elles sont délitées par les pluies.

Des argiles et des marnes argileuses du Crétacé inférieur, parfois aussi délitables que celles des dépôts miocènes du détroit Sud-Rifain, offrent des reliefs analogues dans la zone littorale sud-marocaine comprise entre Mogador et le Cap R'ir. Des argiles et des marnes hauteriviennes, barrémiennes, aptiennes, se montrent de ce côté en nappes entrecoupées de lits calcaires ou gréseux ; on y rencontre les mêmes formes de modelé.

Les reliefs schisteux sont fréquents dans le Massif central du Haut Atlas et dans la Meseta marocaine, chaque fois que la pénéplaine primaire a été profondément entamée par un réseau hydrographique de rajeunissement. Les schistes siluriens et carbonifères sont les plus fréquents, formés de roches noirâtres, parfois d'ardoises, tandis que les schistes dévoniens sont toujours entremêlés de nombreux lits de grès. Le modelé de ces terrains donne le plus souvent des paysages aux croupes arrondies, même dans le cas de schistes durs comme ceux du Silurien (schistes à Graptolithes des Aït Mdioual) [1]. Ces schistes et ceux du Dinantien, souvent très redressés, sont affouillés sur les pentes des vallées et des escarpements déchiquetés, en forme d'aiguilles ou d'arêtes aiguës. Le Massif central du Haut Atlas offre de beaux exemples de ces formes de reliefs schisteux.

RELIEFS GRÉSEUX. — Les *grès et les conglomérats* jouent un rôle important dans certaines parties du Maroc. Les quarzites primaires, surtout les quartzites siluriens, forment des saillies rocheuses à la surface de la Meseta marocaine, chaque fois qu'elle est débarrassée de sa couverture secondaire ou tertiaire. Nous avons vu que les *sokhrat* marquent la direction des bancs de quartzites ordoviciens, chez les Chaouïa et les Zaër. Elles forment, comme à Ben Sliman et chez les Oulad Saïd, des murailles crevassées qui peuvent s'écrouler et donner l'aspect de blocs anguleux de roches entassées. Des grès rouges du Permo-Trias ou du Crétacé inférieur, beaucoup moins résistants, plus perméables, offrent dans le Haut Atlas des escarpements curieux, à la fois par leur aspect ruiniforme et par leur couleur éclatante d'un rouge intense, due à la présence de l'oxyde de fer. Les conglomérats permiens appartiennent encore à ces formes de relief. Leur dureté, en général plus grande, leur

1. Louis GENTIL. *Explorations au Maroc*, p. 265-267, fig. 168-169.

donne une forme de désagrégation en boule qui les fait confondre à distance avec des granites. Le chemin du col des Bibaoun, à travers le Haut Atlas occidental, est parsemé de ces gros blocs rougeâtres, notamment aux environs d'Iferd.

RELIEFS SABLEUX. — Des *terrains sableux* jouent également un rôle important dans le relief du Maroc, par les étendues qu'ils recouvrent dans la zone littorale atlantique. Les uns comme les sables qui se trouvent au pied du djebel Hadid, chez les Chiadma, sont d'origine marine : ils ont été déposés au Néogène supérieur. D'autres résultent de la décalcification de grès pliocènes ; ils sont, en ce cas, généralement rubéfiés par suite de l'oxydation des sels de fer contenus dans la roche. Enfin des dunes littorales se montrent très fréquemment le long des côtes, entre le cap Spartel et la plaine du Sous.

Partout les sables sédimentaires offrent un modelé mou et effacé. Les sables éoliens, toujours en mouvement sous l'impulsion des vents dominants, donnent au bourrelet qui borde la côte, à la limite du balancement des marées, les formes caractéristiques des dunes maritimes. Celles-ci sont quelquefois séparées de la plage par un cordon littoral de galets qui, à Ar'roud, entre le cap R'ir et Agadir n Ir'ir, atteint 50 mètres de largeur et 6 mètres de hauteur. La dune maritime atteint son plus grand développement dans le Sud-marocain, notamment à Mogador et à l'embouchure de l'ouad Sous.

La dune de Mogador est formée dans des conditions qu'il m'est possible de préciser. Elle repose sur un soubassement de grès pliocènes qui, soumis à l'action des vagues, se désagrègent en donnant un sable calcaire constamment refoulé vers la terre ferme par le flux. Les plages qui prennent naissance donnent un élément à l'action du vent du nord dominant. Il se forme ainsi des amas sableux qui s'élèvent jusqu'à plus de 100 mètres aux alentours de Mogador. La surface de la dune est nue, lisse ou striée par le vent, elle est alors en progression constante. Ailleurs, elle est fixée par une végétation de rtem, d'asperges sauvages, d'euphorbes, auxquelles viennent se joindre parfois, le lentisque, le thuya et l'arganier. Partout où se montre cette végétation le sol est couvert d'une carapace calcaire, jaunâtre, que l'on doit considérer comme formée par l'action des eaux superficielles sur ce sable calcaire. La présence de cette croûte est la preuve irréfutable de la disparition des broussailles et des forêts, qui croissaient antérieurement et que l'indigène a incendiées pour se ménager des pâturages ou de maigres terrains de culture. Mais la dune déboisée ne tarde pas à être de nouveau envahie par la dune en progression, et l'on peut constater l'action du fléau envahisseur à une assez grande distance de la côte. Il est possible de constater en outre, qu'il existe en certains points plusieurs carapaces calcaires intercalées dans la dune et qui témoignent de plusieurs déboisements successifs.

Reliefs gypseux. — Des *roches solubles* comme le gypse et le sel gemme jouent un rôle très marqué dans le modelé de certaines régions marocaines, par suite de l'important développement des terrains gypso-salins. La dissolution

superficielle du gypse produit, dans les régions
très pluvieuses, une érosion rappelant les *lapia§*
des terrains calcaires, tandis que cette roche
résiste assez bien à l'air, malgré sa grande solu-
bilité, sous les climats secs comme celui des
régions désertiques du Draa.

Mais, en ce cas, la roche se dissout facilement
en profondeur au contact de l'eau qui coule au
fond des ouad descendus de l'Atlas. Un bel
exemple de ce phénomène peut s'observer dans
la vallée de l'Asif Imar'ren, au-dessous de Tamdakht. Cette région est formée de couches rouges
du Crétacé inférieur, composées de grès, d'argiles,
avec lits de gypse. Les bancs de cette roche
soluble, sous l'influence des infiltrations au niveau du thalweg, ont été dissous au point de disparaître complètement. Et la teneur en sulfate de
l'eau de l'ouad est attestée par sa saveur sau-
mâtre très prononcée. Il en est résulté des affaissements qui ont produit des dénivellations de
près de 100 mètres des couches rouges superposées. Rien n'est plus curieux que le chaos des
terrains un peu en aval de Tamdakht ; on dirait
un immense champ dévasté par quelque formidable tremblement de terre[1].

RELIEFS CALCAIRES. — Le grand développement des calcaires et des dolomies, dans les
terrains jurassiques de l'Atlas, du Rif, du plateau tabulaire des confins algéro-marocains, des
calcaires marneux crétacés dans la Meseta marocaine, donnent aux reliefs calcaires une importance particulière au Maroc.

1. *Explorations au Maroc*, p. 201-202, fig. 184.

On y rencontre toutes les formes de modelé particulières aux *pays calcaires.* Dans les régions montagneuses les vallées profondes, en gorges, sont plus fréquentes que les vallées normales. Dominé par des parois à pic, le fond de ces vallées est souvent établi sur les roches paléozoïques sous-jacentes. Leurs flancs, reculant par éboulement, sont souvent hérissés de forme, pittoresques. Des aspects ruiniformes se montrent souvent dans les calcaires jurassiques du Haut Atlas, à l'est du Massif central, et dans les calcaires dolomitiques ou les dolomies du Jurassique supérieur des Beni Snassen. On est frappé, dans ces régions accidentées, de voir des paysages calcaires comparables à ceux du Jura, avec des crêtes aiguës qui jalonnent la direction des grandes vallées. Mais une différence apparaît assez nettement entre les vallées des régions pluvieuses et des régions sèches. C'est ainsi qu'un contraste existe entre celles des deux flancs du Haut Atlas. On constate, en effet, que les vallées du revers méridional ont des pentes plus raides que celles du flanc septentrional, à cause de la sécheresse du climat. Il n'est pas rare de constater que ces vallées sont « aveugles » en remontant vers l'amont, et les sources vauclusiennes [1] sourdent parfois au pied des parois à pic de ces vallées, près du contact d'un soubassement schisteux imperméable. Les vallées aveugles sont enfin fréquentes dans le Haut Atlas oriental et le Rif occidental, où elles sont entaillées dans les calcaires jurassiques.

Ces vallées pittoresques ont des parois rocheuses

---

1. Louis GENTIL. *L'amalat d'Oujda*, p. 345, fig. 63.

fréquemment percées de grottes, quelquefois encore habitées par des berbères qui vivent ainsi à la façon des troglodytes. Leur profondeur est parfois importante. La Mlouya coule à travers les calcaires dolomitiques des Beni Mahiou, dans une gorge très resserrée, véritable cañon dont les parois sont très rapprochées malgré l'important débit du cours d'eau. Les photographies que j'ai rapportées de ces gorges, au Tenguest el Atrous (le saut du bouc), sont saisissantes à cet égard [1]. Elles rappellent celles de Génissiat, à la Perte du Rhône.

Le Haut Atlas offre, à l'est du col de Telouet, un relief qui contraste avec celui du Massif central, essentiellement paléozoïque, par la rigidité de ses arêtes calcaires qui jalonnent les vallées longitudinales de la chaîne. Le Moyen Atlas offre un aspect aussi caractéristique qui permet de prévoir, à distance, la fréquence des terrains calcaires secondaires, jurassiques ou crétacés. De même le Rif, dans ses parties occidentale et centrale, offre des reliefs analogues tout le long de l'axe de la chaîne tournante. Depuis le djebel Moussa (deuxième colonne d'Hercule) jusqu'au delà du djebel Tizerin, les crêtes calcaires donnent au Rif sa principale caractéristique. Ici de nombreuses arêtes se montrent, normalement à l'axe de la chaîne, par suite de la fréquence de vallées transversales sur le versant méditerranéen ; de plus, de nombreux massifs plus ou moins arrondis témoignent de la structure en dôme que nous avons déjà signalée dans le Rif occidental.

1. *Ibid.*, p. 38, fig. 14.

Dans les détails, les calcaires jurassiques des chaînes marocaines offrent tous les types de reliefs des Alpes et du Jura. Les *lapiaz* sont fréquents dans les calcaires massifs du Lias ; j'en ai relevé des types tout à fait remarquables au sud de Tétouan [1]. Dans les anfractuosités de ces parois, déchiquetées sous l'influence dissolvante de l'eau de pluie, se logent des broussailles (lentisques) et des arbustes (thuya) qui ont aidé à la corrosion de la roche. Au fond des fissures se trouve toujours la terre de décalcification qui n'a pas été entraînée par le ruissellement.

Les collines du Sud-marocain offrent encore de beaux types de *downs*, rappelant les coteaux crayeux de l'Angleterre méridionale et de la Picardie. Les flancs calcaires et marno-calcaires des brachyanticlinaux qui surgissent de la région tabulaire crétacée au nord du Haut Atlas occidental, montrent ainsi des reliefs caractéristiques. Les ravins qui en descendent sont largement ouverts à leur partie supérieure, isolant ainsi, sur le flanc d'un pli, des parois triangulaires qui donnent à la colline crétacée ou jurassique sa topographie caractéristique. Les plus intéressantes formes de terrain de ce genre, que j'ai observées, sont celles de la colline de Bou Zergoun, chez les Oulad Bes Sebah, et du brachyanticlinal du cap Tafetneh (djebel Amsiten), chez les Ida ou Guerd.

L'aspect des reliefs calcaires ou dolomitiques du plateau tabulaire des Beni Bou Zeggou, de la gada de Debdou, du Rekkam, dans la région nord des confins algéro-marocains, contraste avec

---

1. *Explorations au Maroc*, p. 31-40, fig. 26, 27 et 28.

celui de l'Atlas et du Rif à cause de la presque horizontalité des terrains jurassiques qui le composent. Ce plateau est généralement limité par des abrupts, du côté des dépôts du détroit Sud-Rifain et des pentes de la région du Chott el R'arbi, par suite d'effondrements. Au centre il montre des escarpements analogues à cause de la présence fréquente de cassures, familières à ce régime tabulaire. Des vallées aveugles s'enfoncent fréquemment à l'intérieur du plateau dont le type est la vallée de Debdou, encaissée entre de grandes parois calcaires et dolomitiques.

Dans la Meseta marocaine les dépôts crétacés sont formés de calcaires marneux et de marnes, mais rarement de calcaires compacts. Il en résulte des formes de terrains moins rigides, un modelé plus mou. C'est ainsi que la falaise du plateau de Settat, qui domine la plaine des tirs, n'a rien de l'abrupt des parois calcaires des terrains jurassiques dans les régions tabulaires des confins algéro-marocains. Elle forme, entre les ravins qui la découpent, des éperons adoucis, mamelonnés, qui rappellent un peu le modelé des argiles.

Dans la zone littorale, les grès calcarifères pliocènes chez les Chaouïa et les Doukkala, offrent, surtout sur la rive droite de l'Oum er Rbëa, une surface qui rappelle, par la présence de dépressions fermées, celle des plateaux calcaires des régions balkaniques. Sous l'action dissolvante des eaux superficielles, le ciment calcaire de la roche tertiaire est dissout, entraîné à travers la roche perméable dans une nappe souterraine, établie au contact imperméable de la pénéplaine primaire sous-jacente. Il s'est creusé ainsi, sans que l'érosion ait joué un rôle sensible, des cuvettes plus ou moins profondes, dont le fond est nivelé par les produits argilo-sableux résultant de la décalcification de la roche, entraînés par ruissellement, et provenant des bords de la dépression. Ces cuvettes, de forme plus ou moins circulaire ou elliptique, sont remplies d'eau durant toute la saison des pluies, formant des marécages ou des *daya* où s'abreuvent les bestiaux dans ces pays de pâturages. On ne peut mieux comparer ces formes de reliefs qu'aux *poljc* des régions balkaniques qui jouent un rôle important au point de vue de la géographie humaine car ils sont entourés d'habitations ; de même que les douar de pasteurs (chaouï) se groupent autour des daya qui peuvent abreuver les troupeaux. Des dépressions du même genre se rencontrent en France dans le Jura, dans le Vercors et dans les Causses.

Reliefs volcaniques. — Les *reliefs volcaniques* du Maghreb sont formés, soit par les vestiges d'appareils anciens qui affleurent à la façon des massifs granitiques, à la faveur des mouvements orogéniques et de l'érosion ; soit par les cônes de débris d'éruptions subaériennes, tertiaires ou récentes, demeurés libres ou dégagés d'une couverture sédimentaire plus ou moins meuble.

Les appareils des volcans primaires ont été considérablement modifiés, d'abord par l'érosion continentale et marine, avant leur enfouissement sous les dépôts primaires et secondaires; ensuite par les plissements; enfin par les érosions récentes qui ont abouti au modelé actuel. De sorte qu'ils n'offrent, en général, que des lambeaux de coulées, alternant avec des couches de tufs, qui apparaissent le plus souvent par leur tranche; enfin des dykes déchaussés qui, avec les filons de laves enclavés dans le soubassement de l'appareil, indiquent parfois la place des cheminées de l'ancien volcan.

Les éruptions les plus anciennes actuellement connues au Maroc sont celles dont j'ai trouvé, dans l'Amalat d'Oudja, les déjections interstratifiées, enfoncées en biseau dans les sédiments carbonifères, schisteux ou formés de tufs provenant du remaniement par la mer de cette époque des produits de projections volcaniques. Ces matériaux volcaniques sont recouverts, tantôt par les dépôts les plus élevés de cet âge paléozoïque, tantôt, comme aux djebels Ostman, Mahasseur et Metsila, par des calcaires liasiques.

On peut se faire, malgré ces circonstances défavorables, une idée assez nette de la disposition et de la structure du cône de débris, grâce à l'érosion du réseau hydrographique de la haute vallée de l'ouad Isly. On le voit incliné dans son ensemble vers le sud. On peut suivre ses couches rhyolitiques par l'entassement de ses brèches ignées; tandis que des pitons marquent, comme au Guelib en Nàm, quelque vaste dyke ou bien le culot déchaussé de quelque cratère démantelé.

Des éruptions primaires se montrent encore dans le massif des Beni Snassen, sans qu'il soit possible de préciser leur âge, laissant affleurer dans les profondes vallées de Bou Hafyer et de l'ouad Zegzel, leurs laves et leurs tufs porphyritiques. Les roches volcaniques qui, au bord de la plaine de Taourirt, forment les mamelons qui émergent au pied du djebel Narguechoum, offrent un ensemble bien plus difficile encore à saisir. Leur rôle dans le relief du sol, est assez effacé.

Il en est tout autrement des éruptions permotriasiques qui ont laissé dans l'Atlas, le Rif et la Meseta marocaine, des vestiges très importants. Leurs déjections affleurent, dans certaines régions, sur de très grandes surfaces et jouent un rôle capital dans le relief de ces régions de montagnes ou de plateaux.

L'emplacement actuellement occupé par la chaîne du Haut Atlas a été, nous l'avons vu, le théâtre d'éruptions volcaniques formidables, à l'époque où se déposaient les grès rouges permiens. Et ces manifestations éruptives ont pu se prolonger durant le Trias. C'est par centaines de mètres que j'ai pu apprécier la puissance des coulées de laves et des produits de projections accumulés en certains endroits, sur le revers méridional du djebel Tamjout. J'estime à plus de 1 500 mètres l'épaisseur de ces accumulations éruptives. La nature de ces roches volcaniques est variable : ce sont des trachytes, des andésites, des labradorites plus ou moins altérées ou transformées.

Il y a lieu de distinguer, au point de vue du relief, parmi les vestiges importants de ces déjections, les parties profondes du volcan et l'appareil externe. Des filons traversent plus ou moins verticalement le soubassement du volcan primaire constitué par les roches cristallines, massives ou schisteuses, de l'ancienne pénéplaine résultant de l'arasement de la chaîne hercynienne. Ils sont fréquemment en saillie, en forme de dykes avec prismes de retrait, composés d'un porphyre dont la couleur noire tranche sur l'arène rougeâtre des roches granitiques encaissantes. Ces filons de laves deviennent de plus en plus abondants à mesure qu'on approche des crêtes de l'Atlas; l'explorateur J. Thomson les avait remarqués au djebel Likoumt. Il n'est pas douteux qu'on se trouve en présence de cheminées et de canaux comblés par la lave en fusion. Ces filons sont recouverts par le vaste cône de débris qui couronne actuellement les crêtes de Likoumt, du Toubkal, du Tamjout. Il est certain que des centres d'émission importants devaient se trouver dans ces parages.

La nature volcanique de ces arêtes donne au relief de l'Atlas un cachet tout particulier. De grandes murailles de roches compactes, de couleur sombre, alternent avec des tufs, durcis, chargés de chlorite et d'autres produits secondaires qui leur donnent une teinte verte. On peut aussi distinguer les tufs de projection des bancs de laves noires, entremêlés.

Les crêtes aigües du Likoumt, etc., soumises à la gelée à des altitudes qui dépassent 3 500 mètres, subissent un phénomène de désagrégation très actif. Les laves sont brisées, divisées en blocs anguleux qui s'accumulent sur place ou sont entraînés dans les vallées, par simple pesanteur ou sous l'influence des avalanches continuelles qui se produisent à certaines époques de l'année.

Des vestiges de ces volcans permo-triasiques se retrouvent ailleurs, en dehors de cette partie du Massif central du Haut Atlas.

Le revers septentrional de l'Atlas montre fréquemment les mêmes laves, intercalées dans les dépôts rouges continentaux du Permien et du Trias inférieur, contemporains de ces éruptions. A l'ouest on en retrouve des lambeaux assez fréquents, mais c'est surtout à l'est, que les déjections volcaniques jouent le plus grand rôle. On les voit affleurer dans la vallée de Telouet, s'élever sur le flanc méridional de l'Adrar n Iri jusqu'au voisinage de son sommet, par 3900 mètres d'altitude ; enfin elles prennent la plus grande part à la la structure du djebel Anr'mer.

Cette montagne, de forme carrée, a un soubassement carbonifère sur lequel reposent des grès rouges avec roches volcaniques entremêlées. Celles-ci offrent des abrupts de plus de 400 mètres de laves et de tufs porphyritiques. Ces pans, coupés à pic, donnent au djebel Anr'mer l'aspect d'un parallélipipède.

Les cours d'eau qui descendent des crêtes du Haut Atlas sur le versant nord, appartiennent au réseau hydrographique de l'ouad Teaout, mettant à nu les mêmes roches, au fond de vallées en gorges aux parois de roches très dures. Chez les Aït Iguernan, entre le Tizi n Imoudras et Tagoulast, les affleurements volcaniques forment le thalweg de tous les cours d'eau.

Dans les contreforts de la haute chaîne, entre Demnat et l'ouad R'dat, chez les Rouchdama et les Ftouaka, les porphyrites permo-triasiques se montrent sur les deux flancs d'un pli dirigé sensiblement EW ; la coupure de l'ouad Teçaout et Tahtia, près de la Zaouïa ben Daoud, montre de superbes falaises volcaniques avec beaux prismes de retrait.

Partout les affleurements de ces roches d'épanchement donnent au relief les caractères de modelé rigide qui contraste avec celui des grès argileux rouges, des dépôts permo-triasiques encaissants.

Dans la Meseta marocaine, les mêmes roches apparaissent sous les marno-calcaires crétacés, notamment au pied de la bordure du plateau de Settat dans le pays des Chaouïa et, chez les Zaër, dans la coupure de l'ouad Korifla.

Il est impossible de rien dire sur les vestiges des volcans permo-triasiques du Moyen Atlas et du Rif, parce qu'ils demeurent presque inconnus.

Dans le cas des éruptions tertiaires le relief volcanique est plus caractéristique parce que les appareils sont mieux conservés.

Les vestiges d'éruptions jalonnent vraisemblablement le bord effondré de la chaine du Rif, mais ils sont peu connus. Seuls ont été étudiés les massifs isolés de la presqu'île des Guelaïa dont l'âge est à préciser. Le djebel Gourougou, formé de déjections trachytiques, andésitiques et basaltiques, constitue un massif imposant dans lequel Fernandez Navarro n'a pas pu reconnaitre l'emplacement des cratères [1].

Plus à l'est les éruptions de la région Nord des confins algéro-marocains ont conservé en partie leurs formes topographiques.

Le volcan des Msirda a été, après l'exondation des terrains miocènes, facilement déblayé des dépôts meubles, argileux ou sableux, qui l'avaient enseveli. Le principal cône de débris, andési-

---

1. L. Fernandez Navarro, *Estudios geológicos en El Rif oriental*. (Mém. de la Real Soc. Esp. de Hist. Natur., t. VIII, Madrid 1911, p. 49-54.).

tique, a été ensuite attaqué par l'érosion continentale. Aussi, en faisant la part des ravages superficiels récents qui ont donné au pays son modelé actuel, se rend-on facilement compte de la forme de cet appareil volcanique, de l'étendue de ses brèches rappelant les brèches andésitiques du Cantal, de ses épaisses coulées, de ses dykes puissants qui, au djebel Bou Khirat, au djebel Nâdor, émergent sous la forme de pics comparables à celui du Puy Grioux, dans le grand volcan d'Auvergne. Auprès de Martimprey, les pitons des Menasseb Kiss (le trois-pieds des indigènes) encadrent la cavité cratérienne d'un cône adventif complètement ouvert du côté de l'ouest.

Le volcan des Msirda, par la nature de ses déjections, par son âge et par sa forme topographique, est tout à fait comparable au volcan de Tifarouïne, qui se trouve entre le cap Figalo et le cap Sigale, à l'extrémité occidentale du Sahel d'Oran.

Dans la plaine d'Angad, les volcans leucitiques qui s'étendent entre le massif des Beni Snassen et les monts des Mehaïa (monts des Beni Bou Zeggou), paraissent plus récents, si l'on se reporte à leur état de conservation qui permet encore de saisir l'emplacement des anciens cratères.

Aux coulées de laves qu'il est facile de suivre, sont associés d'épais lits de cendres et de lapilli, de scories avec bombes en forme de larmes bataviques. Les bouches de sortie de tous ces matériaux peuvent être repérées, entre le djebel Mer'ris et le djebel Hararza, au nord de la plaine d'Angad, et aux environs d'Oujda, dans les collines des Semmara. Le Tinianin, le djorf el Akhdar, etc., sont formés des mêmes déjections volcaniques qui couvrent le vaste champ sur lequel a évolué l'armée du maréchal Bugeaud, à la bataille d'Isly.

Les volcans d'Oujda peuvent être rapprochés des volcans leucitiques de la région d'Aïn Temouchent (Oran), par la nature de leurs déjections et peut-être aussi par leur âge. Mais ce dernier point est incertain ; il est possible que ces volcans soient néogènes, tandis que ceux de la province d'Oran sont quaternaires ou remontent, au plus, à une date récente du Pliocène.

Enfin la topographie volcanique la plus intéressante actuellement constatée au Maroc est, à coup sûr, celle du djebel Siroua, que j'ai traversé en 1904 et dont j'ai révélé l'origine éruptive tout à fait inattendue. Lorsque en partant de Tikirt, on se dirige vers ce massif dont le culminant atteint environ 3.300 mètres, on est frappé de voir, de la plaine granitique aride et monotone des Aït Khzama, le Siroua se profiler dans l'ouest avec ses crêtes aiguës et ses pitons aux formes caractéristiques qui font pressentir la nature volcanique de cette montagne [1].

On croirait voir certains profils volcaniques d'Auvergne, caractérisés par leurs puys et leurs dômes. Du col du chemin qui fait passer, à travers ce massif, de la vallée supérieure de l'ouad Draa à celle de l'ouad Sous, le Tizi n Ougdour, le panorama est encore plus frappant : on se croirait dans un site auvergnat du Cantal ou du Mont-Dore. De ce point, on peut voir s'étaler les

1. Louis GENTIL. *Explorations au Maroc*. p. 310. fig. 106.

vestiges d'un formidable volcan tertiaire dont les déjections reposent sur un socle cristallin : tels les volcans du Massif central de la France. Et, sur une étendue de plus de 50 kilomètres du nord au sud, de plus de 25 de l'est à l'ouest, la topographie trahit l'extension considérable des coulées de laves et des produits de projections.

A l'ouest et à l'est, les croupes granitiques isolées par le réseau hydrographique du Sous ou du Draa, sont surmontées d'entablements rocheux aux parois à pic, derniers témoins de coulées volcaniques démantelées par l'érosion. Tout autour du Tizi n Ougdour, c'est le chaos des coulées de laves, des cendres avec bombes volcaniques du Siroua. Des dykes redressés ou des dômes réguliers[1] marquent, par la persistance des filons de laves et des culots des anciens cratères, l'emplacement des cônes de débris désagrégés ; tandis que de profondes vallées mettent à nu de belles colonnades de prismes qui défient les plus beaux « jeux d'orgues » du relief cantalien. Ces phénomènes témoignent des ravages produits par l'érosion dans cette accumulation de plus de 1 000 mètres d'épaisseur des déjections du grand volcan marocain.

Par ses dimensions, par l'altitude élevée de son culminant, le Siroua rappelle l'Etna, mais il se sépare du volcan sicilien par la nature de ses déjections trachytiques, andésitiques et phonolitiques, et par son âge plus ancien. A ce point de vue, il doit être mis en parallèle avec le volcan du Cantal qui est surtout andésitique, et dont l'âge pliocène est trahi par un modelé très

---

1. *Loc. cit.*, p. 315. fig, 199.

sensiblement différent de celui de sa forme primitive. De même, le Siroua a subi de profondes modifications depuis l'époque néogène, encore indéterminée, où cette montagne aujourd'hui glacée, projetait son panache au-dessus de l'Atlas, et jalonnait de ses feux le bord du grand désert, tel un phare gigantesque lançant ses éclairs sur l'immense étendue d'un océan.

V

L'ÉVOLUTION DU RÉSEAU HYDROGRAPHIQUE ET DU RELIEF

Si nous partons de l'époque, déjà lointaine, des grands plissements tertiaires qui ont préparé l'orographie générale du Maroc pour nous rapprocher progressivement de la période historique, nous assistons à l'évolution du relief, intimement liée à celle du réseau hydrographique, pour aboutir au modelé actuel du pays.

Au cours de la grande phase des mouvements orogéniques alpins le Maghreb avait une configuration très différente de celle qu'il possède actuellement. Le Rif en était complètement séparé, isolé avec le massif ancien, actuellement effondré sous la Méditerranée occidentale et contre lequel ses plis allaient se façonner, par le détroit Sud-Rifain. Ce bras de mer limitait le Continent africain aux plateaux tabulaires du Rekkam, des Beni Bou Zeggou et des monts de Tlemcen ; tandis que le Moyen Atlas, se rattachait par ennoyage sous les eaux du détroit, à des terres émergées formant îles ou presqu'îles dans la mer miocène, comme le massif des Beni Snassen.

A ce moment, le Maroc occidental était encore réduit par l'empiètement de l'Atlantique néogène. Enfin, vers la fin de la grande phase des plissements tertiaires, les chaînes étaient moins saillantes qu'à l'époque actuelle.

Un réseau hydrographique, en quelque sorte embryonnaire, avait néanmoins commencé à s'établir. Profitant des ondulations tectoniques. les eaux superficielles réunissaient à la mer les grandes dépressions synclinales ou les zones affaissées. C'est ainsi que le réseau de l'ouad Sous commençait à se former dans la région effondrée entre le Haut Atlas et l'Anti-Atlas ; que l'ouad Draa, descendu des flancs du Haut Atlas et du massif du Siroua, contournait le revers méridional de l'Anti-Atlas ; que la Mlouya prenait naissance entre le Moyen Atlas et l'aile occidentale du Haut Atlas ; que l'Oum er Rbëa commençait à se dessiner entre deux grandes rides du Moyen Atlas, pour creuser son parcours dans la région basse de la Meseta marocaine, etc.

Ces cours d'eau étaient alors beaucoup moins étendus, puisqu'ils aboutissaient aux rivages de la mer miocène qui restreignait considérablement l'étendue du Maroc continental. Certains d'entre eux, comme l'ouad Sebou et la Tafna, se réduisaient à de faibles amorces de vallées creusées sur les flancs du Moyen Atlas et du Rif, du plateau des Beni Bou Zeggou et des monts de Tlemcem.

Mais peu à peu le mouvement de surrection d'ensemble élevait les crêtes de l'Atlas tout en faisant reculer les lignes de rivages ; les vallées du réseau hydrographique. en perpétuel creusement, s'allongeaient vers l'aval tandis qu'elles régressaient vers l'amont Ici elles s'approfondissaient, façonnant les versants, abaissant les crêtes, s'anastomosant avec des vallées nouvelles :

là, elles avançaient insensiblement à travers les dépôts néogènes, d'abord miocènes, puis pliocènes, successivement émergés par le mouvement épirogénique que nous avons étudié.

Les grands cours d'eau du Maghreb ont, en vertu de la loi de l'érosion remontante, développé leur réseau vers l'amont, d'autant plus que le mouvement d'exhaussement continu, qui s'est fait sentir vers la fin de la période néogène, les éloignait constamment de leurs profils d'équilibre.

Quelques-uns d'entre eux, comme l'Oum er Rbëa et la Mlouya, ont considérablement allongé leurs parcours vers l'aval par suite de l'exondation des dépôts néogènes et l'on peut dire que l'ouad Sebou et la Tafna étaient à peu près inexistants avant cette émersion de la fin des temps tertiaires.

L'Oum er Rbëa a, depuis l'époque du Miocène moyen, dû franchir toute la zone littorale comprise entre la Casbah Bou Lâouan et Azemmour. La Mlouya a doublé son parcours depuis la même époque, puisqu'elle débouchait dans le détroit Sud-Rifain, au pied du djebel Keddamin. Elle a eu, depuis, à tracer son lit à travers la région exondée de la Moyenne Mlouya, à s'insinuer entre les Beni Snassen et les montagnes des Beni Bou Yahi, par la dépression synclinale qui sépare les deux massifs, pour déboucher à la mer au delà des Trifa, entre les Kebdana et les Msirda. La Tafna a dû creuser la plus grande partie de son lit postérieurement à l'émersion du fond du détroit néogène, puisque le parcours de son réseau hydrographique est presque tout entier dans le bassin miocène qui porte son nom, ou son prolongement dans les Angad. Il en est de même du cours de l'ouad Sebou. Avant la fermeture du précurseur du détroit de Gibraltar, entre le bassin tertiaire de la Mlouya et celui du R'arb, les petits cours d'eau côtiers qui. descendus du flanc septentrional du Moyen Atlas et du revers méridional du Rif, débouchaient dans le détroit Sud-Rifain, se sont réunis. Les réseaux de l'ouad Guigo et de l'ouad Behts, dans le Moyen Atlas, ceux de l'ouad Sebou et de l'ouad Ouarr'a du côté du Rif, ont réuni leurs efforts pour creuser, dans les dépôts de l'ancien détroit. le lit de l'ouad Sebou. Enfin les ouads qui débouchent dans les bassins fermés du Sahara. comme l'ouad R'ris et la Saouara (ouad Zousfana) entraient aussi, à l'exemple des autres cours d'eau marocains, dans une phase d'érosion plus active, par suite de l'exhaussement des parties élevées de leur réseau hydrographique par rapport au niveau de base.

Des particularités intéressantes du relief du Maroc, en rapport avec le développement de son hydrographie, pourraient être examinées en suivant l'évolution du réseau des grandes rivières qui sillonnent le pays. Mais je crois qu'il est plus utile de jeter un coup d'œil rapide sur chacune des entités orographiques dont nous avons esquissé la genèse dans le passé des temps géologiques.

1° HAUT ATLAS. — Malgré la pénurie de documents sur l'hydrographie de la partie orientale du Haut Atlas, on est frappé de voir que le réseau est différent dans le Haut Atlas occidental. Cela tient à la tectonique du « massif central » qui appartient au système hercynien, tandis que le reste de la chaîne est alpin. Nous avons vu que ce massif ancien a été débarrassé de bonne heure de la calotte de sédiments jurassiques qui le recouvrait ; il était vraisemblablement à nu dès le début de l'ère tertiaire.

Les plis carbonifères ont imprimé, dans la région paléozoïque de l'Atlas, une direction générale aux principales vallées qui descendent des crêtes vers la grande plaine du Haouz. L'ouad Aït Moussi, l'Asif el Mehl, l'ouad Erdouz, l'ouad Amsmiz suivent, sur la plus grande partie de leur cours, la direction varisque des plis carbonifères. Le tracé de l'ouad Nfis répond à cette règle entre la Casba Goundafi et la plaine du Haouz; alors que vers l'amont, la vallée suit une direction différente qui correspond à celle des plissements tertiaires. Ce qui semblerait le faire croire, c'est la disposition du Permo-Trias entre le Tizi n Test et le pied occidental du djebel Tamjout et nous avons vu que ces couches rouges, dans le Goundafa, avaient été influencées par les mouvements alpins. Plus à l'est, les tracés de l'ouad Ourika, de l'ouad R'dat ont subi la même influence tectonique que les cours d'eau situés plus à l'ouest. Leur direction devient armoricaine, de même que les plis carbonifères à l'est du col de Telouet.

Cette influence des plissements hercyniens paraît encore s'être fait sentir sur le cours de l'ouad Teçaout et de l'ouad Bou Gommez, qui ont pris des directions plus franchement NW-SE, parallèles aux plis carbonifères dans cette partie du Haut Atlas.

Le Haut Atlas oriental offre un réseau hydrographique d'un autre aspect. Mais la surface structurale a, comme dans l'Atlas saharien, imprimé aux vallées une allure en rapport avec celle de ses plis alpins. De grandes vallées longitudinales se montrent parallèles à la direction générale de la chaîne. Partout où les terrains jurassiques ont nettement subi l'influence des mouvements orogéniques tertiaires on voit de grandes dépressions synclinales ou anticlinales rappelant les *vals* et les *combes* du Jura. Puis, en un point de leur parcours, ces vallées recoupent brusquement les flancs des plis tertiaires pour prendre une direction normale à la direction générale de la chaîne. Il en résulte de belles vallées en gorges très pittoresques, avec parois à pic, qui sont l'analogue des *cluses* de la chaîne française. Les gorges de l'ouad Tirili, chez les Aït Mdioual, offrent de beaux exemples de ces vallées d'érosion.

Il n'est pas rare, en outre, de voir des sommets d'anticlinaux complètement décapés, laissant affleurer le soubassement des terrains jurassiques au fond d'une dépression bordée d'arêtes monoclinales rappelant les *crêts* du Jura.

Ailleurs la formation du réseau a procédé de la même façon, si l'on en juge d'après les descriptions des explorateurs qui ont traversé le Haut Atlas oriental. La vallée de l'ouad el Abid, le réseau de l'ouad R'ris, celui de l'ouad Ferkla etc., montrent que l'hydrographie du Haut Atlas oriental offre partout les mêmes caractères.

Les vallées transversales rappelant les cluses sont fréquentes et sont généralement appelées *kheneg* par les indigènes. Ailleurs, au débouché des grandes plaines, ils les désignent encore sous le nom de *foum*, qui signifie bouche, sortie.

Les exemples les plus caractéristiques de ces

kheneg se montrent au pied de l'Atlas, dans les grandes plaines du Draa et du Tafilelt, partout où les ouads descendus de la chaîne ont eu à couper des rides anticlinales des terrains secondaires, pour suivre leur cours vers les régions sahariennes.

Dans la haute chaîne la déviation brusque des cours d'eau à travers les cluses, coïncide presque toujours avec un abaissement d'axe à terminaison périphérique, des plis, ou avec un ensellement, suivant la loi assez générale vérifiée dans les Alpes.

Ainsi, dans le Haut Atlas, partout où la chaîne possède sa couverture de terrains secondaires, c'est-à-dire en dehors du Massif central, l'évolution du réseau hydrographique s'est faite avec une adaptation très étroite à la tectonique. Dans les parties élevées de la chaîne, les vals et les cluses dominent, les combes se multiplient. J'ai cité un bel exemple de combe dans la dépression anticlinale qui s'étend entre Demmat et Imi n Zat, qui recoupe la vallée de l'ouad R'dat, chez les Rouchdama et les Mesfioua.

Ce réseau hydrographique de l'Atlas marocain est, avec ses ouads coudés, comme l'image de celui du Jura. Il témoigne de la jeunesse de la chaîne et rappelle le réseau de l'Atlas saharien, que j'ai été amené à regarder comme une chaîne récente, avec ceux de mes confrères qui l'ont directement observé.

Il est naturel de penser que les phénomènes de capture ont été fréquents dans l'évolution de l'hydrographie de l'Atlas. Ils ont présidé à la jonction des différentes artères qui, réunies, forment actuellement le bassin de réception de toutes les grandes vallées. Mais les principales de ces captures se sont produites dans le même sens, parce que la chaîne est encadrée par de grandes plaines qui se trouvent à des niveaux altimétriques différents.

A l'est du méridien de Marrakech, la plaine du Haouz se trouve à une altitude moyenne de 600 mètres, tandis que le Haut Atlas est bordé, au sud, par la pénéplaine des Aït Khzama et par la plaine de Tikirt qui s'élèvent à des hauteurs comprises entre 1.300 et 2.500 mètres. Il existe donc une différence de cotes très marquée entre le sommet des vallées et leur niveau de base, beaucoup plus accentuée pour les vallées septentrionales que pour les vallées méridionales de la chaîne. On peut remarquer en outre, que l'Atlas offre comme une barrière aux vents chauds et secs du sud, formant ainsi la limite de deux climats différemment humides. Il semble bien que le flanc septentrional de la chaîne reçoive de plus abondantes précipitations atmosphériques que le revers saharien.

Pour cette double raison, les vallées qui regardent Marrakech sont en voie de creusement plus rapide que celles du versant saharien de l'Atlas. Et, par suite de cette différence de vitesse d'érosion, les vallées du flanc nord progressent par leur tête vers le sud, décapitant les hautes vallées du revers méridional.

On peut citer de nombreux exemples à l'appui de ces phénomènes de capture. L'ouad Agoundis faisait primitivement partie du réseau supérieur de l'ouad Amzal, affluent de droite de l'ouad Sous ; il a été détourné au profit de l'ouad Nfis qui se jette dans l'ouad Tensift. Les gorges profondes de l'ouad Agoundis, en amont de son confluent, auprès de la casba Goundafi, témoignent d'une érosion active et très rapide sur le versant septentrional de la chaîne. Ainsi a été détourné au profit de la plaine de Marrakech tout le bassin de réception des flancs du pic le plus élevé du Haut Atlas, le djebel Tamjout.

Il est très probable que le réseau supérieur de l'ouad Nfis appartenait également, à une époque assez récente, à une autre branche de l'ouad Amzal qui aura été, de même que l'ouad Agoundis, décapité par la tête de l'ouad Nfis en voie de creusement rapide vers l'amont.

Plus à l'est, le bassin de réception de l'ouad Ourika, qui descend du sommet élevé du djebel Likoumt, devait appartenir autrefois à l'ouad Tidili, affluent de l'ouad Draa, tandis qu'il alimente maintenant l'ouad Tensift.

Les exemples peuvent être multipliés dans le Haut Atlas occidental, en allant de l'ouest à l'est. Mais si l'on se rapproche suffisamment de la mer, les circonstances qui ont présidé à ces captures des ouads du flanc sud, au profit de ceux du revers nord, sont inversées. C'est ainsi que l'ouad Aït Moussi, affluent de l'ouad Sous, se trouve dans la zone littorale plus humide ; d'autre part son niveau de base dans la plaine du Sous est au-dessous de la cote 150 ; la rivière a décapité les branches élevées de l'ouad Chichoua (ouad Tagouirart), dans les parages de Nzala Argana, parce que cet affluent de l'ouad Tensift a son niveau de base, dans la plaine du Haouz, à près de 500 mètres d'altitude.

A cette exception près, que nous venons d'ailleurs facilement d'expliquer, la règle de capture des vallées du versant sud au profit des cours d'eau du flanc nord, paraît générale. Elle semble devoir également s'appliquer au Haut Atlas oriental. Ainsi, par exemple, le bassin de réception de la Mlouya paraît être en grande partie formé par des affluents qui appartenaient primitivement au réseau hydrographique de l'ouad R'ris et de l'ouad Ziz ; et si l'on remarque que certains cols comme le Tizi n Telr'emt (2.125 mètres), sont très surbaissés par rapport à des sommets très élevés et peu éloignés, comme l'Ari Aïachi (4.250 mètres), on est amené à supposer que tout le bassin de réception de la Mlouya se déversait autrefois dans l'ouad Ziz.

Il résulte de cette règle constante de la marche de l'érosion dans tte partie de l'Atlas marocain, que la ligne de partage des eaux de la chaîne du Haut Atlas émigre de façon lente mais continue vers le sud.

Il en résulte une dissymétrie des deux flancs de la chaîne, le revers septentrional étant, en général, plus étalé et moins abrupt que le revers méridional. Cette dissymétrie s'accentue sur les deux versants du Massif central du Haut Atlas occidental, à cause des grandes fractures qui limitent ce horst paléozoïque au contact des terrains secondaires. La dénivellation est plus grande sur le flanc méridional. Le plateau crétacé des Aït Yous et des Aït Iggues a été abaissé à une altitude de 7 à 800 mètres, tandis que le bloc surélevé forme le flanc méridional, très abrupt, du djebel Ifguig, de l'Iski Ifelilis, etc. Cette chute rapide de pente de l'Atlas est surtout saisissante lorsqu'on se dirige vers le Sous par le col des Bibaoun. On est frappé de voir la raideur du chemin au delà de ce col. Sur le faible parcours de 8 kilomètres à vol d'oiseau, on descend de l'altitude de 1.448 mètres à la cote 200.

Le horst ancien étant formé de roches dures par rapport aux dépôts crétacés marneux ou gréseux affaissés, on peut voir l'escarpement de faille sillonné par une série de vallées profondes qui descendent suivant la ligne de plus grande pente et, au débouché de ces vallées dans la plaine, il subsiste par place des séries de facettes qui témoignent de la jeunesse relative du modelé de la chaîne. Plus à l'est, le façonnement de la lèvre relevée de la faille se manifeste, entre le Tizi n Tar'rat et le djebel Siroua, par des crêtes granitiques à descente rapide qui sont séparées par de profondes vallées, comme celle de Tizgui n Guergaa. Cet abrupt se prolonge dans l'ouest au bord de la plaine du Sous, jusqu'aux approches de la forteresse d'Agadir.

L'extrémité occidentale du Haut Atlas est marquée, entre le cap R'ir et Agadir, par la vallée de l'Asif Tamerakht, creusée dans la région synclinale qui sépare les deux plis anticlinaux qui forment, jusqu'à la côte, le prolongement de la haute chaîne.

2° ANTI-ATLAS. — Le réseau hydrographique de l'Anti-Atlas est très peu connu, en raison de la pénurie de documents sur cette chaîne peu explorée. Un réseau qui prend naissance dans le voisinage des crêtes descend vers l'ouad Sous ; un autre, opposé au premier, appartient à l'ouad Draa. Tous deux suivent, en général, la ligne de plus grande pente des deux versants.

Un fait intéressant a été signalé par Ch. de Foucauld dans la vallée du Draa. Les cours d'eau ayant d'abord des tracés à peu près parallèles sont souvent déviés à la rencontre des faibles rides qui sillonnent le régime tabulaire caractéristique du pays ; puis ils convergent en un même point avant de traverser la petite chaîne par une cluse (kheneg). Ce phénomène de convergence est fréquent au contact du djebel Bani où des ouads importants se forment de la confluence de plusieurs autres, à Foum Zguid (ouad Zguid), Foum Tisint (ouad Tisint), Foum Aserftin (ouad Tatta), Foum Akka (ouad el Kebbada). Il semble qu'il en soit de même au kheneg imi Ougadir où Oskar Lenz a franchi le Bani.

A la naissance de la chaîne de l'Anti-Atlas, ou plutôt dans la région où elle se détache du Haut Atlas, le massif du Siroua offre un réseau hydrographique en rapport avec sa constitution volcanique.

De profondes vallées descendent du sommet de l'ancien cône de débris se dirigeant, à l'ouest vers l'ouad Sous, à l'est et au sud vers l'ouad Draa. L'appareil volcanique affecte, sur la plus grande partie de son pourtour, une disposition étoilée. Seul le côté nord du massif a été en partie protégé à cause de l'escarpement de faille du flanc saharien du Haut Atlas, qui domine la pénéplaine des Aït Khzama. Les vallées qui sillonnent le volcan du Siroua sont d'autant plus profondes que le soubassement du cône de débris a été profondément entamé par les réseaux de l'ouad Sous et de l'ouad Draa, qui prennent naissance dans ce massif. Il en résulte que l'appareil est juché sur un socle qui est élevé du côté de l'est et du côté de l'ouest, dans la partie la plus étranglée de l'Anti-Atlas. Les vallées qui descendent du Siroua appartiennent aux bassins de réception de deux fleuves importants et sont, par conséquent, en voie active de creusement.

3° MOYEN ATLAS. — Le Moyen Atlas est encore plus obscur que l'Anti-Atlas au point de vue de l'évolution du réseau hydrographique et du modelé. Il est manifeste cependant, d'après les rares documents réunis sur cette chaîne, que son réseau est en rapport étroit avec la surface structurale, de même que dans le Haut Atlas.

De grandes vallées longitudinales le sillonnent, dont la principale est celle de l'Oum er Rbëa. Le bassin de réception de l'ouad Sebou est également formé de cours d'eau (ouad Guigo, ouad Mdesset) qui suivent les grandes rides de la chaîne et se réunissent, chez les Beni Ouâraïn, dans une vallée transversale située en amont de l'Aïn Sebou. A la terminaison du Moyen Atlas, l'ouad Beni Bou Necer et l'ouad Hamidi, qui appartiennent au réseau de l'ouad Melellou, coulent au fond des vallées qui séparent les grandes rides de la chaîne que nous avons vue se terminer en éperons, dans les dépôts miocènes du détroit Sud-Rifain.

Nous avons vu que le bassin de réception de la Mlouya s'étale sur le flanc méridional du Moyen Atlas et sur le versant nord du Haut Atlas. Ce fleuve coule ensuite à la limite du plateau tabulaire du Rekkam et de la chaîne plissée du Moyen Atlas.

4° MASSIF DES BENI SNASSEN. — De l'autre côté de la Mlouya, sur le prolongement du Moyen Atlas, le massif des Beni Snassen nous est bien connu.

De grands changements se sont d'abord produits au début du Miocène supérieur par suite de déplacements importants des lignes de rivage de la Méditerranée néogène.

Le massif était d'abord séparé de l'Algérie, le col des Guerbous étant sous les eaux de la mer helvétienne. Il formait presqu'île de l'est à l'ouest ou même un îlot isolé.

Puis l'émersion contemporaine des importants charriages de la zone littorale a mieux dessiné la chaîne qui a été en grande partie déblayée des dépôts meubles du Miocène et s'est ainsi trouvée en continuité avec la chaîne du Filhaoucen, en Algérie.

Les reliefs de la zone tectonique littorale sont démantelés entre les Msirda et les Kebdana, laissant place à l'envahissement de la mer sahélienne ; puis cette région, d'abord occupée par des dépôts argileux et sableux, va être déblayée pour devenir la plaine des Trifa. Pendant ce temps, la communication était établie entre le bassin de la Tafna et la Moyenne Mlouya, par les Angad.

La surrection générale du pays ayant produit l'émersion du fond de la mer miocène, la Méditerranée occupait déjà son lit actuel à l'époque pliocène, ou bien ses rives étaient situées plus loin au nord et sont aujourd'hui noyées sous la mer.

Nous sommes ainsi conduits à faire remonter l'évolution du réseau hydrographique du massif des Beni Snassen avant le début du Pliocène. Il est indiscutable qu'à cette époque, les reliefs tectoniques émergés avant la fin du Miocène étaient déjà modifiés par le travail de l'érosion.

La tectonique de la chaîne a laissé, ici comme ailleurs dans l'Atlas marocain, une empreinte profonde sur le relief actuel. La disposition en dôme de l'ensemble du massif, entre le col du Guerbous et les gorges de la Mlouya. l'allure régulière des plis imbriqués sur son flanc septentrional; enfin, la trace des plis longitudinaux qui couraient parallèlement à l'axe de la chaîne, sur le flanc méridional, en témoignent abondamment.

Depuis sa surrection, le massif a été la proie de l'érosion. C'est ainsi que toute la série jurassique, primitivement continue dans le sens horizontal, depuis le djebel Filhouacen jusque chez les Beni Bou Yahi, a été enlevée chez les Achach, en Algérie, et dans la zone frontière jusqu'aux approches de Tafor'alt. Au contraire, dans la région déprimée de la chaîne, chez les Beni Ourimech, les Beni Mahiou et les Beni Bou Yahi, on voit encore conservés les niveaux les plus élevés du Jurassique supérieur. Le cœur du dôme des Beni Snassen a même été complètement décapé de sa couverture secondaire, laissant à nu le noyau de schistes primaires et de roches volcaniques anté-liasiques qui perce au djebel Bou Zabel.

Si l'on jette un coup d'œil d'ensemble sur le réseau hydrographique du massif on est frappé de voir qu'il a été assujetti à trois influences principales qui en ont déterminé le tracé.

L'altitude moyenne du niveau de base a d'arbord joué un rôle capital. Le déblaiement des argiles et des sables du Miocène supérieur, entre le sahel du Korn ech Chems et le massif des Beni Snassen a, dès le début du Pliocène, préparé le

soubassement de la plaine d'inondation des Trifa.
qui s'est trouvée ainsi abaissée à des altitudes
comprises entre 50 et 100 mètres ; de sorte que
les vallées qui descendent du flanc nord du massif ont leur niveau de base à des altitudes comprises entre ces cotes limites.

Au contraire, les ouads du flanc méridional
débouchent dans la plaine d'Angad, à des niveaux supérieurs à 600 mètres, à l'ouest du
méridien d'Aïn Sfah. Ils vont se perdre dans la
plaine, laissant leurs eaux s'infiltrer dans des
dépôts arénacés néogènes très perméables. La
plaine d'Angad joue ainsi le rôle de bassin fermé pour le réseau hydrographique du versant
sud du massif et elle doit être considérée comme
déterminant le niveau de base des vallées qui
viennent y déboucher. Par conséquent les deux
réseaux, nord et sud, des Beni Snassen se distinguent par une différence très sensible d'altitude du niveau de base : 100 mètres en moyenne
dans la plaine des Trifa, environ 600 mètres dans
la plaine d'Angad. Il en résulte que la vitesse de
creusement des vallées septentrionales est notablement plus grande que celle des vallées méridionales. Elle est encore augmentée par une différence d'humidité du climat, le versant exposé à
la mer recevant certainement plus de pluies que
celui qui domine l'Angad.

Ainsi s'explique le plus grand parcours à l'intérieur du massif, du moins dans la partie centrale du dôme jurassique, des ouads de la première
catégorie, comme l'ouad Zegzel ; tandis que sur
le flanc méridional les vallées n'ont qu'une faible
longueur lorsqu'elles suivent progressivement la
ligne de plus grande pente du versant.

Cette différence d'étendue des deux systèmes résulte de ce fait que les vallées méridionales ont été décapitées au profit des vallées plus actives du versant nord. Les captures anciennes sont même tellement fréquentes que, entre Tafor'alt et le col du Guerbous, toutes les grandes vallées prennent naissance sur le flanc méridional et parfois assez bas au dessous de la ligne de crêtes ; c'est le cas notamment de l'ouad Zegzel, de l'ouad Ouaklane, de l'ouad Bou Hafyr. Or l'ouad Zegzel s'est développé aux dépens de l'Ir'zer Amran et d'une branche de l'ouad Sefrou ; la plus grande partie de l'ouad Bou Hafyr (ouad Ar'bal) se déversait autrefois sur le flanc sud du col des Guerbous et non dans la plaine des Trifa. D'ailleurs, d'autres phénomènes de capture se préparent et ce qui reste de l'ouad Sefrou est menacé d'être décapité par la tête de l'ouad Zegzel (ouad Moulaï Idris).

Toutes les vallées du flanc sud de la chaîne sont ainsi destinées à être capturées au profit des affluents de l'ouad Kiss et de la Mlouya qui se dirigent vers le nord.

Les influences tectoniques sont également manifestes dans le tracé du réseau hydrographique des Beni Snassen. Sur le flanc méridional et dans la partie située à l'ouest d'Aïn Tafor'alt, autrement dit partout où la chaîne est parcourue par des plis longitudinaux qui compliquent sa structure, les vallées suivent de préférence les axes de ces plis. Ce sont, le plus souvent, des vallées anticlinales [qui se sont ainsi formées et, dans certains cas, lorsque les axes des plis offrent en ce point un maximun d'élévation, deux vallées de cette nature se creusent, s'acheminant par leur tête vers le sommet des plis. Tel est le cas des vallées de l'ouad Sefrou, des Beni Moussi Roua et de deux autres, très courtes. qui descendent d'un col près de Sidi el Hadj Bou Medine. Dans l'ouest, les plis anticlinaux à grandes amplitudes. qui s'inclinent régulièrement vers les gorges de la Mlouya. sont éventrés par de grandes vallées longitudinales. généralement sèches, jusque dans la zone d'abaissement maximun des plis. Ainsi s'est formée la vallée des Oulad Yakoub. le Chabet Telr'emt, etc.

Enfin l'influence des roches sur le modelé se fait nettement sentir par le contraste du relief, dans la bande en croissant suivant laquelle affleurent, au cœur du dôme des Beni Snassen. les schistes primaires. Ces schistes et les roches volcaniques qui les surmontent offrent, comme au djebel Bou Zabel, un réseau hydrographique plus détaillé. Ils sont de tous côtés entourés par des escarpement calcaires. comme au djebel Four'al, au contact desquels se montrent de beaux types de vallées dissymétriques.

Dans les calcaires, on peut distinguer deux types d'érosion assez distincts. Dans le Lias compact, les vallées sont peu nombreuses, offrant des parois abruptes, parfois hérissées de formes pittoresques. A ce type de vallées en gorges appartiennent l'ouad Berkan (ouad Zegzel. ouad Ouartass. ouad Ouaklan) et l'ouad Bou Hafyr dans les parties de leur cours où ils entament les pentes calcaires qui dominent la plaine des Trifa. Sur le flanc méridional de la chaîne, les vallées creusées suivant l'axe très fissuré des plis calcaires sont, le plus souvent, des vallées aveugles.

Dans l'ouest, les calcaires et les dolomies jurassiques, toujours entremêlés de lits marneux, se comportent différemment. Ils ont été creusés en vallées plus larges, plus étalées, souvent bordées d'un escarpement dû à la présence de bancs calcaires épais, au sommet de la série jurassique. Les vallées de Tekma et des Oulad bou Attia, de l'ouad Bou Abd Seïd, sont ouvertes en forme de cirques, de même que les escarpements dolomitiques et calcaires du djorf el Abid. L'affouillement facile des argiles et des grès séquaniens sous-jacents a donné lieu à la formation de falaises de près de 1.000 mètres de hauteur.

Enfin, il convient de noter que le massif des Beni Snassen est bordé par deux séries de crêtes et de mamelons, alignés parallèlement à l'axe de la chaîne, dans la plaine d'Angad et dans la plaine des Trifa. Ce sont des témoins éloignés de l'érosion des terrains jurassiques. Dans le premier cas, ils surgissent au milieu de l'Angad, au djebel Mer'ris, au djebel Hararza et dans la file de collines du Koudiat Si Soltane, du Termanis et du Naïma. Leurs arêtes sont formées, à mesure de l'éloignement du massif, par des niveaux de plus en plus élevés de la série jurassique. Dans la plaine des Trifa des témoins analogues forment également des lignes concentriques qui sont comme la trace des écailles périphériques d'un vaste bulbe, dont le massif formerait le cœur. Et ces témoins sont d'autant plus jeunes, dans la série géologique, qu'on s'éloigne de la crête principale. C'est ainsi que les mamelons situés au pied du massif sont bajociens et oxfordiens, que ceux de Tzaïet et de Bab Ar'bil sont séquaniens ; enfin que les Aklim sont du Jurassique supérieur

5° RÉGION TABULAIRE DES CONFINS ALGÉRO-MAROCAINS. — Du modelé et de l'hydrographie de la région tabulaire des confins algéro-marocains. nous ne connaissons guère que ce qui est relatif à la partie comprise entre les monts de Tlemcen et la gada de Debdou, ainsi qu'aux hautes plaines de la région de Berguent et du chott el R'arbi : par contre, le plateau du Rekkam nous est inconnu.

Les monts des Beni Bou Zeggou montrent. de même que les régions tabulaires en général, leurs couches secondaires assez disloquées. Du côté de la frontière algérienne surtout, le plateau jurassique est morcelé. en une série de compartiments étroits, par tout un faisceau de failles presque verticales et dont la direction générale est ENE-WSW. Ces fractures ont donné à la surface du plateau, d'abord uniforme et quasi-horizontale. une disposition en escalier dont les marches seraient légèrement soulevées vers le sud.

Cette structure est surtout saisissante dans la sucession des crètes des d'ebel Metsila. Hattaba. Mahsseur, Azzouz, Mendjel Lakehal. La même disposition se rencontre tout près de la frontière où l'on franchit, par le chemin de Sidi Aïssa à Oujda, les crêtes du chebket el Hamra, du djorf Ouazzan, du djebel Aourir ; tandis que le djebel el Hamra, qui forme au sud le cirque d'érosion d'Oujda, appartient à un anticlinal liasique.

Vers l'ouest, on peut distinguer deux massifs entre la plaine d'Angad et celle de Magoura : le massif des Zekkara au nord. celui des Beni Yalà au sud. séparés par la dépression du Metroh. Ici la tectonique dor. ie au relief sa caractéristique. Les calcaires liasiques ont formé un léger bombement anticlinal dont le flanc nord constitue les monts des Zekkara, le flanc sud les crêtes des Beni Yalâ, qui sont interrompues en falaises en regard de Berguent. La dépression de Metroh qui les sépare résulte d'un effondrement dans la clef de voûte de ce large anticlinal aplati. Sur ses deux flancs, la vallée montre des systèmes de failles longitudinales en escalier, de sorte que cette dépression tectonique peut être considérée comme un véritable fossé.

Plus à l'ouest encore, on ne sait que peu de choses sur la structure des monts des Beni Bou Zeggou, que je n'ai fait qu'approcher. Il m'a toutefois semblé que, du côté de Berguent, le djebel Mekkam devait former, comme la gada de Debdou, de vastes plateaux où le régime tabulaire est encore mieux marqué; tandis que du côté de Taourirt on voit le djebel Narguechoum s'incliner sensiblement vers l'ouest pour s'enfoncer sous les dépots néogènes de la plaine de Tafrata.

Si l'on considère l'ensemble de monts des Beni Bou Zeggou, depuis le Ras Asfour, à la frontière algérienne, jusqu'aux approches de la Mlouya, au bord de la plaine de Tafrata, on constate fréquemment, sur les bords de ce massif d'architecture tabulaire, des fractures longitudinales; de sorte que l'on peut considérer ces reliefs comme limités, au moins en partie, par des failles-bordières à la façon d'un horst.

Dans toute cette région, le réseau hydrographique semble avoir été guidé par les fractures, et il est fréquent de voir des vallées longitudinales dissymétriques produites par rajeunissement des failles. Il en résulte que le relief primitivement tabulaire est actuellement formé par une série de crêtes parallèles, en général couronnées par un petit plateau, peu incliné (djebel Metsila, djebel Hattaba djebel Mahsseur, etc.), offrant partout les caractères du modelé calcaire.

De grandes vallées transversales, comme celle de l'ouad Isly, recoupent les arêtes calcaires par des séries de gorges parfois resserrées, comme au Dra el Arichi, après avoir développé dans leur partie supérieure un réseau très ramifié dans les schistes et les roches volcaniques carbonifères. La vallée de l'ouad Isly forme ainsi un vaste cirque dominé par les hauteurs calcaires du Bou Keltoum, du Mendjel el Akehal, des djebel Azzour et Otsmann, et presque fermé à l'Aïn Hadjaja. Enfin le djorf Ouazzan, le djebel Aourir, etc., forment des *gour* ou des buttes-témoins ménagés, du côté de la frontière algérienne, par une érosion assez avancée dans le plateau jurassique primitivement continu et régulier.

Au sud de ces plateaux jurassiques s'étale la grande nappe néogène et quaternaire des hautes plaines de la région des chotts. Ici se rencontrent fréquemment ces formes de modelé caractérisées par la fréquence des *gour*. L'évolution du relief y est facile à comprendre.

Les gour de Berguent sont formés d'assises de sables argileux et de grès grossiers, plus souvent couronnés par un entablement de calcaires lacustres pliocènes, les dépôts arénacés sousjacents remontant au Miocène supérieur.

L'âge très récent des calcaires lacustres des gour indique que le creusement des ravins profonds qui les séparent (ouad el Ogla, ouad el Kherouf, ouad el Haï, etc.), datent du Quaternaire. L'émersion a été très active à cette époque, puisqu'à Berguent le thalweg se trouve à plus de 60 mètres au-dessous de la *gaḋa*, qu'à la gara Soltana, sur l'ouad el Haï, la dénivellation par rapport à la garet el Mezarid est de plus de 100 mètres.

La vallée de l'ouad el Haï est très étalée, tandis que les gour s'avancent en promontoire vers les thalweg. Le plus souvent les ravins ainsi formés constituent des vallées sèches, non seulement par suite d'un climat presque désertique, mais à cause de la grande perméabilité des dépôts arénacés du sous-sol. L'ouad el Haï, seul, fait exception à cette règle, par suite du colmatage de ces dépôts par des alluvions argileuses, et aussi parce qu'il est alimenté par les sources du Ras el Aïn dont le débit est considérable.

Ce cours d'eau se continue à travers les dépôts néogènes, puis il entaille le plateau calcaire dans des gorges profondes pour aller se jeter, sous le nom d'ouad Zâ, dans la Mlouya.

6° MESETA MAROCAINE. — L'évolution hydrographique de la Meseta marocaine est en rapport étroit avec sa structure ; elle est commune à celle de toutes les pénéplaines recouvertes par des sédiments non plissés. Si nous faisons abstraction des nappes d'alluvions quaternaires qui recouvrent la Meseta sur d'assez grandes étendues, — dans le Haouz de Marrakech et, au nord des Djebilet, chez les Rehamna, les Sr'arna et les Tadlâ, — nous savons que cette partie du Maroc, si remarquable au point vue de vue de sa structure, se comporte différemment au point de vue géologique. Certaines parties, notamment chez les Mdakra, les Zaër et les Zemmour, montrent la pénéplaine primaire à nu, vraisemblablement décapée depuis une époque très lointaine, de sa couverture secondaire ; ou bien, ce qui est moins vraisemblable, elle est demeurée émergée lors de la transgression crétacée. Plus au sud et au djebel Lakhdar, dans les Djebilet, les terrains primaires affleurent également par suite de circonstances qui demeurent encore inexpliquées en raison d'explorations insuffisantes.

Ailleurs la pénéplaine a conservé sa couvertuure crétacée comme au plateau de Settat et chez les Haha. Enfin une plaine côtière a laissé, dans toute la zone littorale, ses dépôts néogènes en continuité avec ceux du détroit Sud-Rifain. Nous devons donc nous attendre à voir dans ces diverses parties de la Meseta marocaine des modelés différents en rapport avec des réseaux hydrographiques tout à fait distincts.

La pénéplaine primaire montre, partout où elle émerge, un rajeunissement de la topographie ancienne. Des vallées on été creusées dans les roches paléozoïques schisteuses et gréseuses, en général très dures. Mais il n'échappe pas que le modelé qui en résulte est différent suivant les régions, parce que le stade d'évolution du relief est plus ou moins ancien.

Si l'on se porte vers l'amont, on voit les cours d'eau qui sillonnent ces affleurements primaires parcourir des vallées profondes, parfois en gorges, dont les pentes raides s'arrètent brusquement au bord d'un plateau uni, qui marque les restiges de la pénéplaine encore conservés. Ici le réseau hydrographique et le modelé sont dans leur stade de jeunesse. Des exemples de ce genre sont typiques, dans les hautes vallées de l'ouad

Grou chez les Zaër, ou vers la naissance de l'ouad Cherrat et de l'ouad el Melah, dans le pays des Chaouïa.

Mais si l'on se reporte vers l'aval on constate un modelé tout différent. Toute trace de la pénéplaine primaire a disparu, les vallées se sont élargies, étalées ; le réseau hydrographique s'est divisé à l'infini, les ouads se faufilent entre une série de mamelons arrondis, s'élevant uniformément à la même altitude, disposés pêle-mêle sur de vastes étendues. On se trouve là en présence d'un relief arrivé à la maturité. La région schisteuse des Mdakra, l'ellipse granitique des Zaër, offrent des exemples caractéristiques de ce genre de modelé.

Il faut donc admettre que l'évolution du relief de la pénéplaine, par rajeunisement de sa topographie durant l'ère tertiaire, remonte à une époque assez reculée, en ce qui concerne la région littorale et qu'il est très récent dans les régions les plus élevées du réseau hydrographique. Les cours d'eau qui sillonnent cette partie de la Meseta marocaine n'ont, par conséquent, pas encore atteint leur profil d'équilibre.

La petite chaîne des Djebilet semble avoir atteint son stade de maturité.

Les exemples que nous venons de citer méritent de devenir classiques, au même titre que les types de reliefs analogues de la région armoricaine et des Vosges, en France.

Les parties de la Meseta marocaine qui ont conservé leur couverture crétacée sont différentes. Le plateau de Settat et de la Gada est traversé sur ses bords par des vallées plus ou moins évasées qui mettent à nu la base des dépôts triasiques ou infraliasiques, correspondant à la transgression secondaire ; de même, les pentes de la falaise qui surplombe la plaine des tirs sont adoucies par l'érosion. Entre Dar Ould Chafaï et la Casba Bou Lâouan, l'Oum er Rbéa a mis à nu le soubassement primaire des terrains crétacés, coulant dans une vallée assez étalée ; puis, en aval de Mechrat ech Châïr, le fleuve a poursuivi son travail de creusement dans les roches dures sous-jacentes, produisant ainsi, en dépit de la structure de la pénéplaine primaire, une vallée surimposée. C'est ainsi qu'entre Mechrat ech Châïr et Bou Lâouan on voit l'Oum er Rbéa se développer, en méandres encaissés, au fond d'une vallée en gorge.

Ce cours d'eau a rencontré, dans l'établissement de son cours à travers les terrains paléozoïques, une inégale difficulté de creusement à cause de la dureté variable des roches qui entrent dans leur constitution. Les bancs de quartzites siluriens et de grès dévoniens, parfois très épais, qui ont été entamés transversalement, lui ont opposé une plus grande résistance que les schistes encaissants. Ces derniers ont été plus facilement affouillés vers l'aval ; de sorte qu'il s'est ainsi formé une série de barrages transversaux qui ont créé en amont, des biefs qui caractérisent le régime du fleuve. Il est évident que l'Oum er Rbéa n'a pas encore atteint dans cette partie de son cours, son profil d'équilibre.

La région crétacée des Haha se présente comme une plaine côtière arrivée à un stade encore jeune de son évolution morphogénique. D'une manière générale les couches crétacées sont, entre le cap Sim et le cap R'ir, inclinées vers la mer. Elles sont relevées jusqu'à 1.300 mètres au djebel Talizza, chez les Ida ou Nifi, tandis que les horizons les plus élevés du Crétacé supérieur ne sont guère au-dessus de 500 mètres, chez les Aït Zelten et les Ouadil. Autrement dit ces dépôts ont suivi, de même que les terrains jurassiques des plis du cap R'ir et Agadir n Ir'ir, le mouvement de surélévation du Massif central du Haut Atlas.

Les sédiments crétacés ont été probablement entaillés en falaise par l'effondrement du chenal qui sépare la côte marocaine du groupe insulaire des Canaries. Peut-être étaient-ils déjà entamés par l'érosion continentale ; mais il n'est pas douteux, que la position inclinée du plateau qui se terminait en abrupt au bord de la mer, ait d'abord subi une action très rapide du ruissellement qui n'a pas tardé à former une série de *cours d'eau conséquents*, ainsi que les a désignés l'éminent géographe américain Davis. La composition argileuse ou marneuse assez fréquente de ces terrains en a fait une proie très facile à l'érosion et, comme ces couches sont entremêlées de lits calcaires et gréseux dans le Crétacé inférieur, comme ils sont surmontés, à partir du Cénomanien, de calcaires plus compacts, il en est résulté que les affluents qui ont pris naissance à la limite de deux formations d'inégale résistance ont rapidement progressé, formant des vallées monoclinales (*vallées subséquentes* de Davis).

Ainsi s'explique la série de *côtes* que l'on observe en s'élevant progressivement du littoral atlantique vers le vaste plateau des Ida ou Bouzia, des Ida ou Nifi, des Aït Ouâzzoun et des Ida ou Zikki. Pour atteindre ce plateau en partant du bord de la mer, il faut gravir toute une série de plans régulièrement inclinés vers l'ouest et qui sont marqués par les différents niveaux de roches dures que l'on rencontre dans le Crétacé inférieur, depuis le Berriasien jusqu'au Cénomanien.

Lorsque les marches de cet escalier gigantesque sont suffisamment dénudées, il n'est pas rare d'y voir des lambeaux de la couche argileuse superposée, protégées par un entablement de roche dure, formé par quelque lit calcaire ou gréseux assez résistant.

Les *buttes-témoins*, ainsi isolées par l'affouillement et la dénudation des couches crétacées, sont tout à fait remarquables. Elle se montrent à différents horizons géologiques, dans le Barrémien, l'Aptien, l'Albien, etc. Celles des Ida ou Troumma, des Imgrad et des Ida ou Bouzia sont des plus frappantes. Il m'a semblé, à distance, que le djebel Talizza devait représenter, sous cette forme, le témoin isolé des terrains les plus élevés de la série crétacée.

On peut citer le djebel Timskatin, le djebel Aouljdad, le Tibour'rin, etc., parmi les buttes-témoins les plus caractéristiques.

Ces régions sud-marocaines offrent certainement les plus beaux exemples de vestiges d'une érosion incomplète qui soient dans la Nature.

Deux grandes vallées coupent tout cet ensemble : celle de l'Asif Aït Ameur (Asif Timazzit) et celle de l'Asif Igouzoulen (Asif Ridi). Les mêmes phénomènes se répètent au nord de ces régions, dans la partie occidentale de la plaine du Haouz. Les *gour* de Sidi Abd el Moumen, du djorf er Rokma, de l'Ang el Djemel, du R'aïat, du djebel Tilda, sont également formés par des buttes-témoins du Crétacé supérieur et même de l'Eocène inférieur.

Dans la zone littorale, là où les terrains crétacés ont été le plus affouillés, la base de ces dépôts apparaît avec les terrains jurassiques sous-jacents. Ceux-ci se montrent grâce au relèvement des plis anticlinaux que nous avons étudiés, car partout ailleurs le Crétacé affleure jusqu'au bord de la mer.

C'est ainsi que les plis tertiaires, mis à nu dans leurs parties profondes, se montrent plus accentués non seulement au cap R'ir, mais en dehors du Haut Atlas, au cap Tafetneh et au djebel Amsiten. Les anticlinaux à flancs jurassiques ont plus facilement résisté à l'érosion, à cause de la consistance plus grande de leurs bancs calcaires ; aussi se montrent-ils généralement dénudés et débarrassés, sur leurs flancs, des dépôts tendres du Crétacé. On doit à ces circonstances l'encadrement constant de ces plis à flancs jurassiques par des vallées assez profondes. L'anticlinal du cap R'ir est ainsi bordé par l'Asif ou Addar et l'Asif Tinkert, celui du cap Tafetneh et du djebel Amsiten par l'Asif Igouzoulen et par la vallée supérieure de l'ouad Smimou.

Le brachyanticlinal à couverture jurassique du djebel Hadid et du djebel Kourat se présente dans des conditons analogues, bordé à l'est par les terrains crétacés, à l'ouest par les dépôts meubles néogènes, isolé également par des vallées bordières comme celle de l'Oum el Aïoun.

La zone littorale néogène de la Meseta marocaine correspond à une plaine côtière qui s'est différemment comportée sous l'action des agents d'érosion, suivant qu'on examine la région située au nord ou au sud de l'Oum er Rbëa. Les terrains néogènes s'arrêtent brusquement à une distance de la côte allant de 40 à 80 kilomètres, au bord du plateau crétacé. Ce fait s'explique clairement par l'origine des grès et calcaires tertiaires que nous avons exposée, puisqu'ils se sont déposés sur une terrasse d'abrasion qui avait mis à nu le socle paléozoïque du grand horst marocain, par érosion marine de sa couverture secondaire. Le mouvement d'exhaussement qui a émergé la zone littorale s'est compliqué du mouvement de bascule de la Meseta marocaine, envisagé plus haut. Il s'ensuit que les terrains miocènes et pliocènes ont été plus élevés dans les Chaouïa que dans les Doukkala et les Abda. Cette dernière région, située sur la rive gauche de l'Oum er Rbëa, a ainsi conservé une grande partie de l'épaisseur de ses dépôts néogènes dont le substratum n'affleure jamais.

Au contraire, dans les Chaouïa. les différents cours d'eau qui descendent du plateau crétacé de Settat ou de la pénéplaine des Zaër et des Mdakra, ont affouillé les terrains néogènes, creusant des vallées épigéniques remarquables. Telles sont les vallées inférieures de l'Oum er Rbëa, de l'ouad Melah, de l'ouad Nfifikh. de l'ouad Cherrat, etc. Ailleurs, le ruissellement a complètement déblayé la pénéplaine primaire de sa couverture meuble, miocène ou pliocène, et c'est ainsi que les sokhrat des Oulad Saïd émergent des dépôts sableux pliocènes, traçant si nettement la direction des plis carbonifères du horst marocain.

Le déblaiement de la zone littorale néogène a

été tel, qu'aux environs de Casablanca les terrains paléozoïques affleurent en maints endroits. Sur la côte l'action érosive de la mer a entamé une nouvelle terrasse d'abrasion, qui laisse percer les bancs quartziteux ou schisteux du Silurien ou du Dévonien, recommençant ainsi le cycle des phénomènes géologiques de la période néogène.

Au contraire chez les Doukkala et les Abda, les dépôts miocènes et pliocènes sont à peu près nivelés et s'arrêtent généralement en falaise au bord de la mer.

7° RÉGION DU DÉTROIT SUD-RIFAIN. — Les réseaux hydrographiques de l'ouad Sebou, de la moyenne et de la basse Mlouya, se développent, sur la plus grande partie de leur parcours, dans les dépôts du détroit Sud-Rifain. Il semble que l'émersion du fond du détroit se soit effectuée d'abord dans sa partie la plus resserrée, entre Taza et Miknassa, dans la zone d'ennoyage des plis du Moyen Atlas, qu'elle ait gagné progressivement ainsi à l'est et à l'ouest. Cela tient à ce fait que les dépôts les plus élevés de la série miocène ont été portés à des altitudes sensiblement différentes.

Les cours d'eau qui sillonnaient déjà le flanc méridional du Rif et le versant septentrional du Moyen Atlas, avant cette époque, ont attaqué progressivement les dépôts néogènes au fur et à mesure de leur exondation. Ainsi l'ouad Azrou et l'ouad Fekhal, descendus du Rif, ont pénétré dans les terrains miocènes émergés pour se diriger, par un brusque coude, le premier vers la Mlouya (ouad Msoun), le second vers l'Atlantique (ouad Innaouen). Il semblerait, d'après le cours approximatif de ces ouads dans des régions encore peu explorées, que la partie la plus surélevée du détroit Sud-Rifain se trouverait entre la casba de Msoun et Miknassa Foukania.

L'étude de la haute vallée de l'ouad Innaouen offrira le plus grand intérêt parce que, d'après un itinéraire de R. de Segonzac, cette rivière prend sa source à l'Aïn Dro. chez les Branès, à quinze kilomètres à peine du tracé de l'ouad Msoun. On peut se demander si ce dernier cours d'eau ne sera pas, tôt ou tard, décapité par le premier de façon à capturer, au profit du bassin de l'ouad Sebou, tout le cours de l'ouad Azrou : soit une quarantaine de kilomètres d'un affluent important de la Mlouya.

L'ouad Innaouen s'est heurté, dans sa marche vers l'aval, au massif paléozoïque et jurassique du Moyen Atlas, creusant à son contact la gorge qui longe les R'iata, au pied de la ville de Taza ; puis il s'est développé en méandres divagants dans les terrains néogènes presque horizontaux, drainant sur son passage les petits cours d'eau descendus des deux versants jusqu'au moment où, au nord de Fez, s'est produite sa convergence avec deux artères importantes : celle descendue des hauteurs du Moyen Atlas par l'aïn Sebou et l'ouad Leben qui a pris naissance sur les flancs du djebel Branès.

A partir de ce moment le cours de l'ouad Sebou était constitué. Ce fleuve va demeurer constamment dans les terrains néogènes jusqu'à son embouchure, à Mehdiya. Il va se déployer partout en méandres divagants. surtout dans la plaine des Beni Ahsan complètement nivelée par les apports alluvionnaires, essentiellement argileux, du fleuve.

Il est impossible, en l'état actuel de nos connaissances sur le bassin, d'expliquer le grand coude de l'ouad Sebou, entre Hadjar el Ouakef et la mer; mais en amont il est manifeste que les îlots jurassiques, qui pointent à travers les dépôts néogènes, ont influencé son cours. Ces terrains secondaires étaient en partie immergés, formant des hauts-fonds dans l'ancien détroit; mais certains d'entre eux, comme le djebel Zerhoun, formaient îles dans la mer néogène. Ils ont été après l'exondation, rapidement déblayés des dépôts meubles qui les entouraient ou les recouvraient, formant aujourd'hui, dans le Zerhoum et le Tselfat, des massifs imposants au-dessus de la plaine tertiaire. L'ouad Sebou a complètement contourné au nord ces îlots, alors que, s'il n'avait rencontré aucun obstacle, il aurait suivi la ligne de plus grande pente des dépôts du détroit, c'est-à-dire à peu près un parallèle terrestre.

De rares affluents de la rive gauche, comme l'ouad Mekkès, recoupent les affleurements jurassiques ou triasiques dans des gorges étroites; mais il convient de remarquer qu'ils coulent dans des *vallées surimposées*. Leur cours était déjà établi dans les terrains miocènes avant la dénudation de ces pointements de roches dures. De même, l'ouad Behts suit une vallée en gorge entaillée dans les terrains jurassiques, au nord de Souk el Arbâ ez Zemmouri; c'est là, également, une vallée épigénique.

Le déblaiement des marno-calcaires blancs du Miocène supérieur a été effectué sur une grande surface. Il n'est resté de ces dépôts sahéliens, que le couronnement des mamelons ou de plateaux peu étendus. On retrouve également ces terrains dans la cuvette synclinale formée entre les dômes jurassiques du Zerhoun, du Tselfat, du Zalar', parce qu'ils ont été protégés contre l'érosion par ces massifs résistants. Ailleurs, les terrains miocènes sont le plus souvent démantelés jusqu'au niveau des poudingues et des grès tortoniens. Ces roches dures forment un entablement rocheux qui a protégé les argiles helvétiennes sous-jacentes. De sorte que les ouads courent généralement, dans le R'arb, au fond de vallées argileuses, étalées, limitées par des plateaux couronnés par les poudingues et les grès du deuxième étage méditerranéen. Vers l'aval, à partir de Hadjar el Ouakef, le déblaiement des terrains tertiaires a généralement mis à nu les argiles helvétiennes et, dans la zone littorale, affouillé les grès sableux pliocènes.

Du côté méditerranéen du détroit Sud-Rifain, dans la Moyenne Mlouya, l'évolution du relief et du réseau hydrographique présente les plus grandes analogies avec ce que nous venons de voir.

La vallée du fleuve sur la rive droite offre, par son relief, un intérêt tout particulier. Il est facile de se rendre compte, entre Mestigmer et le gué de Merada, comment les dépôts miocènes ont été en partie déblayés.

Sur une hauteur de plus de 100 mètres les sables grossiers du Sahélien ont été enlevés et les sédiments argilo-gréseux du Miocène moyen sous-jacents ont été fortement ravinés. Les ilots jurassiques qui pointent sur les deux rives du fleuve ont été aussi en partie déchaussés, offrant actuellement, dans les djebels Khorfan et Bou Mâzouz, plus de douze kilomètres de diamètre à leur base, alors qu'ils devaient émerger à peine ou même être complètement recouverts par les dépôts néogènes, au moment de l'émersion du détroit.

La disposition à peu près horizontale des couches miocènes a, en outre, permis la formation de plateformes structurales, qui donnent au relief de cette partie du Maroc sa caractéristique. La plaine des Sedjâ jusqu'à Mestigmer, constitue par rapport à la dépression de la moyenne Mlouya, comme un plateau d'une régularité parfaite, interrompu seulement, entre Aïoun Sidi Mellouk et Mestigmer, par les pitons jurassiques de Koudiat Shâ, du Rich el Hamman et du djebel el Tarf, situés dans une partie du couloir synclinal des Angad. Le plateau tertiaire en question finit vers Mestigmer et, à partir de là, commence la vallée.

Le bord dentelé du plateau est limité par une *côte*, entaillée dans la plus grande partie des sédiments du Miocène supérieur ; mais souvent la base conglomérée de ces dépôts a résisté à l'érosion, formant des plateformes plus ou moins étendues, à sol caillouteux, limitées par des abrupts creusés dans ce poudingue et dans les grès et argiles du Miocène moyen sous-jacent. Il est résulté ainsi la formation de *gour* qui donnent au modelé des caractères bien nets [1].

---

1. Il est vraisemblable que le nom de « province de Garet » sous lequel cette région était désignée par les anciens historiens tenait à la fréquence, dans le pays, des types de *gara* (qui se prononce garet devant un mot commençant par une voyelle) dont je viens d'indiquer la présence (Voir à ce sujet : *L'Afrique de Mar-*

Parfois ces gour sont très réduits et forment des buttes-témoins toujours couronnées par le poudingue de base sahélien. Les argiles sous-jacentes sont profondément creusées par des ravins dont les parois à pic sont soutenues par les lits gréseux qui s'y montrent intercalés.

Les berges de la Mlouya offrent fréquemment aussi cette particularité. Le lit du fleuve se développe en méandres divagants, souvent dominés par des gour aux flancs argileux.

Le relief de la Moyenne Mlouya est le même sur la rive gauche du fleuve. Le Miocène s'étale en plateaux réguliers et surbaissés jusqu'au delà du seuil de Taza. On le voit se relever sensiblement sur les flancs du Rif, au nord, sur les pentes escarpées du Moyen Atlas, au sud, en une série de gradins monoclinaux.

A partir du gué de Mechra Khla jusqu'à celui de Mechra Kebbada, la Mlouya coule dans des gorges profondes, creusées dans des marno-calcaires et des calcaires dolomitiques du Jurassique supérieur.

Nous avons déjà vu quelles influences tectoniques avait guidé le fleuve dans cette partie de son cours, par suite d'un abaissement d'axe des plis de la chaîne des Beni Snassen qui se relèvent de l'autre côté, chez les Beni Bou Yahi. Mais je ne doute pas que, du côté amont, il y ait eu ennoyage de cette zone déprimée dans la mer sahélienne et je suis porté à croire qu'il a pu également en être ainsi du côté aval. De sorte que toute la dépression synclinale des plis tertiaires aurait été

mol. *de la traduction de Nicolas Perrot, sieur d'Ablancourt, t. II, p. 283-284 et* Description de l'Afrique, tierce partie du Monde, escrite par Jean l'Africain. *Edition Scheffer, t. II, p. 308).*

sous les eaux de la mer miocéne. Comme il en a été ainsi, également, à l'autre extrémité de la chaîne des Beni Snassen, au col du Guerbous, le massif aurait formé île dans la Méditerranée néogène.

Le cours du fleuve, au fur et à mesure de l'exhaussement du fond du détroit Sud-Rifain, aurait donc été tracé d'abord dans les dépôts miocènes, ce qui revient à dire que les gorges de la Mlouya représentent un type de vallée surimposée.

La basse Mlouya développe ses méandres dans les terrains néogènes, ses berges sont souvent couronnées par un banc épais de poudingue sahélien ; elles montrent ainsi quelquefois, surtout entre la sortie des gorges et Mechra Debdeba, les grès tortoniens sous-jacents. On voit de plus, dans cette partie de son cours, des lits de calcaires lacustres pliocènes qui s'étendent dans la plaine de Chih, sur la rive droite, et la plaine de Sebra sur la rive gauche. Comme la Mlouya est encore resserrée près de Mechra Debdeba, entre des îlots jurassiques tels que ceux de l'Aklim Sr'ir, il semble que le fleuve, déjà en possession de son cours, ait étendu ses eaux entre Mechra Lafsafa et Mechra el Batha, sur une grande partie des plaines qui bordent ses deux rives, formant ainsi un lac dont l'existence est trahie par les dépôts calcaires. On aurait donc, de ce côté, une ancienne plaine d'inondation d'origine lacustre.

Avant de déboucher à la mer le fleuve doit rompre la barrière du Korn ech Chems qui sépare la plaine des Trifa de la mer.

Ce sahel (colline côtière) est formé des sédiments du Miocène supérieur presque complètement respectés du côté de l'ouad Kiss, tandis qu'ils ont été en grande partie déblayés dans les Trifa.

Enfin la Mlouya traverse la plaine des Oulad Mansour, formée d'alluvions et de sables dont la formation très récente ne remonte guère au delà du Quaternaire supérieur. Entre les avancements rocheux de Port-Say et du cap de l'Eau, en effet, s'étend une rade peu profonde qui est constamment envahie par les apports limoneux du fleuve : de sorte que l'on peut considérer la plaine des Oulad Mansour comme un véritable delta. De fait, il est facile de constater qu'à une époque très récente la mer battait le pied des collines du Korn ech Chems. Le rivage s'est peu à peu retiré, marquant son retrait progressif par des crêtes de dunes littorales, aujourd'hui fixées et séparées de la côte par des apports alluvionnaires. C'est ainsi qu'il faut expliquer également la fertilité de cette plaine côtière et aussi la fréquence des marécages qui ont rendu si insalubre le littoral de la zone frontière. On peut même être surpris de voir comment le retrait de la mer ne s'opère pas plus vite à cause des apports limoneux considérables du fleuve. Mais l'existence des courants qui balaient le fond de la mer, entre les îles Chaffarines et le cap de l'Eau et au large de Port-Say, suffit à l'expliquer.

A l'est de la plaine des Trifa, la vallée de l'ouad Kiss offre des particularités intéressantes.

Cette rivière prend naissance au pied du col du Guerbous au fond de petites gorges creusées dans d'épaisses coulées de laves andésitiques ; puis elle contourne, par son bord occidental, le volcan des Msirda, avant de déboucher à la mer auprès de la casba Saïdia. La rivière coule, à partir du marché d'Adjeroud, dans une gorge profonde entaillée dans des calcaires liasiques compacts. L'ouad Kiss aurait pu, par un détour de quatre à cinq cents mètres à l'ouest, éviter cette roche dure qui faisait obstacle au creusement de son lit, puisqu'à El Kalaa on se trouve sur les dépôts meubles argilo-sableux du Miocène supérieur. Mais les gorges du Kiss offrent un bel exemple de vallée surimposée. L'îlot jurassique, d'abord complètement recouvert par les sédiments néogènes, a été entamé après le déblaiement de ces terrains meubles tandis que les mêmes dépôts étaient en partie enlevés, entre Korn ech Chems et le massif des Beni Snassen, pour donner lieu à la formation de la plaine des Trifa.

8° RIF. — Au point de vue géomorphogénique le Rif demeure plus obscur encore qu'au point de vue géologique. Nous devons nous borner à ce sujet à quelques généralités.

Un profil transversal du Rif, c'est-à-dire normal à la côte, passant par un sommet quelconque, montrera le caractère constant d'une inégale inclinaison des deux flancs de la chaîne. Le versant méditerranéen est généralement abrupt ; celui qui est tourné vers le détroit Sud-Rifain s'étale en pente douce.

Cette dissymétrie résulte de l'effondrement du massif ancien de la Méditerranée occidentale, entre la côte espagnole et celle du Maroc, entrevues avec une sagacité surprenante par Eduard Suess. Le relief du versant intérieur du Rif peut donc être considéré comme résultant de l'évolution d'un escarpement de faille. De fait il m'est apparu comme tel d'un haut sommet, le djebel

Bou Zeïtoun, situé au sud de Tétouan près du Mont Anna (djebel Kelti) des cartes marines. De ce point, le flanc méditerranéen de la chaîne montre de nombreuses vallées profondes, aboutissant à la mer normalement à la côte et séparées entre elles par des crêtes aiguës.

L'allure des plis tertiaires est effacée par ces nombreux ravinements, les crêtes seules conservant l'empreinte des mouvements alpins, par le couronnement continu des calcaires jurassiques que l'on peut suivre au loin, à la jumelle.

Au contraire, le versant extérieur du Rif apparaît étalé, avec les ondulations des plissements néogènes encore très marquées dans les terrains éocènes. Nous avons vu que j'ai pu suivre ces plis dans toute la partie orientale de la chaîne entre le Cabo Negro ou le port de Ceuta et le cap Spartel.

La région des Djebala apparaît, du sommet du djebel Zalar' qui domine la ville de Fez, comme parcourue par une série de crêtes concentriques, parallèles à l'arête axiale; elles marquent encore la disposition tournante du Rif. Les vallées qui descendent de ce côté et font partie du réseau hydrographique de l'ouad Sebou sont moins profondes que celles du versant méditerranéen. Elles ne sont plus séparées par des arêtes aiguës, mais par des croupes arrondies ou étalées, laissant entrevoir la continuité des plis tertiaires. On voit que les affluents de l'ouad Sebou, sont beaucoup plus près de leur profil d'équilibre que les cours d'eau côtiers qui sillonnent le versant méditerranéen du Rif. Un fait capital distingue les deux réseaux hydrographiques des deux versants. Tous deux prennent naissance à la ligne de faîte; mais tandis que le niveau de base des cours d'eau se trouve constamment à la cote zéro sur le flanc nord, il est à des altitudes variables, souvent supérieures à 200 mètres, dans les dépôts du détroit Sud-Rifain. Si l'on remarque, en outre, que les ouads du premier système ont un parcours en général beaucoup moins étendu que celui des rivières des Djebala, on se rend compte que les vallées côtières sont beaucoup plus actives que celles du bassin hydrographique de l'ouad Sebou et de l'ouad Loukkos. Cette différence est encore accentuée du fait que les précipitations atmosphériques sont en général sensiblement plus importantes, sur le versant méditerranéen.

Il faut donc nous attendre à voir les lits des vallées du revers extérieur du Rif capturées par celles du versant opposé et nous pourrons, au sujet de l'évolution du relief et du réseau hydrographique, faire la même remarque que pour le Haut Atlas : il y a migration vers l'extérieur du Rif de la ligne de partage des eaux.

Cette loi de l'érosion de la chaîne septentrionale du Maroc est essentiellement théorique, parce que les réseaux hydrographiques qui sillonnent ses deux flancs sont à peu près inconnus. On peut se rendre compte que la haute vallée de l'ouad Isoumaten (ouad el Lahou), traversé par de Foucauld dans son voyage à Ech Chaouen, devait appartenir au réseau supérieur de l'ouad Loukkos qui a été décapité sur le revers extérieur de la chaîne. Je pense que, dès que la civilisation de ces contrées sauvages aura permis des levés réguliers, comme ceux qui ont été si rapidement faits après la pacification opérée par le général Lyautey, dans le massif des Beni Snassen, il sera fréquent de voir dans le Rif de même que dans le massif des confins algéro-marocains, les vallées qui aboutissent à la côte recouper la ligne de crête pour prendre naissance sur le flanc qui regarde la dépression ancienne du détroit Sud-Rifain.

VI

LE CLIMAT

Si nous définissons avec Hann le climat « l'ensemble des phénomènes météorologiques qui caractérisent l'état moyen de l'atmosphère en un point de la surface terrestre » nous pouvons dire que le Maroc offre, par son climat, autant de diversité que par la nature du sous-sol. Le voyageur qui parcourerait rapidement le pays de la région d'Oudja à la zone atlantique, de Tanger aux plaines du Sous et du Draa, après avoir recoupé l'Atlas, serait frappé des différences climatiques qu'il aurait constatées.

On ne peut cependant en être surpris, si l'on songe au grand développement des côtes marines et à la présence des chaînes saillantes qui donnent à l'orographie du pays des caractères si singuliers.

Le climat du Maroc est, dans le Nord, influencé par la Méditerranée ; il est soumis dans la presqu'île qui, avec le Sud de l'Espagne, forme le détroit de Gibraltar, aux échanges atmosphériques importants qui s'effectuent entre cette mer intérieure et l'Océan.

Dans l'Ouest, l'immense étendue des rivages compris entre le cap Spartel et le cap Noun soumet, au moins jusqu'à une certaine profondeur,

le Maghreb à l'influence de l'Océan Atlantique.
Enfin dans le Sud et le Sud-Est, le climat extrême
du grand désert a également sa répercussion sur
l'atmosphere de certaines régions marocaines.

La disposition des grandes chaînes va également
ment contribuer à subdiviser le pays en une série de compartiments ayant, au point de vue qui
nous occupe, des caractères différents. Le Haut
Atlas va jouer le rôle de barrière climatique au
même titre que les Alpes en Europe, l'Himalaya
en Asie, la Sierra Nevada en Amérique, les Alpes
australiennes en Océanie ; mais l'influence du climat saharien pourra se faire sentir au sud-est,
dans l'ouverture formée par le Haut Atlas et le
Moyen Atlas. Dans l'ouest la région plate de la
Meseta marocaine va être soumise aux influences
atlantiques, tandis que la dépression du détroit
Sud-Rifain, sera caractérisée entre les deux
chaînes saillantes, par des échanges atmosphériques comparables, à certaines conditions près, à
ceux qui s'effectuent à travers le détroit de Gibraltar. Enfin les climats de montagne auront dans ce
pays plus d'importance que partout ailleurs dans
l'Afrique du Nord avec des chaînes qui, dans le
Haut Atlas et le Moyen Atlas, atteignent ou
dépassent les hautes altitudes de 4.000 mètres.

Malheureusement, les observations météorologiques ont été jusqu'ici fort négligées. On peut
dire que, jusqu'à ces dernières années, il n'y
avait pas une seule station complète, ce qui tient
à ce que le Maroc n'avait pas encore été occupé.
Et pourtant les bonnes volontés n'ont pas manqué.
Des efforts très louables ont été tentés sur la côte
par des Européens, notamment par des agents
consulaires ; mais leur séjour temporaire, en

raison même de leurs fonctions, ne leur a pas permis le plus souvent de poursuivre leurs utiles observations.

Le consul de France Beaumier a, de 1866 à 1874, étudié avec passion le climat de Mogador. Plus récemment M. Robert Boulle, agent français d'une compagnie maritime, puis l'agent consulaire d'Allemagne von Mauer, ont également fait d'utiles observations. Le consul français Gilbert (1867-68) et le consul de Suède Fernau (depuis 1896), ont fait d'intéressantes mesures à Casablanca. Le Dr Linarès, médecin du Sultan (1881-82) et le consul anglais John Frost (1874-97), se sont attachés à l'étude du climat de Rabat ; mais c'est à Tanger que les observations météorologiques les plus assidues ont été faites depuis longtemps. On peut citer celles du ministre plénipotentiaire allemand Weber (1879-1889), du consul d'Angleterre, H. White (1897-1898), de M. Goffard, etc... Au cap Spartel la station météorologique du sémaphore qui fonctionne depuis 1894 a été, avant l'occupation, la meilleure station météorologique du Maroc.

Mais si des observations plus ou moins suivies ont été faites sur la côte, nous manquons de données précises sur la climatologie de l'intérieur du pays, dont on ne peut guère se faire une idée que par les observations faites en passant par les voyageurs. Cependant à Marrakech, des mesures ont été faites temporairement à plusieurs reprises, en 1886 et 1887, en 1892 par la mission militaire française, notamment par le commandant Burkardt.

Depuis quelques années les stations se multiplient. J'ai installé une station de premier ordre à Mazagran en 1907 que le D' Guichard, médecin du dispensaire français, a tenue avec une conscience digne des plus grands éloges. Cette station a été transportée depuis deux ans à Sidi Ali, près d'Azemmour. Le D' Guichard a bien voulu me demander d'en installer une nouvelle, qui marche régulièrement depuis deux ans, à Marrakech. Depuis 1909, des stations fonctionnent en quelques points des Chaouïa, notamment à Casablanca et à Settat ; d'autres se trouvent à Oudja et à Beni Ounif, dans les confins-algéro marocains. Ces observatoires météorologiques vont certainement se multiplier et le Maroc va entrer, au point de vue de l'étude de son climat, dans une phase scientifique active.

Malgré les données météorologiques encore très précaires recueillies en ces quelques points du Maroc, il est possible d'en tirer quelques déductions générales sur la climatologie de ce pays. Déjà en 1900, le géographe allemand Theobald Fischer, bien connu par ses recherches sur le bassin de la Méditerranée, notamment sur l'Espagne et le Nord-Africain, a publié sous le titre « Zur Klimatologie von Marroko »[1] une étude remarquable dont la plupart des conclusions ont été confirmées par les observations nouvelles.

Nous nous tiendrons, dans les lignes qui vont suivre, aux données générales en évitant le plus possible de faire intervenir les chiffres dont la discussion serait d'ailleurs souvent illusoire et nous ferait sortir du cadre restreint de ce livre.

---

1. Zeitschr. der Gesellschaft für Erdkunde zu Berlin. Band XXXV, 1900, n° 6. 365-417, Taf. 10.

1° LA TEMPÉRATURE. — La température moyenne de l'année est assez basse sur toute la côte atlantique ; de plus la variation journalière et annuelle est faible. Ce trait caractéristique du climat du Maroc occidental perd un peu de son importance seulement dans le Nord, d'après les observations du cap Spartel.

En utilisant toutes les observations thermiques faites à Mogador depuis Beaumier, on arrive à la température moyenne d'environ 19° ; celle de janvier serait de 16°2 et celle d'août 21°7, d'après Th. Fischer. Cette température varie généralement peu, les sautes de températures sont assez rares. Une moyenne de six années a donné 21°8 pour les maxima, 13°6 pour les minima. C'est en été que les différences sont les plus faibles, 6° seulement en juillet.

Des variations brusques peuvent se produire en été, par vent d'est, c'est à-dire par sirocco. Beaumier a observé en 1879 un maximum de 31° ; au contraire le même vent, en hiver, peut abaisser notablement la température (7°7 en janvier 1894) ; de sorte que le vent venant de l'intérieur peut augmenter la température en été et l'abaisser en hiver. Mais ces variations sont rares et de faible durée, le sirocco ne s'observe guère que deux ou trois fois par an à Mogador et ne dure jamais plus d'une demi-journée. Cette grande uniformité thermique est spéciale à Mogador. A Agadir, Jackson a observé jusqu'à 28 jours d'un sirocco continu et Safi, la ville de la côte la plus proche de Mogador au nord, a un été très chaud. A Casablanca la différence annuelle est plus grande qu'à Mogador ; de même à Rabat où, d'après les observations du Dr Linarès et de Frost, elle est de 12°6 en janvier, de 23°9 en août.

Au cap Spartel la moyenne annuelle de six années a été évaluée à 17°7 (12°4 pour janvier, 23°3 pour août) ; à Tanger les moyennes correspondantes ont été de 13°9 et 24°2. D'après les observations du consul White, le thermomètre accuse la même température à Tanger qu'au cap Spartel durant la période fraîche (novembre à mars) ; mais les mois d'été sont plus chauds à Tanger.

On constate des températures au-dessous de zéro dans le Nord du Maroc, même sur la côte ; mais elles n'ont jamais été signalées au sud de Rabat.

A l'intérieur du pays les conditions thermiques sont tout autres. Les variations journalières sont grandes et les différences sont encore plus grandes entre les températures d'hiver et celles d'été. En s'éloignant de la mer la chaleur augmente rapidement en été, elle diminue considérablement en hiver surtout la nuit. Les observations faites à Marrakech sont démonstratives à cet égard ; mais l'hiver y est néanmoins peu rigoureux, malgré l'altitude déjà sensible (450 m.) de la ville. Les températures au-dessous de zéro, que l'on constate tous les hivers ne sont que momentanées, elles s'observent surtout en janvier et février.

La température absolue à l'ombre peut dépasser 40° en été, elle peut même se rapprocher de 50°. Ces températures élevées s'observent en août-septembre, mais des sautes thermiques peuvent se produire plus tôt. Th. Fischer a constaté 47° par 712 mètres d'altitude à l'est de Marrakech, sur l'ouad Teçaout et Tahtia, le 27 avril. Si donc les étés sont presque frais sur la côte, ils doivent être, à l'intérieur, considérés comme très chauds.

Il en est de même au sud de l'Atlas. La température d'été est très supportable au bord de la mer, comme à Agadir, tandis qu'elle devient très élevée quand on s'éloigne des côtes.

C'est ainsi qu'à El Boura, près de Taroudant, j'ai observé au thermomètre fronde 26° à 10 heures, et au-dessus de 30° à midi; or nous étions le 30 décembre ! On peut juger d'après ces chiffres de la température qu'on doit avoir dans la plaine du Sous en été. A Tikirt, j'ai noté 25° au thermomètre fronde à 7 heures du matin le 16 mars de la même année.

Les températures, en général élevées de ces régions sont en outre très influencées par les vents ; par temps de sirocco elles deviennent parfois insupportables. Mais on se trouve au sud de l'Atlas, à partir d'une certaine distance de la côte, dans des régions désertiques qui partagent le climat très dur du Sahara.

Les mêmes différences se constatent dans les régions plus septentrionales en s'enfonçant dans l'intérieur. Entre casba ben Ahmed et Boujâd, j'ai observé par le même temps, à la même heure (midi), successivement du 20 au 23 novembre 1908, 17°5, 18°5, 21°5, 25° et, au retour, de 23° à Boujâd je constatais 19° à Ben Ahmed.

De même entre Rabat et Fez, au mois de mai, Theobald Fischer a noté une température croissante régulière (midi à 2 h.) de 1° par journée de marche. Entre Fez et Tanger, une température régulièrement décroissante de 34°5 à 21°8. On peut dire que, de la côte atlantique à l'intérieur du Maroc, on observe des variations analogues à celles observées sur les côtes du Sénégal et de l'hinterland de l'Afrique occidentale. La température relativement basse et très uniforme sur la côte offre des écarts considérables dès qu'on s'en éloigne à une certaine distance.

Ces températures peuvent subir, à l'intérieur du Maroc, des hausses considérables en été sous l'influence du sirocco. Fez a un climat très chaud en été, sans doute en partie à cause de son exposition, en amphithéâtre sur le bord escarpé de la plaine du Saïs échancrée par la vallée du Sebou : mais aussi à cause de l'influence des vents surchauffés.

Pour citer un exemple, je rappellerai que la colonne du général Moinier a eu à subir, à la fin de juin 1911, sur le chemin du retour, entre Fez et Rabat, des températures excessives. Dans la plaine de Saïs j'ai observé au thermomètre fronde, jusqu'à 43° à l'ombre par un temps de sirocco. Les mêmes excès thermiques se produisent dans l'est, dans la vallée de la moyenne Mlouya et de la plaine d'Angad. Au mois de mai, au camp de Merada, les troupes du général Toutée ont dû supporter par un vent chargé de poussière, des températures atteignant souvent et même dépassant 40° au mois de mai.

Enfin la région montagneuse est très peu connue au point de vue des températures, parce que là des observations suivies n'ont jamais été faites. L'Atlas n'a été que traversé, le plus souvent très rapidement, par des explorateurs. Il en résulte que des erreurs ont été commises même par les plus célèbres d'entre eux, comme de Foucauld et J. Thomson, qui admettaient la présence de neiges éternelles dans le Haut Atlas. Ce qui est certain, c'est que la température est au-dessous de zéro une partie de l'année dans certaines régions élevées. Le 22 mars 1905, j'ai constaté à Tisseldeï, sur le flanc sud du Haut Atlas et par 2.197 mètres d'altitude, 4° à 6 heures du matin. Au col de Tizi n Tar'rat (3.668 mètres), il y avait encore 1° à 11 heures du matin. Sur le flanc septentrional de la chaîne, le jour suivant, le thermomètre fronde marquait 2° à 6 h. 1/2 du matin, par 1.915 mètres d'altitude.

D'ailleurs, la fréquence des roches éclatées par la gelée sur la ligne de crêtes de la haute chaîne témoigne de températures basses, ce qui confirme la persistance des neiges, durant une bonne partie de l'année dans ces hautes régions. Pour cette dernière raison et aussi à cause de l'abrupt des flancs de la montagne, l'habitabilité du Haut Atlas est faible dans les régions élevées. Il en est de même du Moyen Atlas.

Nous venons de montrer, par des chiffres indiscutables, que la côte atlantique, depuis le cap Spartel ou même depuis Tanger, jusqu'au delà du cap Noun, avait un climat frais et parfois remarquablement uniforme au point de vue thermique. On n'a pas pu justifier cette particularité tout à fait singulière de la côte marocaine par les mouvements atmosphériques, et c'est dans la température de l'ouest, au voisinage immédiat du rivage, qu'on a pu trouver l'explication de ce phénomène intéressant.

C'est à Theobald Fischer qu'est dû le mérite d'avoir jeté un jour lumineux sur les causes des conditions climatiques du littoral de l'Ouest-Marocain. Dès l'année 1877, il avait observé que sur les côtes du Portugal, de l'Espagne et du Maroc, l'air est remarquablement frais et que cet abaissement de température, produit sur une bande de territoire d'ailleurs assez étroite, était dû, pendant huit mois de l'année, à l'océan. C'est ainsi que, l'un des premiers, il remarqua la présence de courants marins froids.

Le D^r Ad. Puff, en utilisant les documents de la « Deutsche Seewarte », put préciser ces données océanographiques et climatiques. L'eau est comme « aspirée » vers la surface, créant ainsi une couche superficielle plus froide ; mais ce phénomène n'a de répercussion sur l'atmosphère qu'en été.

Alors que la surface de la mer a environ 19° dans le détroit de Gibraltar, de juillet à septembre, elle est, à la même latitude de 20 à 22° dans l'Océan et de 21 à 23° dans la Méditerranée. Il en est de même si l'on suit la côte marocaine du nord vers le sud. De Tarifa à la baie de Tanger le thermomètre accuse à la surface, à travers le détroit, successivement 19°3, 16°7 et 15°5, c'est-à-dire des températures comme on en observe en août sur les côtes d'Irlande. A Mogador on a constaté des faits analogues : en août on a mesuré 16°6 près de la côte et 21°1 à 20 milles au large. Ce phénomène se poursuit plus au sud et même au cap Juby, la température de la mer est plus faible d'avril à octobre qu'en hiver ; et le maximum absolu n'est que de 20°8 ce qui indique des températures extraordinairement basses pour une latitude de 27°28' N.

Des mesures du Dr Krämer, faites à bord du navire école « Stosch », sur la côte ainsi qu'au large entre le cap Spartel et Arzila, ont montré que le courant froid n'occupe qu'une bande assez étroite le long du littoral : à 12 kilomètres, la température de la surface augmente rapidement, accroissant dans les mêmes proportions la température atmosphérique.

On conçoit la répercussion que doivent avoir ces conditions océanographiques côtières sur le climat de la zone littorale marocaine ; et il est remarquable de constater que les mêmes relations de cause à effet s'observent au delà du Maroc jusqu'au Sénégal.

2° LES PRESSIONS ATMOSPHÉRIQUES ET LES VENTS. — La pression atmosphérique et les courants aériens sont, au Maroc, en rapport avec la position de l'aire de maximum barométrique de l'Est-Atlantique. La moyenne atteint son maximum en janvier ; elle a été constatée du sud vers le nord de 765^{mm},4 au cap Juby, 764,3 à Mogador, 765-766 à Gibraltar ; puis elle diminue pour atteindre en juillet : 764,4 au cap Juby, 762,2 à Mogador et 762,8 à Gibraltar ; mais elle augmente en allant vers le nord-ouest (767,1 aux Açores). Par conséquent, l'aire de hautes pressions remonte, en été, au nord du Maroc. Or, d'après les Atlas océanographiques de la « Deutsche Seewarte » il se forme à ce moment une aire de dépression au sud de l'Atlas, dans les régions sahariennes.

Les rares observations barométriques faites au Maroc correspondent à ce phénomène général. On peut admettre que l'hiver il règne sur tout l'Atlas et la Meseta marocaine une haute pression qui s'abaisse durant l'été et même à partir de fin mars.

Les rares indications barométriques faites à Marrakech semblent montrer, en outre, qu'il y a augmentation sensible de pression vers l'intérieur. Par exemple, les mesures faites à Marrakech en 1886-87, ramenées à l'altitude zéro, ont indiqué, de septembre en décembre, une moyenne de 768^{mm}, 2 contre 765^{mm}, 2 à Mogador ; et, de décembre à mars, 766,1 contre 762,9 à la côte.

Les vents correspondent à cette distribution de pressions atmosphériques. Un temps calme est rare sur la côte comme d'ailleurs sur toutes les côtes de l'Océan.

Dans le Sud, en hiver, les vents dominants sont ceux du SW et de l'W, en été ce sont surtout les vents du NE et du NNE. Ils soufflent particulièrement de mai à septembre, dans la journée et, en juillet, pour ainsi dire avec force tous les jours pour s'arrêter la nuit et le matin. Les vents W et SW, quelquefois aussi SSW, qui apportent la pluie durant les mois d'octobre à avril, sont très rares en été. Les vents S et SE sont très rares.

La force du vent est plus grande par vent NW et NNW. Mogador est peut-être le point de la côte où le vent est le plus fréquent.

En se portant vers le nord, on constate en hiver une plus grande fréquence des vents SW et, en été, une fréquence moindre des vents NE. D'après le consul anglais J. Frost, il y a à Rabat en moyenne 10 jours de vent E et 9 jours de vent W, en janvier, et respectivement 27 et 4 jours en juillet. Ces observations méritent confirmation.

Le Nord du Maroc est soumis aux échanges atmosphériques fréquents et parfois violents qui se font par le détroit de Gibraltar. Les différences de pressions atmosphériques ou d'échauffement sur les deux mers favorisent la formation de courants aériens fréquents. Tanger est, de ce fait, très ventilé en hiver ; c'est tantôt le vent d'E, tantôt le vent d'W.

Des observations nombreuses ont été faites dans cette ville et au sémaphore du cap Spartel ; elles montrent que ces directions sont les plus fréquentes, elles peuvent se dévier vers le SW ou le NE. Mais les vents du N et du S sont très rares, les deux directions les plus fréquentes sont l'E et le NW.

En mesurant la force du vent avec l'échelle de 1 à 12 elle est voisine de 3 en janvier, mars, juillet, septembre au cap Spartel ; à Tanger les vents d'est soufflent, d'après une moyenne de six années (Th. Fischer), avec une force de 7 à 10 environ 90 jours par an, dont 11 jours par mois de mai à septembre.

On peut se rendre compte de l'impétuosité de ces courants atmosphériques dans les parties élevées de la chaîne du Rif occidental ; par exemple sur la crête de la chaîne de l'Andjera et au col du Foundak. Ceux qui ont fait plusieurs fois le voyage de Tanger à Tétouan savent à quelles difficultés ils sont exposés pour planter leur tente à ce gîte d'étape.

Il n'est pas douteux, également, que les échanges aériens qui se produisent entre le bassin méditerranéen et l'Océan doivent être en partie guidés par la dépression du détroit Sud-Rifain entre le Rif et le Moyen Atlas.

Les vents chauds et chargés de poussière qu'ont dû subir nos troupes au camp de Merada, en mai 1911, étaient surtout des vents d'W. Mais nous manquons de documents pour les

autres mois de l'année et il serait fort intéressant de pouvoir les discuter.

Si nous essayons de récapituler les données
encore très imparfaites sur les mouvements
aériens des côtes atlantiques du Maroc, nous
constatons que pendant 4 à 5 mois de l'année
des vents violents viennent du continent. A Mogador ces vents prédominent toute l'année et
encore plus en hiver, malgré la présence des
vents du SW et de l'W, à la saison des pluies.
Si l'on se reporte encore plus au sud, les observations faites au cap Juby montrent que les
conditions sont les mêmes, mais encore plus
accentuées.

C'est à ces circonstances qu'il faut attribuer le
contraste frappant qui existe, dans la Meseta
marocaine, entre les conditions thermiques du
littoral et de son hinterland ; car c'est à ces
vents dominants qu'il convient d'attribuer la
zone côtière froide de l'Océan. Nous avons vu
quelle influence avait ce courant froid sur la
température dans la région littorale ; nous allons
constater qu'il a aussi une répercussion très
marquée sur l'humidité de l'atmosphère dans ces
régions.

3° L'HUMIDITÉ DE L'ATMOSPHÈRE. — La zone
littorale du Maroc occidental est caractérisée
par une humidité relativement grande qui se
traduit surtout par des brouillards assez fréquents, des rosées abondantes.

De mai à septembre les brouillards sont souvent épais, ne laissant apparaître le soleil qu'au
milieu du jour ; ils abaissent la température de
l'air dont le maximum ne dépasse pas 25°. Dans

la région d'Agadir, l'explorateur Rohlfs a observé les mêmes phénomènes ; au mois d'août un brouillard intense ne se levait guère avant midi. A Mogador, l'hiver qui constitue la saison des pluies, est presque dépourvu de brouillards, tandis que ceux-ci sont fréquents en été. Ils commencent à partir de mai, atteignent leur maximum en août, puis diminuent jusqu'en novembre et disparaissent. Lorsque les brouillards n'apparaissent pas ils sont fréquemment remplacés par des brumes ; la moyenne annuelle serait de 21 jours de brouillards et de 67 jours de brume. L'humidité de l'atmosphère est donc très grande à Mogador en été ; calculée sur une moyenne de six années l'humidité relative a été évaluée à 88 pour cent. Aussi les objets se couvrent-ils facilement de moisissure à l'époque de la saison sèche.

A Casablanca des faits analogues peuvent s'observer. On peut compter jusqu'à 30 jours de brouillards dans l'année, se répartissant surtout en été. A l'intérieur, l'humidité de l'atmosphère se traduit par une rosée abondante ; on est surpris le matin, en sortant de sa tente, de voir la terre mouillée tout autour et les traces d'un léger ruissellement produit par une forte condensation au contact de cet abri. D'autres circonstances témoignent de l'extrême humidité de l'atmosphère : c'est ainsi qu'en été les lointains ne sont pas impressionnés sur les plaques photographiques à cause du peu de transparence de l'atmosphère, que les objets au repos se couvrent facilement de moisissure. Enfin il est impossible de faire un herbier sans dessécher les plantes, avec un réchaud, dans leurs feuilles de papier, sans quoi elles sont rapidement enva-

hies par les champignons et complètement perdues.

Les mêmes faits peuvent s'observer à Rabat.

A Tanger et au cap Spartel les observations
indiquent, à ce point de vue, plutôt un climat
méditerranéen. A l'opposé des régions méridionales l'humidité relative est plus faible en été
qu'en hiver. Une moyenne de six années d'observations a montré qu'elle était de 86,3 p. 100
en janvier et de 77,6 p. 100 en juillet.

Mais cette humidité atmosphérique n'existe
que sur une bande littorale assez étroite et il
serait très exagéré de considérer le Maroc occidental comme un pays de brouillards. Les faits
que nous venons de signaler sont seulement sur-
prenants si l'on se reporte aux autres régions du
bassin méditerranéen placées sous les mêmes
latitudes. Nous avons vu qu'il faut les attribuer
à la répercussion du courant marin froid qui
borde les rivages du Maroc occidental.

Les mêmes phénomènes s'observent au sud, au
delà des limites du Maroc où ils sont encore plus
accentués. Au Rio de Ouro l'explorateur Qui-
roga a signalé des rosées extraordinairement
abondantes. Au Sénégal il se produit, à certaines
époques de l'année, notamment de mars à mai,
des chutes de rosée tellement fortes que l'eau de
condensation sert à alimenter des citernes ; d'après
Borin on aurait recueilli ainsi jusqu'à deux mètres
cubes d'eau en une seule nuit (Th. Fischer).

Les précipitations atmosphériques sont naturellement fonction, dans la zone littorale du
Maroc occidental, de la pression atmosphérique
et de la direction du vent ; elles sont également
en rapport avec la température.

On n'a jamais signalé de chutes de neige sur la côte. Les pluies sont périodiques, elles se produisent en hiver et sont amenées par les vents du S et du SW qui soufflent à cette époque; jamais les vents alizés ne sont accompagnés de pluie.

Sur la côte sud-marocaine, on peut dire que la saison des pluies dure du milieu d'octobre à la mi-avril. Dans la région centrale, dans la région de Casablanca, cette saison dure un mois de plus, de fin septembre à fin mai. Enfin, dans le Nord, la saison sèche n'est jamais complètement dépourvue de chutes atmosphériques, tandis que dans le Sud les mois d'été sont absolument secs. C'est ainsi que, de 1894 à 1899, aucun mois n'a été sans pluie au cap Spartel. Mais il convient de remarquer que la saison des pluies n'en est pas moins bien caractérisée, elle contraste avec la période de juin à septembre, toujours très peu pluvieuse.

A Mogador, la saison fraîche commence par quelques averses en septembre, les pluies atteignent leur maximum en janvier, février, mars, pour diminuer jusqu'à mai. A Tanger, le maximum a lieu en mars; au cap Spartel il se produit en novembre. De sorte que la côte atlantique marocaine se comporte, au point de vue pluviométrique, comme toutes les côtes de la Méditerranée, avec des pluies en hiver, l'automne et le printemps assez pluvieux. A Tanger on a compté 23 pour 100 en automne et 31 pour 100 au printemps sur le total des précipitations atmosphériques de l'année.

La quantité, de même que la durée des pluies, diminue graduellement en allant du nord vers le sud.

La moyenne annuelle calculée sur 7 années consécutives (1894 à 1900), à Mogador, a donné 407 millimètres se répartissant ainsi : 201,3 en hiver, 91,2 au printemps et 114,3 en automne.

Les mesures faites de 1896 à 1900, à Casablanca, ont donné la moyenne de 427^{mm},1 (137.6 en automne, 153,4 en hiver, 162 au printemps et 3,4 en été).

Au cap Spartel la hauteur totale atteint la moyenne de 763 millimètres, dont un maximum de 1143 millimètres en 1895 et un minimum de 572 millimètres en 1896. Ces chutes sont ainsi réparties : 233^{mm},6 en automne, 299,8 en hiver, 188,4 au printemps et 16,2 en été.

Enfin, d'après Hann, la moyenne annuelle de Tanger atteindrait 815 millimètres (automne 168, hiver 318, printemps 310, été 19 millimètres).

Le nombre des jours de pluie diminue naturellement en allant du nord vers le sud. Beaumier a déduit de ses longues années d'observations une moyenne de 42 jours de pluie à Mogador. Elle a été évaluée, sur quatre années seulement, de 64 jours à Casablanca ; tandis qu'on peut compter en moyenne 79 jours de pluie au cap Spartel et 94 à Tanger.

Les orages sont considérés comme rares sur la côte occidentale du Maroc. Cependant, je me souviens d'avoir subi, pendant près d'une heure, une averse d'une violence inouïe en octobre 1908 en Chaouïa. A Tanger, les grandes averses sont assez fréquentes. On a compté jusqu'à 80 millimètres d'eau tombée en une seule journée dans cette ville (21 nov. 1884).

Si l'on quitte la côte occidentale pour s'enfoncer à l'intérieur du pays on constate, ainsi que l'on devait s'y attendre, que l'humidité de l'atmosphère diminue. Le courant côtier froid de l'Océan ne peut avoir sur le climat du Maroc qu'une action limitée, jusqu'à une certaine distance du rivage. Nous avons vu que son influence, au point de vue thermique, s'affaiblit rapidement en allant de Mogador à Marrakech, et que la variation thermique, en avançant vers l'intérieur, est encore très nette quoique moins rapide, en suivant la route de Rabat à Fez.

Malheureusement nous n'avons pas d'observations hypsométriques et pluviométriques suffisantes pour l'intérieur de la Meseata marocaine. Mais si, à l'exemple de Theobald Fischer, on essaie de se faire une idée de l'humidité de l'atmosphère en se reportant à la végétation spontanée et à la fertilité du sol, intimement liées à la climatologie, on est frappé de voir que la zone littorale humide n'est pas très étendue.

Dans le but de me faire une idée de son extension, je me suis écarté en 1908 du pays des Chaouïa, qui venait d'être pacifié par le général d'Amade, et j'ai poussé une pointe jusqu'à Boujâd, dans le Tâdla. Voici ce que j'ai constaté. Les terres noires (fertiles) du plateau des Mzamza diminuent insensiblement pour laisser place à des terrains de pâturages. Ceux-ci deviennent de plus en plus maigres et disparaissent peu à peu complètement, en approchant de la Zaouïa de Boujâd, pour ne laisser apparaître qu'un sol de pierres [1].

Des observations analogues peuvent se faire

---

1. Louis Gentil, *Rapport sur une mission scientifique au Maroc en 1908* (Nouv. Arch. des Missions scientif. t. xviii. p. 48.)

au sud du parallèle de Casablanca. Ainsi que l'a déjà fait remarquer Hooker, dans la plaine du Haouz, trace la limite intérieure de la bande cultivable s'arrête à partir de l'Aïn Oumast, soit à 50 kilomètres de la côte à vol d'oiseau. En remontant la vallée de l'ouad Tensift on s'écarte de plus en plus de la zone humide; mais à 60 kilomètres, en mars-avril, on constate encore de très fortes rosées. Plus à l'est la sécheresse de l'atmosphère augmente dans de fortes proportions. Les rares observations météorologiques, actuellement faites à Marrakech, le montrent très nettement. L'aspect du sol et de sa végétation, entre les Mzamza et Boujàd, suivant une ligne à peu près normale à la côte et partant de Casablanca, indique que l'on abandonne la zone littorale humide pour traverser une zone de steppes et atteindre une région presque désertique. Marrakech se trouve dans cette zone de sécheresse.

Il faut en conclure que la bande côtière influencée par l'Océan est assez restreinte, mais qu'elle va en s'élargissant du sud vers le nord. Alors que la région de steppes se trouve à 50 kilomètres à l'est de Mogador, la zone humide s'étend jusqu'à près de 100 kilomètres dans le pays des Chaouïa, où le plateau des Mzamza doit être considéré comme encore très fertile. Non seulement les écarts de température se font sentir, mais l'humidité de l'atmosphère varie en s'éloignant de la côte atlantique. En dehors de la zone humide le pays prend un tout autre aspect, n'offrant parfois que d'assez maigres pâturages, ne verdissant qu'en hiver. Les masses de vapeur d'eau émanées de l'Océan se déposent sous forme de pluie et de rosée. Elles s'étendent en une nappe qui recouvre toute la bordure des terrains néogènes, dont nous expliquerons ainsi la très grande fertilité ; mais elle déborde aussi sur le plateau crétacé des Chiadma ou des Mzamza.

Il ne faut pas oublier que le relief du sol a ici, comme partout ailleurs à la surface du globe, une grande influence sur le climat. L'uniformité relative que nous venons de signaler, à ce point de vue, sur une bande littorale assez profonde, tient à la structure même de la Meseta marocaine qui en fait un pays plat par excellence ; mais les moindres reliefs du sol semblent avoir leur répercussion sur l'extension de l'atmosphère humide. C'est ainsi que les collines assez peu élevées des Djebilet ont une influence marquée sur le climat du Haouz dans la région de Marrakech, au sud, dans la grande plaine de la Bahira, au nord ; que les éminences du djebel Lakhdar, de la gara d'Ouzern, ont aussi une action sur le climat des régions plates qui s'étalent dans l'est.

En somme, si l'on s'enfonce vers l'intérieur, on abandonne le climat humide, marin, pour un climat continental. L'altitude des régions éloignées des côtes a également son influence. La répartition des précipitations atmosphériques ne se fait plus autour du solstice d'hiver, le maximum se rapproche des équinoxes, surtout de l'équinoxe du printemps. Et la période des pluies, très limitée sur le littoral, s'étend sur une plus large durée : elle porte encore sur les mois de juin et de septembre. Thomson a constaté à Marrakech (1888) des pluies au commencement de septembre ; von Fritsch signale une averse le

1er juin, un orage torrentiel le 2 juin (1872). A l'inverse de ce qui se passe sur la côte, les orages sont assez fréquents dans l'hinterland.

Il convient de remarquer, en ce qui concerne la grande plaine de Marrakech, que la proximité de l'Atlas doit exercer une influence sur la forme des précipitations atmosphériques.

Dans la région montagneuse, le climat est naturellement différent. Nous avons vu que dans le Haut Atlas occidental, les conditions thermiques sont tout à fait différentes ; de même, l'état d'humidité de l'atmosphère contraste avec celui de la plaine du Haouz. Les pluies sont considérablement plus abondantes sur les contreforts et, dans les régions élevées, les précipitations se font toujours sous la forme de neige. On peut admettre que tous les hivers, de novembre à avril, il y a des chutes de neige à partir de 1.000 mètres d'altitude environ. Hooker a observé une chute de neige au milieu de mai (1871) au SE de Marrakech, par 2.500 mètres d'altitude ; elle couvrit la montagne jusqu'à la cote 2.100.

En s'élevant, la neige persiste plus longtemps, ce qu'il faut attribuer non seulement au refroidissement plus grand de l'air, mais aussi à des précipitations plus abondantes. Von Fritsch et Rein ont rencontré le 11 juin, dans la vallée supérieure de l'ouad R'er'aïa, la neige à partir de 2.700 mètres d'altitude. Joseph Thomson en a observé au milieu de juin, au-dessus de 2.700 mètres, d'altitude sur le flanc septentrional de l'Ogdimt ; il en trouva encore en septembre sur le djebel Likoumt. Ch. de Foucauld vit la crête si longtemps couverte, de juin 1883 à mai 1884, qu'il crut avec Thomson pouvoir admettre l'existence de neiges éternelles. Il a même pensé, d'après des dires indigènes, que le djebel Siroua placé au sud du Haut Atlas, à la naissance de l'Anti-Atlas, avait des neiges éternelles.

Mais cette assertion paraît controuvée. En aucun point au Haut Atlas occidental, qui offre pourtant au Tamjout et au Likoumt les cîmes les plus élevées de la chaîne et sont les culminants les plus rapprochés de la mer, on n'a constaté de neiges persistantes pas plus que des névés.

Cette particularité du Haut Atlas, malgré ses grandes altitudes, peut paraître singulière : elle tient à deux circonstances qui s'opposent à l'accumulation des neiges éternelles. La première est que les précipitations atmosphériques ne sont pas assez considérables, la seconde tient au contact immédiat des vents secs et chauds du désert. On ne se fait encore aucune idée de la hauteur des neiges qui peuvent s'accumuler, en une année, sur les plus hauts sommets de l'Atlas et l'on n'est peut-être pas près de le savoir. A ce sujet un observatoire placé au sommet du Tamjout et du Likoumt aurait un intérêt capital. Mais, *a priori*, il faut admettre que la sécheresse extrême de l'atmosphère qui règne au sud de la grande chaîne, sur les régions désertiques, doit avoir une répercussion profonde sur les chutes qui peuvent se produire à ces altitudes extrêmes. Il convient d'ajouter à cela que l'influence de l'Océan ne se fait plus sentir dans ces sphères élevées et à une distance des côtes supérieure à 200 kilomètres.

De ce fait, l'Atlas oppose une barrière à deux climats bien différents, car les précipitations atmosphériques sont certainement plus considérables sur le flanc septentrional que sur le revers méridional. Si le versant qui regarde la plaine de Marrakech se trouve en face d'une région de steppes, dans laquelle la moyenne annuelle des pluies peut être inférieure à 300 millimètres, par contre le versant du Sous se trouve au contact d'une atmosphère dont la sécheresse est telle que les précipitations annuelles ne peuvent guère dépasser 250 millimètres. Et, à peu de distance au delà, au sud de l'Anti-Atlas, je ne serais pas surpris de voir le pluviomètre accuser au maximum 100 millimètres, dans la vallée du Draa.

Il convient de remarquer encore que l'Anti-Atlas, qui peut aussi avoir une influence sur le climat de la plaine du Sous, ne peut plus en avoir sur le Haut Atlas à cause de sa faible hauteur.

Aussi la limite des neiges est-elle bien différente sur les deux versants de l'Atlas. Le 30 décembre 1905, j'ai constaté que la neige ne descendait pas au-dessous de la cote 3.000 et demeurait le plus souvent au-dessus de 3.500 mètres sur le versant du Sous ; tandis que sur le flanc nord elle recouvrait, à cette époque, la montagne depuis l'altitude de 1.500 mètres dans certaines vallées profondes, et se maintenait ailleurs à partir de 2.000 mètres. On pouvait voir encore, de Taroudant, certaines crêtes complètement découvertes, avec un léger liseré blanc sur l'arête qui témoignait de l'abondance de la neige sur le versant opposé.

Des changements climatiques importants ont dû se poursuivre au cours de l'époque quaternaire, dans l'Atlas ; et je ne serais pas surpris que des glaciers aient existé dans le Haut Atlas.

surtout vers la fin de cette période. Plusieurs voyageurs en ont signalé des traces, mais ils n'ont pas apporté de preuves scientifiques de ce qu'ils avançaient. Il m'a semblé que, dans les hautes vallées où des cours d'eau importants (ouad R'er'aïa, ouad Ourika, etc.) descendent des hautes cîmes, certaines formes d'érosion pourraient être d'origine glaciaire ; mais j'ai traversé la chaîne, dans ces régions, dans des conditions si précaires, sous une tourmente de neige, qu'il m'est impossible de l'affirmer. Il faudra des observations précises, avant de se prononcer de façon définitive sur cette importante question et les voyageurs, en pays de montagne, doivent se tenir sur leurs gardes, lorsqu'il s'agit de savoir si oui ou non un glacier a passé dans quelque vallée. Ils sont le plus souvent enclins à se prononcer pour l'affirmative.

Dans les confins algéro-marocains, les observations météorologiques faites dans l'Extrême-Sud, — notamment celles particulièrement consciencieuses du Dr Guichard à Beni Ounif, — montrent qu'au delà d'Aïn Sefra on pénètre dans la zone dont la moyenne pluviométrique annuelle est comprise entre 100 et 200 millimètres. Par conséquent Colomb-Béchar, Figuig, Bou Denib, etc., se trouvent sous un climat désertique. De même que la vallée du Draa, au delà de Tikirt, la région des chotts (chott Tigri, chott el R'arbi) reçoit 200 à 300 millimètres d'eau. Elle forme une zone qui s'incurve vers le nord jusqu'aux monts des Beni Bou Zeggou, en comprenant la région de Berguent. La bande de Mecheria, Oudja, l'Angad, le plateau des Beni Bou Zeggou et de la gada de Debdou, paraissent recevoir de 3 à 400 millimètres ; enfin la région littorale au-dessus de 400 millimètres.

Ces données sont encore provisoires parce que, en beaucoup de points (Oujda, l'Angad, Berguent etc.), les mesures sont peu nombreuses et que dans la Moyenne Mlouya on n'a encore fait que des observations tout à fait insuffisantes. Mais on peut se rendre compte qu'à partir de l'Angad on entre déjà dans la zone des steppes qui est tout à fait caractérisée, en s'avançant vers le sud, dès qu'on atteint la région des gour de Berguent. Au delà commence le véritable désert.

Quelle que soit l'imprécision de ces données météorologiques, il est indiscutable que deux climats distincts sont en opposition très nette dans l'Amalat d'Oujda : celui du littoral qui appartient à la zone du Tell et celui de Berguent qui peut être assimilé à celui des régions de steppes du Sud-algérien et du Sud-oranais.

Theobald Fischer, en se basant sur les zones de cultures et sur la végétation spontanée en rapport avec la pluviométrie de régions déterminées, en admettant des précipitations assez abondantes sur les lignes de crètes des grandes chaînes de l'Atlas, a esquissé une carte des pluies du Maroc à 1/4.000.000, fort intéressante [1].

Elle résume ses observations et celles de ses devanciers sur le Maroc occidental et offre, de ce côté, de sérieuses chances d'approximation. Mais, en ce qui concerne la partie montagneuse et la région située à l'est de Fez, elle devient tout à fait hypothétique.

---

1. *Regen-Karte von Marokko.* Zeistschr. d. Ges. f. Erdkunde zu Berlin, Band XXXV. 1900. Tafel 10.

Je pense même qu'il convient de faire les plus grandes réserves an sujet de la zone pluviométrique « über 800 ᵐᵐ, » que l'éminent géographe allemand fait passer au voisinage de Taza. Fischer a simplement lié par une bande continue, la région Nord-marocaine, où l'on a mesuré une moyenne annuelle de pluie supérieure à 800 millimètres, aux régions de hauteurs du Moyen Atlas. Mais cette continuité est assez peu probable parce qu'il est vraisemblable que la dépression de l'ancien détroit Sud-Rifain doit former une interruption et établir, entre le R'arb et la Moyenne Mlouya une zone de sécheresse relative, à cause des vents dominants E et W qui la traversent. Il suffit de se reporter à la Mlouya, dans la région de Merada, pour constater que les vents d'ouest sont secs et soustraits aux influences maritimes. La région de la Moyenne Mlouya est une région de steppes qui doit s'étendre au moins jusqu'à Kasba Msoun. On ne voit donc pas comment cette zone de sécheresse ferait, par une transition brusque, place à la zone la plus pluvieuse du Maroc, sans changements très sensibles d'altitudes. Et, je le répète, il ne faut pas oublier que la « Trouée de Taza » doit servir de couloir aux vents W et E, les premiers arrivant de l'Atlantique, en grande partie débarrassés sans doute de l'humidité de la côte, éloignée de 250 kilomètres ; les autres arrivant du continent et traversant des régions, comme celles de l'Angad et de la Moyenne Mlouya, déjà remarquables par leur grande sécheresse.

Malgré les incertitudes et les grandes imperfections de l'étude qui précède, on peut se rendre compte de l'intérêt tout particulier des questions climatologiques au Maroc. Il est à souhaiter que les stations météorologiques se multiplient à mesure que la paix française s'étendra sur ce pays demeuré si longtemps fermé à la Civilisation européenne.

VII

LA VÉGÉTATION

La variété des climats que nous venons rapidement d'esquisser, l'orographie imposante et la multiplicité des formations géologiques donnent au Maroc, au point de vue botanique, un intérêt tout particulier. Mais, à ce point de vue, peut-être plus qu'à tous les autres, le pays est encore très peu connu. La région du Sud-Ouest a été jusqu'ici l'objet des herborisations les plus importantes, parce que les principales missions scientifiques se sont portées de ce côté. En 1773, Spottwood, chirurgien anglais, donnait, le premier, un catalogue de 600 espèces rassemblées par lui dans la région de Tanger. Trente ans après le chevalier P.K.A. Schousboe[1] publiait dans les actes de la Société royale des Sciences de Copenhague, le résumé de ses principales herborisations dans l'empire du Maroc. C'est là un travail demeuré capital. Puis le Dr. Broussonnet (1795-1801), l'abbé Durand (1798-1807) exploraient les mêmes régions.

En 1827, Webb faisait une herborisation importante dans l'Atlas. Depuis l'année 1860, qui

---

1. P.K.A. Schousboe. *Observations sur le règne végétal au Maroc.* Edit. danoise-latine, Copenhague 1800. Edit. franç.-latine par le Dr. E. L. Bertherand, Paris 1874.

inaugure l'exploration scientifique du Maghreb, les herborisations méthodiques se sont multipliées. Les missions anglaises, Hooker et Ball[1], J. Thomson, puis Balansa, Cosson le célèbre botaniste de l'Afrique du Nord, ont réuni d'importants matériaux sur le Sud-marocain. Ce dernier a pu, par lui-même et par l'intermédiaire d'un Marocain, réunir une importante collection conservée au Musée d'Histoire naturelle, qui méritera d'être décrite avec soin.

Mais tous ces documents, malgré leur importance, ne donnent qu'une idée imparfaite de la flore marocaine qui a besoin d'être étudiée méthodiquement. Un botaniste de talent, J. Pitard, bien connu par ses études remarquables sur les flores des Canaries, et du Sud-Tunisien, était bien préparé à cette tâche. Il a entrepris l'an dernier, des recherches intéressantes dans le Nord-Marocain ; au moment où j'écris ces lignes il se livre avec ardeur à la récolte méthodique de la flore des Chaouïa. Il est à souhaiter qu'il puisse consacrer de longues années encore ses efforts à ce pays musulman.

Indépendamment des particularités spécifiques qu'il faut s'attendre à y trouver, le Maroc offrira aux botanistes un intérêt de tout premier ordre, dans l'étude des flores de passage des différents climats. C'est ainsi qu'il sera très intéressant de savoir comment se fait la gradation du climat humide de la région littorale à la zone des steppes :

1. Voir à ce sujet : J. D. HOOKER. *On some of the Economic Plants of Marocco*, in *Journal of a Tour in Marocco*. London 1878, p. 386-404.
Et John BALL. *Spicilegium Florae Maroccanae*. Extr. The Journ. of the Linnean Society Botany, vol. XVI. 1878.

on verra, en outre, que les plantes de l'Atlas offriront non seulement l'intérêt d'une flore de montagne, mais des formes de passage de la région méditerranéenne à la flore tropicale, etc.

Les questions de géographie botanique auront la plus grande importance au Maghreb ; elles sont actuellement dans l'enfance. Aussi nous bornerons-nous, dans les quelques pages qui vont suivre, à appeler l'attention sur les principales essences forestières un peu mieux connues, parce qu'elles ont toujours frappé le voyageur.

Le *cèdre*, dont l'espèce et les variétés sont à déterminer, constitue par excellence l'essence forestière des hautes montagnes du Maroc. Il est très répandu dans le Rif, surtout dans sa partie centrale où il n'a jamais été observé ; mais les indigènes en transportent le bois jusqu'à la côte pour l'embarquer à destination de Tanger. A Tétouan également, le bois de cèdre est utilisé pour l'ébénisterie et la construction. Mes compagnons indigènes m'ont montré à une certaine distance, au sud du Mont Anna (djebel Kelti), une forêt dont on distinguait parfaitement les arbres majestueux s'élever sur la crête du djebel Mançour. Elle est surtout composée, d'après les renseignements que j'ai pu recueillir, de cèdres (el ârez) et d'une autre essence que les arabes désignent sous le nom de « snoubar » et sur laquelle je n'ai pu avoir aucune indication précise.

Dans le Moyen Atlas, le cèdre est assez répandu. R. de Segonzac l'a plusieurs fois rencontré, notamment chez les Beni Mguild, où les berbères exploitent de belles solives qui sont travaillées à Fez et à Meknès. La grande muraille et la crête

de l'Ari Boudâa sont couvertes d'une belle forêt.
« Les cèdres sont splendides, on en voit qui me-
surent 6 à 8 mètres de circonférence à la base et
qui atteignent 20 mètres de hauteur. Leurs cimes
dépassent le niveau de la forêt, la foudre les frappe
souvent. Leur écorce éclatée, fendue par l'âge,
offre un abri propice aux abeilles et les bergers
brûlent un arbre entier pour un rayon de miel[1]. »

Malheureusement ces admirables forêts sont
saccagées par les indigènes qui détruisent sans
pitié, pour leurs moindres besoins.

La forêt de l'Ari Boudâa se prolonge vraisemblablement vers le sud-ouest. Toujours est-il
que les grandes surfaces sont couvertes par ce bel
arbre dans la haute vallée de la Mlouya et du côté
de la casba Khenifra, d'où son bois est transporté par flottage sur l'Oum er Rbêa, jusqu'à
Azemmour. Il n'est pas douteux que cette essence
soit répandue en d'autres points du Moyen
Atlas et du Haut Atlas ; et les quelques indications que nous avons sur son extension permettent d'entrevoir un certain avenir à cette essence si précieuse. Actuellement, il n'y a pas de
ville du Maroc où le bois de cèdre ne soit utilisé
par les arabes qui le recherchent beaucoup, à
cause de la facilité avec laquelle il se laisse tra-
vailler et aussi à cause de son odeur agréable.

Le *chêne* offre certainement plusieurs espèces,
le *chêne nain*, le *chêne vert*, le *chêne zéen* sont
assez répandus. R. de Segonzac a signalé, sur le
plateau jurassique qui sépare casba el Hajeb
d'Azrou à la limite des Beni Mtir et des Beni Mguild

1. *Voyages au Maroc* (1899-1901), p. 130-131.

« les derniers vestiges d'une immense forêt de chênes qui couvrait le pays » [1]. Cette forêt de Jaba fut détruite par ordre du sultan Mouley el Hassan afin de purger la région des fauves et des brigands qui l'infestaient. On sait aussi que la gaḍa de Debdou est couverte d'une belle forêt de chênes et de *thuyas*. C'est, d'après de Foucauld, l'une des plus belles du Maroc [2].

Le *chêne-liège* est l'un des arbres forestiers les plus répandus au Maroc. On peut dire qu'il se rencontre un peu partout où, sous un climat assez chaud et influencé par la mer, affleurent des terrains siliceux. On le rencontre dans la Meseta marocaine, dans le Haut Atlas occidental, dans les dépôts du détroit Sud-Rifain, dans le Rif, dans l'Amalat d'Oudja, etc.

Il recouvre les schistes et les quartzites chez les Beni Snassen et, au sud de la plaine d'Angad, les roches volcaniques siliceuses des Beni Yalâ et des Zekkara. Dans le Haut Atlas on le voit sur les terrains anciens et sur des grès siliceux crétacés. Mais c'est dans la Meseta marocaine que cette essence est la plus répandue. Elle forme là des forêts parfois très étendues.

Au nord du pays des Chaouïa, chez les Mdakra et dans la région de Ben Sliman, chez les Zaër, le chêne-liège se montre fréquemment, dès qu'affleurent les quartzites siluriens ou les grès dévoniens. La forêt de Ben Sliman est très étendue mais très clairsemée : les arbres sont généralement petits, de 5 mètres de haut au plus. En certains points de la forêt, éloignés des douars, les arbres

1. *Loc. cit.*, p. 118.
2. *Reconnaissances au Maroc*, p. 247.

sont plus serrés et atteignent facilement 10 mètres.

La plus belle forêt de chêne-liège du Maroc est sans doute celle de Màmora, chez les Zemmour. Elle s'étend depuis la côte, entre Rabat et Mehdiya, jusqu'à l'ouad Behts, entre la plaine des Beni Ahsan et le plateau de Tiflet, soit sur une étendue d'au moins 70 kilomètres. La forêt est établie sur des sables et des grès siliceux néogènes en grande partie pliocènes. Ici comme ailleurs l'indigène saccage sans pitié, coupant les arbres au ras du sol, incendiant de grandes surfaces pour ménager des pâturages aux troupeaux ou encore, ce qui est plus grave, décortiquant l'arbre au-dessous de l'enveloppe tubéreuse pour se procurer du tannin qu'il vend à la ville, notamment à Rabat, pour la préparation des teintures. Cette pratique est funeste à l'arbre qui meurt presque invariablement. Aussi la forêt est-elle généralement clairsemée, coupée de grandes clairières ; les arbres sont généralement petits, parce qu'ils sont très jeunes. Seuls les points isolés, très éloignés des douars, montrent de beaux arbres qui témoignent de l'importance que pourra acquérir cette essence, du jour où la civilisation française mettra un terme à ces mœurs sauvages. Il ne semble pas douteux que ces forêts puissent acquérir un jour, surtout dans le nord des Chaouïa et dans la Màmora, une prospérité qui pourra permettre au liège du Maroc de tenir une place honorable sur le marché des lièges du bassin méditerranéen.

L'*olivier* existe un peu partout, dans le Nord, dans les confins, dans le R'arb, dans la Meseta marocaine et même dans le Sous. Il forme souvent des bois importants dont l'arbre est demeuré à l'état sauvage. Dans les régions assez peuplées comme le R'arb, il est cultivé et produit de belles récoltes. Dans la région de Fez, surtout sur les flancs du Zerhoun, de grands bois d'oliviers s'étalent, donnant au pays une réelle richesse. Mais c'est le Sud de la Meseta marocaine, notamment la grande plaine de Marrakech, qui paraît être le pays de prédilection de l'olivier. De grandes olivettes existent notamment au bord méridional du Haouz, entre Imi n Tanout et Amsmiz. A Marrakech de grands jardins avec enclos renferment à la fois l'olivier et le palmier, indice d'un climat assez sec.

Ces olivettes se poursuivent encore à l'est, dans le Mesfioua, la région de Sidi Rehal et jusqu'au delà de Demnat.

L'olivier paraît avoir, dans ces régions, un grand avenir de même que le Sud-Tunisien est devenu par excellence le pays de l'olivier.

On sait que cet arbre se développe de préférence, à l'abri des maladies qui peuvent l'envahir, sous un climat sec, mais à la condition toutefois que l'arbre puisse trouver dans le sol l'eau dont il a besoin. Le bord de la plaine du Haouz, au pied des contreforts de l'Atlas, réalise ces conditions, sous un climat de steppes et avec un sol assez humide, naturellement arrosé par les eaux descendues de la montagne. De plus, ces régions sont fréquemment irrigables et l'indigène sait parfois admirablement utiliser les moindres cours d'eau qui, dévalant des pentes de l'Atlas, vont se perdre sous les alluvions sableuses, les graviers de la plaine et les éboulis des pentes.

Le bord de la plaine du Sous, sur le revers

méridional du Haut Atlas, se prêtera vraisemblablement aussi aux mêmes cultures.

Le *palmier* est répandu dans les régions à climat suffisamment sec, partout où circulent des
cours d'eau. Déjà dans le Haouz de Marrakech, il
forme de véritables oasis ; mais son fruit ne mûrit pas, il est franchement mauvais. Il en est de
même de la datte du Sous. Par contre, au sud de
l'Anti-Atlas et dans le Haut Atlas oriental, dans
la vallée du Draa, dans le Dadès, le Todr'a, le
Ferkla et le Tafilelt, des oasis importantes sont
échelonnées le long des moindres cours d'eau
descendus de la haute chaîne. Mais si le fruit de
cet arbre, dont il existe de très nombreuses
variétés, constitue une bonne partie de l'alimentation des agglomérations indigènes qu'il abrite,
il ne peut avoir un avenir commercial car il est
toujours de qualité inférieure. La datte du Tafilelt, très réputée chez les marocains, est bien
inférieure à celle du Sahara algérien. On s'est
quelque peu exagéré la richesse des régions
arrosées par l'ouad Ziz et l'ouad R'ris parce
qu'elles renferment une population assez dense ;
mais il est infiniment probable que le Tafilelt
n'aura jamais d'autre valeur que celle d'une réunion d'oasis que l'Européen ne sera jamais tenté
d'aller exploiter.

Certains arbres, d'une importance tout à fait
secondaire et de peu d'utilisation, se montrent en
divers points du Maghreb. Une terebinthacée, le
betoum, le *caroubier* assez répandu, le *gommier*,
le *ciste à ladanum* qui, à l'exemple du chêne-
liège affectionne les terrains siliceux, le *thuya*, etc.
Cette dernière essence se retrouve un peu par-

tout, elle paraît, en pays de montagne, croître plus particulièrement sur les terrains calcaires.

Parmi les différentes variétés de thuyas, le *thuya à gomme sandaraque*, appartient à l'espèce bien connue des montagnes de l'Afrique du Nord, le *Callistris quadrivalvis* Ventenat, signalée pour la première fois par l'illustre voyageur Shaw (1743), puis par Drumond Hay (1834) et par le capitaine E. Cook. Il représente l'*arâr* des arabes, l'*azouka* des berbères chleuh, et se distingue d'une autre variété désignée dans le pays sous le nom de *taga*. Cette essence est très répandue dans le Sud-Ouest marocain. J'ai été frappé par les conditions d'habitat relativement constantes de ce thuya à gomme sandaraque. Cet arbre est commun dans les montagnes des Haha, des Aït Zelten, des Ida ou Guelltoul et des Ida ou Tanan; il paraît se cantonner sur un sol calcaire.

C'est ainsi qu'il couvre le plateau de grès calcarifères pliocènes, au sud de Mogador, chez les Ida ou Guerd ; qu'il forme de belles forêts dans le chàbet Azouka, des Ida ou Iceurn. Enfin les rides jurassiques de l'extrémité occidentale de l'Atlas offrent un sol de prédilection très marquée pour cet arbre. On le retrouve partout, sur ces plissements à couverture secondaire, où je l'ai vu s'élever à des altitudes de plus de 1.500 mètres, jusqu'aux sources de l'Asif Tamerakht.

L'importance pratique de cette essence ne peut échapper. Deux fois par an, au commencement de l'été et en hiver, les indigènes pratiquent de larges incisions sur le tronc de l'arbre, par lesquelles s'écoule une résine, la gomme sandaraque. La première saignée fournit de belles larmes, transparentes comme du verre, tandis que celle de l'hiver donne une résine plus terne. moins estimée. La gomme sandaraque se vend sur certains marchés indigènes dont les principaux sont la djemaa Aït Daoud et le souk es Sebt des Knafa ; de là elle est dirigée sur Mogador où elle subit un triage à la main. Elle est expédiée sur les marchés d'Europe (Londres. Hambourg. etc.), et aux États-Unis. On sait qu'elle est utilisée dans la fabrication de certains vernis. de la cire à cacheter, etc.

Le thuya à gomme sandaraque serait susceptible d'une exploitation plus méthodique. Sans fonder de trop grandes espérances sur cette industrie, actuellement entre les mains exclusives des indigènes. on pourrait sans doute lui donner un avenir meilleur. Pour le moment. il offre aux chleuh des Haha une ressource pécuniaire qui n'est pas négligeable et dont on peut se t..ire une idée par le prix de vente de sa résine qui valait en 1905 de 150 à 160 francs les cent kilos.

Aussi les berbères de son pays d'habitat comptent-ils sur le produit des forêts de thuya à gomme sandaraque dans les années de mauvaise récolte.

Enfin une dernière essence forestière qui est spéciale au Maroc. l'*arganier*, mérite d'être traitée avec quelques détails.

L'*arganier* est cet arbre. singulier par son extension géographique très limitée. objet de la curiosité des touristes qui touchent à la côte occidentale de l'Empire chérifien. à Mogador.

On pourrait l'appeler l'arbre du Sous. tant il caractérise cette région sud-marocaine. Il n'y a pas d'espèce végétale qui soit. à un plus haut degré, répandue à profusion et reléguée dans un périmètre relativement aussi restreint.

Bien des botanistes ou des explorateurs ont écrit sur cet arbre curieux.

La première mention qui en ait été faite se trouve dans le fameux *Traité des simples*, d'Ibn el Beïthar (1219), qui l'observa dans le « Maghreb-extrême » ; Léon l'Africain (1510) en parla également. Mais la description spécifique en a été donnée, pour la première fois, par Linné (1737), d'après un échantillon desséché, sous le nom de *Sideroxylon spinosum*. Le spécimen étudié par l'illustre naturaliste n'avait pas de fleur, ce qui peut expliquer la confusion qu'il a faite de cette plante ligneuse avec le « bois de fer » dont il se distingue par un grand nombre de caractères.

Le conseiller d'État G. Hoest, puis le voyageur danois Schousboe et Broussonnet, membre de l'Institut, après leur séjour de plusieurs années au Maroc (1766-1768), ont, à leur tour, longuement décrit l'arganier.

A citer encore les observations d'Henri Grace, vice-consul d'Angleterre à Mogador (1853), et l'étude des matériaux transmis par lui à W. Hooker ; puis les données consignées dans les publications des explorateurs marocains J. Dalton Hooker et John Ball (1878). Cette question de l'histoire de l'arganier a, d'ailleurs, été mise récemment au point par Em. Perrot dans le fascicule II des *Végétaux utiles de l'Afrique tropicale française*[1].

---

1. *Le karité, l'argan et quelques Sapotacées à graines grasses de l'Afrique*. Paris, A. Challamel, 1907, p. 127-158.

L'arganier (*Argania Sideroxylon* Roemer et Schultes), ou *arbre d'argan*, tire son nom du mot arabe ou chleuh *argane*.

C'est un arbre toujours vert, dont le port rappelle celui de l'olivier : sa hauteur ne dépasse généralement pas 6 mètres, elle est souvent moindre : les branches inférieures partent à un mètre du sol d'un tronc droit à écorce grise : les jeunes pousses sont couvertes d'épines. Sa feuille est lancéolée, persistante, verte en dessus, plus pâle dessous comme celle de l'olivier.

L'arbre fleurit en mai-juin. Son fruit ou *argan* est vert-jaunâtre, il rappelle par sa forme une olive ; c'est une *drupe* monosperme, ovale, glabre, obtuse, quelquefois un peu aiguë : elle renferme une *graine* ovale dont la coquille épaisse, dure et très lisse, d'un brun pâle, contient une *amande* oblongue de couleur blanche.

Il convient encore de dire que l'arganier se reproduit facilement par germination et que les jeunes arbres peuvent porter fruit au bout de trois à cinq ans. Dans son pays d'origine un mois peut suffire à l'apparition d'une pousse, et des essais de reproduction en serre, effectués d'abord par Schousboe à Copenhague, puis par Dalton Hooker, en Angleterre, ont pleinement réussi : mais les tentatives d'acclimatation ont désappointé les coloniaux.

L'arganier est absolument inconnu, en dehors du Sud-marocain, où il ne recouvre qu'une étendue limitée sur laquelle j'aurai l'occasion d'insister plus loin. On s'accorde à regarder cet arbre et le *Sideroxylon Marmulano* Lowe, de l'île Madère, comme les représentants d'une famille dont les espèces sont en majeure partie tropicales.

Ces deux essences, qui se trouvent ainsi sur le même parallèle, ne coexistent pas et sont inconnues aux Canaries. Elles montrent, par leur situation géographique, une relation évidente entre deux régions aussi voisines de Madère et la côte du Sud du Maroc et marquent les vestiges d'une flore tropicale disparue, qui devait être uniformément répandue à cette latitude.

L'arganier existe à profusion sur une certaine étendue de la côte sud-marocaine et à l'intérieur d'un périmètre, que les observations actuelles ne permettent pas encore de délimiter d'une façon définitive.

Les différents voyageurs qui en ont parlé ne semblent pas s'être préoccupés des relations qui peuvent exister entre l'extension de cet arbre et la nature du sol sur lequel il croît. Il résulte des divers récits de leurs explorations que l'arganier paraît s'étendre à toute la région littorale atlantique comprise entre les 29 et 32 degrés de latitude Nord, qu'il s'enfonce à une vingtaine de kilomètres des côtes et forme des taches isolées jusqu'à une profondeur de 40 kilomètres au maximum.

J'ai, au cours de mes premiers voyages au Maroc, parcouru dans tous les sens le pays de l'arganier, et si je n'ai pas atteint sa limite au sud, du moins ai-je pu la relever vers l'est. Mes recherches géologiques et géographiques me permettent en outre de donner une idée assez nette des conditions d'habitat de cette curieuse essence forestière.

On se ferait une idée fausse des forêts d'arganiers si on les comparait aux bois touffus de nos pays d'Europe ou des régions tropicales. Elles

sont composées, à de très rares exceptions près.
d'arbres disséminés qui apparaissent, de loin,
comme autant de taches noires sur un sol nu.

L'arganier se rencontre dans les importantes
tribus des Chiadma, des Haha, des Mtouga et
des Ida ou Tanan. Il remonte au nord de l'ouad
Tensift, dans la zone littorale, jusqu'auprès de
Safi ; enfin il s'étend à la plus grande partie de
la vallée du Sous. Plus au sud cet arbre existe-
rait, paraît-il, dans la région littorale du Tazeroualt, jusqu'à l'ouad Noun ; mais nous n'avons
que des renseignements douteux à ce sujet, tandis
qu'il résulte nettement des explorations de Ch.
de Foucauld que cette essence forestière ne
s'étend pas plus à l'est, dans l'Anti-Atlas.

Chez les Chiadma, au pied du djebel Hadid,
l'arbre d'argan croît aussi bien sur les dunes et
les alluvions, quaternaires que sur les argiles
et grès crétacés, ou les calcaires jurassiques.

Chez les Haha il se rencontre un peu partout,
du moins à une altitude inférieure à 800 ou
900 mètres. Il pousse indifféremment sur tous
les terrains, sur les dunes quaternaires et les
grès pliocènes des environs de Mogador. Au sud
de cette ville il est, à partir de Tagouïdert, fréquemment associé au thuya et il forme de belles
forêts, notamment sur les bords de l'ouad Tidzi
et au delà de l'ouad Igouzoulen. Dans l'est, on
le voit passer, sans décroissement brusque, des
grès tertiaires aux terrains crétacés, et sa limite
extrême est située au voisinage de Dar Mokaddem
Messaoud. Les sédiments crétacés de la côte, chez
les Ida ou Troumma ou les Aït Ameur, offrent
encore un sol propice au développement de cette
intéressante essence forestière, et cela quelle que

soit la nature des sédiments, argileux, gréseux ou calcaires. Enfin les calcaires qui forment les rides anticlinales du Haut Atlas occidental sont encore très susceptibles de supporter l'arganier. Le plateau de Taguent, en particulier, en est couvert ; mais à peine s'élève-t-on sur ces plissements jurassiques qu'on le voit s'effacer rapidement devant le thuya à gomme sandaraque qui trouve, sur ces affleurements calcaires, son sol de prédilection.

La même remarque s'applique au pays des Ida ou Tanan où il croît dans la zone littorale ; tandis qu'il disparaît dans la région montagneuse, à partir des altitudes assez élevées.

Chez les Mtouga il monte dans la vallée de l'ouad Igrounzar, jusqu'à quelques kilomètres en amont d'Aït Biiout. Développé sur le Trias de la vallée de Tar'rar'ra, il se montre partout ici sur les terrains crétacés et sur les calcaires à silex.

Mon voyage dans le Sous m'a encore permis de faire quelques remarques intéressantes sur l'extension de cet arbre si curieux. En descendant la vallée de l'ouad Aït Moussi, j'ai constaté qu'il apparaît dès Talatirhan, pour devenir de plus en plus abondant, en approchant de la Nzala Argana qui doit son nom aux belles forêts qui l'entourent. Dans cette vallée, il croît indifféremment sur les schistes primaires, les grès permiens, les terrains crétacés et les alluvions quaternaires. A la descente du col des Bibaoun, on le voit s'élever bien haut sur le flanc méridional du Haut Atlas.

La belle plaine du Sous constitue la région de prédilection de l'arganier. Partout, chez les Msseguina, les Houara, les Ras el Ouad, il règne en maître aux dépens de toute autre végétation. Il atteint même la vallée de l'ouad Tifnout et, bien que je ne puisse préciser sa limite de ce côté, je puis affirmer qu'il n'existe pas au pied occidental du djebel Siroua, tandis qu'il atteint les environs de Laoulouz. Il forme dans la plaine des forêts, interrompues seulement par des clairières qui sont livrées à la culture. Enfin cet arbre se montre au bord de l'Anti-Atlas, alors qu'il s'élève pourtant assez haut sur le flanc méridional du Haut Atlas. Les itinéraires que j'ai suivis sur le versant de cette chaîne m'ont permis de l'observer partout, aussi bien sur les schistes siluriens et dévoniens que sur les grès permiens ou sur les sédiments crétacés.

Les lignes qui précèdent font ressortir le grand développement de l'arganier dans un périmètre assez imparfaitement délimité et relativement étroit.

Il convient de remarquer tout d'abord que cette essence paraît tout à fait indifférente à la nature du sol. Mes recherches ne peuvent laisser subsister de doute à cet égard. Les terrains primaires secondaires et tertiaires, aussi bien argileux ou calcaires que siliceux, meubles que compacts, sont susceptibles d'offrir un sol favorable à son essor. Il faut donc admettre que sa dissémination est en relation étroite avec le climat.

Il serait sans doute prématuré de s'appuyer, à ce point de vue, sur les rares observations météorologiques faites dans ces contrées ; mais, si l'on rapproche de mes données personnelles, celles acquises par les explorateurs qui m'ont précédé, on peut facilement se rendre compte que la température et l'état hygrométrique de l'air doivent, en quelque sorte, se compenser dans toute l'étendue du pays de l'arganier. Cet arbre ne peut vivre qu'au-dessus d'une température déterminée et à la faveur de l'humidité du littoral atlantique. Quelques remarques le feront mieux comprendre.

A l'est de Mogador l'arganier ne dépasse pas le 11° 40' de longitude ouest, (à 45 kilomètres environ du littoral), et il ne s'élève, de ce côté, qu'à des altitudes d'environ 400 mètres, chez les Chiadma, de moins de 500 mètres dans le Kourimat. A une faible distance de là, au sud, il s'étend plus à l'est jusqu'à la cote 700 ; or, tandis que l'influence de l'Atlantique est, dans le premier cas, contrariée par les collines d'El Hanchen et Tamerzakt, ici l'humidité de l'Océan peut se faire sentir plus loin, grâce au couloir continu de la vallée de l'ouad Kseb. Tout le long de la côte, chez les Haha et les Ida ou Tanan, la limite de l'extension de cet arbre est une question d'altitude.

En descendant le cours de l'ouad Aït Moussi, on le voit apparaître à partir de 950 mètres environ, et s'élever vers le col des Bibaoun jusqu'à plus de 1.000 mètres. Il semble qu'il y ait là un fait en contradiction avec les précédents, parce que nous sommes ici à environ 80 kilomètres du littoral ; mais la vallée de l'ouad Aït Moussi est dirigée vers le sud et subit l'influence du climat de la plaine du Sous.

Or, nous avons vu que le Sous, contrairement au Haouz de Marrakech, doit participer du climat saharien.

Ainsi s'explique la dissémination de l'arganier jusqu'à des attidudes élevées, dépassant 1300 mètres au-dessous du col des Bibaoun, sur le flanc méridional du Haut Atlas.

C'est encore à ce climat de la vallée du Sous qu'il faut attribuer son extension vers l'est : il se retrouve jusqu'au voisinage de Laoulouz par 10°30′ environ de longitude ouest, soit à plus de 150 kilomètres de la côte. Et l'un des effets climatériques de la puissante barrière du Haut Atlas, sur les régions septentrionales, a été de refouler à plus de 100 kilomètres vers l'ouest la limite de l'arganier.

Cet arbre, si intéressant au point de vue botanique, offre une véritable ressource au Marocain qui tire parti de son bois, de sa feuille et de son fruit.

Le bois d'arganier est dur, lourd, compact, rivalisant avec les meilleurs du même genre. Il est très résistant, de couleur jaune. Les indigènes ne l'emploient guère que comme chauffage ; ils en font parfois un charbon excellent. Les branches sont trop noueuses pour être couramment employées pour la construction ; ils lui préfèrent des bois blancs comme le thuya, dont les troncs droits forment des perches facilement utilisables pour les charpentes ou les boiseries grossières de leurs maisons.

Les feuilles servent de nourriture aux animaux ruminants, notamment à la chèvre et au chameau. Seuls le cheval, le mulet et l'âne se refusent à en manger.

Il est assez curieux de voir le chameau, habitué à brouter les herbes des pâturages africains, faire usage de son long cou pour atteindre les feuilles de l'arbre à sa portée, et rien n'est plus pittoresque qu'un troupeau de chèvres dans une forêt d'arganiers. Les unes se dressent pour manger les feuilles les plus basses, tandis que d'autres grimpent et se tiennent même sur des branches assez minces pour y prendre leur aliment préféré.

Si l'on tient compte de l'énorme quantité de peaux de chèvres utilisées dans l'empire chérifien et fournies par lui à l'exportation — preuve irréfutable d'une agriculture encore des plus sommaires — on se fait une idée de la ressource appréciable offerte aux indigènes par l'essence forestière qui nous occupe.

Mais là ne se bornent pas les vertus de l'*arbre du Sous*. Le fruit est utilisé par le Marocain à deux effets : pour l'alimentation des ruminants et pour la fabrication d'une huile très estimée des indigènes, l'*huile d'argan*. La récolte en est très facile. A partir du mois de mai, le fruit mûrit ; il se dessèche et il tombe, seul ou sous l'action de la moindre agitation ; il suffirait donc de le recueillir sur le sol après les plus faibles coups de vent.

Mais le Marocain possède, au même titre que tous les Musulmans du Nord de l'Afrique, l'art de réduire au minimum l'activité indispensable à son existence. il se contente de pousser ses troupeaux dans la forêt et, chameaux, bœufs, vaches, moutons, chèvres vont, deux fois par jour, manger les argans dont ils sont très friands. Seuls, les Berbères les plus actifs et les plus prévoyants font ramasser, par leurs bergers, des provisions de ces fruits qui serviront aux mêmes usages durant l'hiver.

Les animaux ne mangent que l'enveloppe desséchée du fruit de l'arganier. Tandis que la chèvre et le mouton laissent tomber de leur bouche tout ou partie des noyaux, les chameaux et les bovidés avalent ces derniers et les rejettent intacts à l'étable, en ruminant. C'est surtout là que les femmes et les enfants recueillent avec soin les noix qui vont servir à la fabrication de l'huile si estimée.

Ainsi la Nature, déjà si prodigue à bien des égards envers ce beau pays, l'a non seulement doté d'un arbre précieux pour la nourriture des bestiaux : mais elle a, en quelque sorte, voulu que ces derniers épargnent à leur maître la peine de récolter lui-même l'un des éléments importants de son alimentation. L'huile d'argan, en effet, constitue la nourriture exclusive des indigènes pauvres.

La fabrication de cette huile est des plus simples et des plus primitives. Les noyaux sont cassés entre deux pierres, le plus souvent par des femmes qui en retirent les amandes. Celles-ci sont torréfiées dans des plats de terre cuite à bords relevés, ou dans des plats de fer, quelquefois aussi sur une pierre plate que l'on chauffe sur un feu doux. On les amène à une couleur brune et l'on évite leur carbonisation en les remuant constamment avec une palette de bois. Les amandes grillées sont, après refroidissement complet, écrasées dans une meule à bras : puis on triture à la main la pâte ainsi produite en l'arrosant d'un peu d'eau tiède dans une terrine posée sur des cendres chaudes. On pétrit jusqu'à ce qu'elle devienne très dure : l'huile surnageante est séparée par décantation et recueillie dans des vases.

A l'état brut, l'huile d'argan est d'une couleur brun foncé et d'une saveur âcre désagréable : en déposant elle s'éclaircit, mais garde toujours une certaine teinte et un goût fort. Les gens pauvres la consomment ainsi, tandis que les autres la clarifient en la lavant. Ils font, à cet effet, une émulsion dans de l'eau qui garde, après repos, une partie des impuretés de l'huile ; ou bien ils y font macérer un morceau de pain.

Le *tourteau d'argan* contribue encore à la nourriture des chameaux et des bêtes à cornes. Cette fois encore, les équidés se refusent à en manger.

Ainsi, à bien des points de vue l'arganier est digne d'intérêt et, ne serait-ce que par l'huile qu'il est susceptible de donner et qui constitue la nourriture presque exclusive des Berbères pauvres de son pays d'habitat, il semble qu'il y ait œuvre utile à faire en améliorant la fabrication et les qualités nutritives de ce produit naturel, surtout là où l'olivier ne saurait lui être substitué.

L'arganier est souvent accompagné, dans la zone littorale, entre Mogador et Agadir, de plantes spéciales, surtout de grandes euphorbes (*Euphorbia resinifera*, etc.) dont certaines, affectant des formes cactoïdes (*tikiout* des chleuh), étaient utilisées dans l'ancienne pharmacopée. Bien que certaines de ces plantes aient complètement perdu leur valeur économique, il me paraît utile, en terminant ce court exposé de la végétation du Maroc, de rappeler que l'association de ces euphorbiacées avec une essence de la famille du bois de fer, comme l'arganier, a fait considérer la flore du Sud-marocain comme représentant les vestiges d'une ancienne flore tropicale considérablement affaiblie.

VIII

LES SOLS

On peut entendre, avec le professeur russe Dokoutchaiew, par *sol naturel*, la partie superficielle des roches plus ou moins altérées sous l'influence simultanée de l'eau, de l'air et des différents organismes morts ou vivants.

La désagrégation qui s'est opérée sur les roches en affleurement, le déplacement à distance variable de leurs éléments dissociés ou décomposés, ont donné lieu à la formation d'une nouvelle roche dont l'étude, envisagée à ce point de vue exclusif, est du domaine de la pétrographie. L'étude des organismes qui jouent un rôle plus ou moins grand, mais presque constant dans la formation des sols naturels, fait intervenir les lois et les méthodes de la biologie et de la chimie biologique.

Les facteurs de la naissance et de la vie des sols sont multiples ; de leurs diverses associations résultent des sols naturels déterminés. Mais on peut dire qu'un sol est surtout fonction de la nature de la roche-mère, des organismes ou de leurs transformations ultérieures ; enfin des conditions physiques du pays qui comprennent d'abord le climat, ensuite le relief.

Un sol naturel peut être considérablement

modifié par les engrais, les amendements, en un sol artificiel ; mais il ne peut être actuellement question de ces derniers dans un pays comme le Maroc où les procédés de culture sont encore des plus primitifs.

Un simple coup d'œil sur la carte suffit pour se rendre compte que les sols susceptibles d'être cultivés ne recouvrent pas le tiers de la superficie totale du pays.

D'abord la montagne tient une large place et, si nous laissons de côté la culture forestière, dont l'exposé qui précède nous a permis d'envisager les possibilités, nous devons considérer comme négligeable son importance agricole.

Les surfaces peu accidentées, en pays plat, sont très étendues ; mais elles se trouvent en grande partie au sud de l'Atlas, sous un climat qui exclut à peu près toute végétation, et par suite toute culture, en dehors des parties naturellement irriguées, forcément très restreintes. Les plateaux du Draa et du Tafilelt, les plaines tertiaires et quaternaires du Sud et de l'Extrême-Sud des confins algéro-marocains, sont soumis à des conditions climatiques telles qu'on ne peut baser sur ces régions aucune espérance au point de vue agricole.

Il est possible que, par des dérivations de cours d'eau descendus de l'Atlas, on arrive à irriguer certaines régions privilégiées du Draa et du Tafilelt, actuellement stériles et inhabitées ; mais on ne peut espérer augmenter ainsi dans des proportions notables la valeur agricole si minime de ces régions désertiques. Seules des possibilités de forages artésiens pourraient fertiliser les sols alluvionnaires qui ne peuvent faire

défaut dans ces régions de l'Extrême-sud marocain.

Il est malheureusement impossible de se prononcer sur la présence de nappes ascension-
nelles, parce que ces régions demeurent, à ce
point de vue, absolument inconnues. Les rares
données géologiques sur les plateaux du Draa et
du Tafilelt que nous avons interprétées dans les
pages précédentes, sembleraient militer contre
l'existence de nappes artésiennes parce qu'on est
là, dans un pays d'architecture tabulaire. Mais
la raison n'est pas suffisante. Si, par exemple, les
terrains secondaires non plissés offraient seulement une faible inclinaison vers le sud, il pourrait
y avoir accumulation des eaux du flanc méridional
de l'Atlas en une nappe profonde susceptible
d'être amenée au jour par forage. L'Extrême-
Sud tunisien offre une telle structure des terrains
crétacés et les recherches d'eau faites dans cette
voie y ont été couronnées de succès.

Le Sous, malgré son climat assez sec, offre un
tout autre avenir. Les grandes nappes alluvionnaires qui recouvrent la plaine sont sillonnées
par de multiples cours d'eau descendus du Haut
Atlas, de l'Anti-Atlas, du massif du djebel
Siroua. La topographie de la vallée permet d'envisager tout un réseau de canalisation qui pourrait donner au sol, insuffisamment riche, une
fertilité jusqu'ici inconnue ; d'autant plus que le
climat, très chaud, peut être favorable à des cultures spéciales comme celles du coton et de la
canne à sucre. Mais la composition des sols et
l'étude des conditions atmosphériques sont encore
trop peu avancées pour qu'il soit possible encore
de se prononcer.

Ces réserves étant faites, il est permis d'affirmer que le Maroc est un pays agricole de grand avenir. Toute la zone littorale, soumise au climat atlantique humide dont nous avons parlé, offre des sols d'une grande richesse qui pourront, du jour où ils seront méthodiquement exploités, rivaliser avec les terres les plus riches du monde entier. Depuis le cap Spartel jusqu'à Mogador, la région littorale est, jusqu'à une certaine profondeur très riche.

Depuis quelques années, les recherches scientifiques précisant chaque jour davantage la richesse de ces contrées, on se rend compte que certains sols, comme les *tîrs* ou « terres noires », sont appelés au plus grand avenir ; ils ont acquis une réputation universelle de fertilité.

Nous porterons notre attention sur ces formations superficielles qui méritent plus particulièrement d'intéresser les agronomes, mais il convient de dire de suite que les terres noires ne sont pas répandues partout. Et avant de discuter leur composition et leur origine, nous examinerons d'abord les sols qui, en dehors des *tîrs* sont encore susceptibles d'un avenir agricole.

En dehors de la zone littorale atlantique, les dépôts du détroit Sud-Rifain sont, en général, fertiles. Toute considération climatique écartée, leur nature géologique permet de les rapprocher étroitement des formations synchroniques du Tell de l'Algérie. Les terres fortes formées par les argiles et les marnes de l'Helvétien, les terres argilo-sableuses du Tortonien, sont tout à fait comparables, par leur composition minéralogique, à celles que l'on rencontre dans les dépôts de même âge, dans les provinces d'Alger et d'Oran, notamment dans la vallée du Chélif et dans le bassin de la Tafna.

Suivant que l'on se trouve sur les affleurements helvétiens ou tortoniens on a affaire à des *sols argileux* ou *argilo-sableux*. Les sols formés aux dépens des dépôts sahéliens sont plus calcaires, par suite de la composition marneuse ou marno-calcaire du Miocène supérieur ; mais ce terrain néogène est peu étendu, il est le plus souvent enlevé par l'érosion et ne forme, dans le R'arb, que le couronnement de certains mamelons. La fertilité de ces sols est à la fois fonction de leur richesse et du climat. Mais si leur richesse est assez constante, par suite d'une composition assez uniforme des différents niveaux géologiques aux dépens desquels ils se sont formés, par contre le climat est variable, surtout si l'on se place au point de vue de l'humidité de l'atmosphère qui joue le rôle principal dans ces climats tempérés.

Aussi, en parcourant la grande bande des dépôts du détroit Sud-Rifain depuis les confins algéro-marocains jusqu'à la côte atlantique, peut-on rencontrer des sols d'une fertilité très variable quoique, d'une manière générale, ils soient toujours susceptibles d'être livrés à la culture.

La plaine des Trifa possède des terres particulièrement riches. Sur les argiles sableuses miocènes et sur les alluvions quaternaires se montre une couche de terre rouge formée par les produits de décalcification des terrains jurassiques du massif des Beni Snassen, entraînés par ruissellement. Cette *terre rouge*, plus ou moins forte, est riche en phosphate et en produits humiques provenant de la décomposition des plantes herbacées ou ligneuses qui croissent sur le massif bordure. Le même phénomène de décomposition de roches calcaires se produit sur place en certains points, aux dépens de grès calcarifères miocènes et de calcaires lacustres pliocènes.

Une végétation spontanée de sumac, de lentisque et de jujubier sauvage qui couvrait complètement, il y a quelques années à peine, la plaine des Trifa, accumulait, avec ces éléments minéralogiques déjà riches, les produits azotés entraînés par ailleurs sous l'influence du ruissellement. A ces conditions de richesse du sol vient s'ajouter le climat le plus humide de la zone des confins algéro-marocains, si bien que l'avenir agricole de la plaine des Trifa est assuré.

La plaine d'Angad est beaucoup moins favorisée parce que son climat est déjà plus sec. La composition des sols y est de plus très variable. Les terres de décalcification se rencontrent aux abords du massif des Beni Snassen, notamment au sud du col du Guerbous. J'ai, en outre, montré comment l'existence de volcans leucitiques qui, étalant leurs produits entre Oujda et le djebel Mer'ris, notamment dans les collines des Semmara et le Tinianin, ont donné lieu, par la décomposition superficielle de leurs laves et de leurs produits de projections, à des *sols alcalins*, potassiques et phosphatés, comparables à ceux de la Campagne napolitaine. Aussi cette partie orientale de l'Angad offre-t-elle des terres riches qui contrastent avec les terres, plus pauvres, de l'Angad occidental (Sedjâ), situées au delà de l'ouad Isly. Ici les terrains sableux miocènes donnent, indépendamment d'une richesse bien moindre, des sols qui ont l'inconvénient de ne pas conserver l'humidité qu'ils reçoivent. Il faut aller au-delà de Mestigmer pour retrouver des terres fortes, formées aux dépens des argiles tertiaires et n'offrant pas cet inconvénient grave, dans ce pays où les pluies ne sont pas abondantes. Nous savons en effet, que la différence est déjà très sensible entre l'humidité du climat de la zone littorale ou du sud du massif des Beni Snassen ; aussi, pour ces différentes raisons, la plaine des Angad est-elle moins favorisée que celle des Trifa.

Dans la vallée de la moyenne Mlouya les terrains argileux miocènes (helvétiens) affleurent sur d'assez grandes surfaces mais toutes les plates-formes structurales, couronnées par les dépôts détritiques et sahéliens, donnent des terres peu sableuses. Souvent même ces plateaux et ces *gour* sont couverts par des poudingues qui donnent un sol caillouteux, qui perd ainsi beaucoup de sa valeur. Mais si la richesse du sol est néanmoins suffisante, par contre le climat est assez défavorable, puisqu'on se trouve là dans une région de steppes, à climat sec. Il est vraisemblable que les mêmes conditions atmosphériques subsistent jusqu'à une certaine distance de la Mlouya sur sa rive gauche. Et je ne serais pas surpris qu'on retrouve les mêmes sols, depuis Mestigmer jusqu'à la Casba de Msoun. Sur une étendue d'une centaine de kilomètres la vallée se trouve partout dans les mêmes conditions au point de vue de la culture. Mais il faut attendre l'exploration scientifique de la région comprise entre la Mlouya et Fez pour être définitivement fixé.

A l'ouest de Taza la région du détroit Sud-

Rifain apparaît comme plus favorisée. Si les terrains y sont les mêmes, si les sols y renferment les mêmes éléments minéralogiques de fertilité, cette partie du Maroc semble jouir, en outre, d'un climat meilleur.

L'étendue de pays habité par les Tsoul, les Hyaïna, les Oulad el Hadj, entre Fez et Taza, est certainement plus humide que la vallée de la moyenne Mlouya. Aussi, à égalité de composition géologique, les sols y sont-ils susceptibles d'une plus grande fertilité. Et nous verrons cette fertilité s'accroître à mesure que nous nous rapprocherons de la côte où règne l'humidité atmosphérique que nous avons signalée.

Toutes choses égales d'ailleurs, certaines regions sont plus riches à cause de l'humidité du sous-sol : c'est le cas de la plaine des Beni Mtir, entre Fez et Meknès. Cette immense plaine est formée de grès et de poudingues tortoniens qui reposent, invariablement, sur des argiles helvétiennes ; si bien qu'il existe, à leur base, une nappe aquifère très importante qui entretient souvent dans le sol une humidité salutaire. Le niveau d'eau se trouve souvent à des profondeurs faibles ; ailleurs il donne, dans la coupure des ravins, des émergences parfois très abondantes.

C'est à cette nappe aquifère qu'est due l'origine de l'ouad Fez. La capitale chérifienne se trouve au bord de la plaine de Saïs, prolongement oriental de la plaine des Beni Mtir. Des sources très importantes, comme l'Aïn Ras el Ma (la tête de l'eau ou la tête de la rivière), prennent naissance partout où la nappe souterraine apparaît au jour. Elles forment des ruisseaux qui se réunissent au pied du djebel Tr'at pour former l'ouad Fez. La ville est située au bord de la plaine, là où la rivière se précipite en torrent, par suite d'une grande dénivellation, vers la vallée de l'ouad Sebou.

Toutes les conditions de sol, de climat, d'hydrologie souterraine de la plaine des Beni Mtir, rappellent identiquement celles de la plaine de la Mekerra, dont la fertilité bien connue fait la richesse de la région de Sidi Bel Abbès en Algérie.

Toute la partie du Nord-Marocain située à l'ouest de Fez et au nord du parallèle de cette ville est d'une fertilité remarquable partout où l'on se trouve sur les dépôts du détroit Sud-Rifain, parce qu'elle est favorisée par le climat humide de la zone atlantique. Il ne serait pas rigoureux d'exclure de cette région fertile du R'arb toute la partie qui touche aux contreforts de la chaîne du Rif formée par les terrains éocènes. Mais les argiles de cet âge ont une schistosité plus ou moins prononcée, ce qui les rend plus résistantes à la désagrégation superficielle.

Au delà du confluent de l'ouad Ouarr'a les sols sont généralement argileux à cause des affleurements fréquents de l'Helvétien. Puis l'ouad Sebou se développe en méandres divagants, en décrivant sa grande boucle, dans les alluvions quaternaires qui donnent des sols particulièrement riches. Ces alluvions sont très argileuses et, partout où elles forment une légère dépression à fond plat, les eaux s'accumulent dans la saison pluvieuse produisant des flaques marécageuses qui entretiennent une végétation lacustre de typhes, de cypéracées, etc. Il en résulte la formation de *sols marécageux* assez chargés de

matières humiques. Quelques analyses[1] ont donné
les résultats suivants :

Carbonate de chaux	Acide phosphorique	Azote	Humus (3 % d'Azote).
158	1,47	1,60	53.9
145	1,01	0,98	32,6
192	1,42	0,81	27,0
126	1,30	1,23	41,0

Ce sont des terres humifères, riches en azote et
en acide phosphorique. Le sol de la Merja des
Beni Ahsan est de formation analogue ; mais cette
plaine est complètement inondée parce qu'elle est
alimentée par de petits ouads, comme l'ouad
Rmel, qui coulent encore en été, alimentés par
la nappe souterraine formée à la base des grès
pliocènes des Zemmour, sous la forêt de Mâmora.
Mais il ne faudrait pas exagérer l'extension des
sols marécageux de la plaine du Sebou. On les
trouve dans cette région partout où la topographie
se prête, en raison de l'imperméabilité des alluvions, à la formation de flaques stagnantes. Des sols
de même origine se rencontrent un peu partout dans
le Nord de l'Afrique où affleurent des argiles
tertiaires. C'est ainsi qu'au Maroc on en voit
d'analogues dans les environs de Fez, dans la
région de Tanger ; en Algérie, dans les plaines
du Chélif et de la Metidja. Ces terres d'origine lacustre sont forcément localisées et, bien
que les indigènes les désignent encore parfois
sous le nom de *tîrs*, à cause de leur couleur noi-
râtre, on ne saurait les confondre avec ces terres
fertiles dont la formation est différente, ainsi que

1. Les analyses de mes échantillons ont toujours été faites sous
la bienveillante et savante direction de M. Müntz à l'Institut agrono-
mique.

nous allons bientôt le voir. Mais avant d'y arriver je désirerais signaler certains sols qui se rencontrent dans le Maroc occidental et qui ont, par leur extension, une certaine importance géographique.

Je citerai d'abord des *sols sableux*, formés de sables siliceux et calcarifères, qui peuvent avoir des origines distinctes. Comme ils sont généralement localisés sur le littoral de la Meseta marocaine, les indigènes les désignent sous le nom de *sahel*. On distingue des *sahel blancs*, des *sahel rouges* et des *sahel noirs*, ces deux dernières catégories devant être rattachées par leur origine aux *tirs*.

Les *sahel* blancs sont généralement formés de sables de dunes. Ce sont le plus souvent des sables purs, formés de grains de quartz et de débris de coquilles roulés, auxquels viennent se mélanger, à la surface, les coquilles de Mollusques terrestres (Helix, Bulima, etc.), qui pullulent fréquemment sur la dune maritime. Contrairement à ce qui se passe en d'autres points des côtes de l'Afrique du Nord, les sables de dunes sont susceptibles d'être fertilisés en raison du climat de la zone littorale de la Meseta marocaine. La dune se fixe facilement et nous avons vu, comme à Mogador, qu'une croûte calcaire peut se produire à sa surface, dont la formation peut être comparée à celle de l'*alios* et, comme ces sables renferment de nombreux débris de coquilles marines et terrestres, ils sont suffisamment riches en phosphate de chaux pour donner des sols fertilisables. Il semble qu'en maintes régions de la côte occidentale marocaine les dunes pourront être fixées et rendues à la culture.

D'autres *sahel* ont une tout autre origine : ce sont des sables marins, pliocènes, comme on en voit près des sources de Bou Skoura, à l'est de Casablanca. Ou bien encore ils résultent de la désagrégation de grès néogènes très friables : tels sont les sables répandus chez les Zemmour, entre Souk el Arbâ ez Zemmouri et la côte. Ces derniers sont parfois assez mouvants pour former de petites dunes, sous l'action des vents dominants.

Je citerai encore les *sables granitiques* des Zaër. Nous avons vu que le modelé de l'ellipse granitique, chez les Zaër, donnait lieu à des vallonnements qui sont comblés par les produits de la décomposition de la roche. L'arène ainsi formée envahit les dépressions au fond desquelles s'accumule, au contact imperméable du granite non décomposé, l'eau des pluies. C'est ainsi que les parties les plus déprimées du pays sont peuplées de douars de sédentaires ou de nomades, qui y trouvent l'eau nécessaire à leurs besoins. Parfois même le fond des vallonnements est marécageux rappelant fidèlement, toutes proportions climatiques gardées, les *houches* des régions granitiques du Morvan.

Ces sables granitiques offrent d'excellents pâturages dont l'utilisation est malheureusement limitée par les points d'eau, car la réserve accumulée au moment de la saison des pluies dans les bas-fonds, sous l'arène granitique, est très limitée. Les troupeaux doivent émigrer à la fin de la saison sèche, vers les régions schisteuses de la pénéplaine primaire. Des accumulations d'eau se forment là, en effet, au fond de petites vallées à faible écoulement, abritées par une végétation de tamarins et de lauriers-roses. L'eau demeure sous les graviers dans lesquels les indigènes ménagent un bassin, ou bien elle reste emprisonnée entre deux petits barrages naturels ou artificiels. Ces *guelta* constituent l'unique ressource en eau dans certaines parties de la pénéplaine schisteuse, chez les Zaër, les Mdakra, etc.

Parmi les différents sols du Maroc les terres noires (*tirs*) et les terres rouges qui les accompagnent fréquemment (*hamri*) offrent, par les vastes étendues qu'elles recouvrent dans la zone littorale et par leur grande fertilité, un intérêt tout particulier.

L'importance de ces terres, qui font du Maroc occidental une des régions les plus riches du monde entier, a, chose curieuse, longtemps passé inaperçue. L'explorateur anglais J. Thomson avait bien remarqué la présence d'un « limon fertile » dans les plaines des Doukkala et des Abda ; mais c'est Theobald Fischer qui, le premier, appela l'attention sur ces sols productifs, après son expédition en 1899. On conçoit l'oubli où ils ont été si longtemps laissés par ce fait que les voyageurs qui l'avaient précédé avaient dirigé leur objectif vers l'Atlas, ou bien parce qu'ils avaient traversé les régions de *tirs* en été, au moment où elles présentent l'aspect d'une steppe désolée.

Après le célèbre géographe allemand, le Dr Weisgerber, von Pfeil, Brives, Ed. Doutté, etc., ont accumulé les observations sur ces terres fertiles.

Le mot de *tirs* (*touares* au pluriel) ne signifie pas « terre noire », ainsi qu'on l'a pensé, mais il correspond, d'après l'éminent sociologue Ed.

Doutté, à des *terres fortes* suffisamment argileuses. Quant au nom de *hamri* il s'applique à des sables plus ou moins argileux, rouges (hamra, hamri, rouge). Entre ces deux sortes de terres cultivables se trouvent tous les termes de passage, notamment des terres chocolat, qui pourraient être considérées comme un mélange de *tîrs* et de *hamri*.

Les terres noires (nous désignerons, pour fixer les idées sous ce terme générique, l'ensemble des sols que je viens d'énumérer) s'étendent entre l'ouad Bou Regreg, à partir de Rabat, jusqu'à l'ouad Tensift, soit sur une longueur de côte de plus de 300 kilomètres. Elles s'enfoncent jusqu'à 60 et même 100 kilomètres à l'intérieur, recouvrant la bande de terrains néogènes de la zone littorale et s'élevant sur le plateau crétacé de Settat. Elles se rencontrent, par conséquent, chez les Zaër, les Chaouïa, les Doukkala et les Abda.

Ces terres fertiles ne forment pas un revêtement uniforme des divers affleurements géologiques, elles constituent plutôt des taches, plus ou moins étendues, donnant parfois un sol très morcelé au point de vue de sa fertilité. On peut remarquer seulement que, dans certaines régions comme les Chaouïa, les *tîrs* ne commencent guère qu'à une certaine distance de la côte, par exemple à 10 ou 15 kilomètres du littoral.

Chez les Abda ils forment une nappe continue, sur une profondeur de plus de 50 kilomètres, et il semble que ce soit le pays des Doukkala qui offre la plus vaste étendue de ces sols fertiles. Chez les Chaouïa la surface des terres fertiles quoique moindre est néanmoins considérable.

D'après le Dᵣ Weisgerber il y aurait environ 2.000 kilomètres carrés de *tirs* et 3.500 de *hamri*. La région la plus intéressante à ce point de vue est la *plaine des tirs*, qui s'étend du camp du Boucheron jusqu'aux Oulad Saïd, au sud de Ber Rechid. Peut être pourrait-on évaluer à la moitié de la zone littorale de la Meseta marocaine, entre les limites que j'ai précédemment indiquées, la surface de ces terres fertiles, *tirs* ou *hamri*.

Une particularité se présente assez fréquemment dans les terres noires, plus spécialement dans certaines régions comme celles des Doukkala et surtout des Abda. A la surface de ces sols se montre la croûte calcaire sur l'origine de laquelle je m'expliquerai un peu plus loin. Cette croûte forme un revêtement, une carapace, qui isole la terre fertile et pourrait la rendre inculte. Mais les indigènes la brisent à la pioche ; puis, ils labourent la terre noire sous-jacente, qui se trouve ainsi mélangée de pierres calcaires, et qu'ils distinguent pour cette raison sous un nom spécial : *heroucha.*

L'épaisseur des *tirs* est très variable ; elle est souvent très faible, à tel point que le labour mélange à la terre végétale les fragments du sous-sol rocheux. Chez les Chaouïa, notamment dans la plaine des tirs, elle n'a souvent pas plus de 40 centimètres, ainsi qu'on peut s'en rendre compte par les travaux de puits ou dans les tranchées. Chez les Abda elle n'a souvent que 50 centimètres ; elle peut atteindre ou dépasser 1 mètre. Chez les Doukkala elle offre une plus grande puissance, jusqu'à 6 mètres ; en ce cas le sol est uniquement formé de terres noires sans mélange de pierres.

L'état physique des *tîrs* est très variable ; tantôt très sableux, formant alors un sol meuble très perméable à l'eau, tantôt plus ou moins argileux. En ce dernier cas, ce sol mérite le nom de « terre forte » que les indigènes lui ont donné, tandis que dans le premier cas il forme passage au *hamri* qui constitue une terre très sableuse, rouge par suite de la présence notable de l'oxyde de fer.

Les *tîrs argileux* offrent le grave inconvénient, d'abord d'être impraticables au moment des pluies, puis de se crevasser profondément. On a vu des crevasses, larges de 10 centimètres, descendre jusqu'à plus d'un mètre, de même que dans les sols les plus argileux ; ces fissures se remplissent de la terre superficielle à la première pluie. Cette propriété des *tîrs* argileux a une fâcheuse répercussion sur les plantes, dont les racines sont coupées ou mises à nu et par suite desséchées.

Il arrive que le sous-sol perce à travers les terres noires, laissant émerger des mamelons ou des crêtes rocheuses et ceci est naturellement plus fréquent dans les régions où les tîrs sont peu épais.

Un fait très frappant dans les régions de *tîrs* c'est, à la saison sèche, leur extraordinaire aridité. Il est, comme dans la plaine des tîrs, des Chaouïa, de vastes surfaces recouvertes de terres noires qui, en été, sont d'une nudité complète, même partout où le sol est resté en friche ou en jachère.

Les arbres sont rares ou même complètement absents ; c'est à peine si l'on rencontre de loin en loin, dans un endroit privilégié où le sol se présente accidentellement différent de ce qu'il est ailleurs, quelque figuier ou quelque betoun isolé. Un arbre est considéré comme une rareté, dans ces régions de terres noires, à tel point qu'il a été fréquemment utilisé comme signal naturel dans la première triangulation expédiée, faite en Chaouïa, par le Service géographique de l'Armée.

On se rend compte qu'il en soit ainsi, car le *tirs* forme toujours une couche peu épaisse, recouvrant un sous-sol pierreux parfois très dur: d'ailleurs il ne semble pas que le climat puisse favoriser une végétation arborescente, tandis qu'au contraire il est très propice au développement d'une végétation herbacée vigoureuse, qui se produit à la saison des pluies et se trouve en pleine floraison et en pleine croissance au début du printemps. Rien n'est plus saisissant que ces tapis de fleurs formés d'ombellifères, de composées, de liliacées, de graminées, etc., qui couvrent, au printemps, d'immenses surfaces dans les régions de *tirs*. Ces plantes herbacées sont très vigoureuses, elles croissent serrées en s'élevant parfois à la hauteur d'un homme. Puis, au cours de l'été, cette riche floraison fait place à la steppe desséchée, complètement aride.

C'est une des caractéristiques de la zone des tîrs que d'être fréquemment dépourvue d'eau. Les cours d'eau sont assez rares dans cette région littorale, surtout dans le pays tout à fait plat des Doukkala et des Abda. C'est à peine si de petits ouads se montrent, venant déboucher à la mer ; encore n'ont-ils de l'eau qu'en hiver. Seul le pays des Chaouïa fait en partie exception à cause des ouads qui, descendus des régions élevées de la Meseta marocaine, vont se jeter dans l'Océan. Partout ailleurs, les indigènes ne peuvent se procurer l'eau nécessaire à leur alimentation ou au breuvage de leurs troupeaux que par des puits plus ou moins profonds. J'ai montré qu'une nappe souterraine existait partout à la base des terrains néogènes, au contact du soubassement primaire de la zone littorale ; mais la nappe des puits ainsi formée relativement près de la surface, par les infiltrations pluviales, émerge dans les moindres dépressions du sol, sur le littoral des Chaouïa ; par contre elle est assez profonde à l'intérieur, notamment dans la plaine des tîrs, de même que chez les Doukkala et les Abda. Les indigènes puisent leur eau jusqu'à plus de 60 mètres dans certaines régions. Aussi le Marocain aménage-t-il des réserves superficielles pour ses besoins domestiques, à l'aide de citernes (medfya) dans le Sud, ou de r'dir [1]. Mais ces réservoirs artificiels sont, avant la fin de l'été, complétement desséchés et alors l'indigène doit émigrer jusqu'au bord des cours d'eau importants comme l'Oum er Rbëa, l'ouad Tensift, pour faire vivre ses troupeaux. En aucun point du globe l'irrigation n'aurait plus d'effet que dans ces régions au sol si fertile, qui, indépendamment de leur extraordinaire production agricole, peuvent entretenir, en hiver et au printemps, de grands troupeaux [2] qui doivent émigrer en été pour trouver leur breuvage.

Le plateau des Mzamza, partout où il est couvert de tîrs, offre les mêmes conditions hydrologiques.

1. Dépressions creusées artificiellement et dont le fond tapissé d'argile battue est imperméable à l'eau qui s'y accumule par l'effet du ruissellement.

2. Le mot de chaouïa signifie pasteur.

La fertilité des tirs est très grande, parfois même surprenante. Pour peu que l'hiver soit un peu favorisé par des pluies assez fréquentes ces sols donnent, d'une année à l'autre, d'abondantes récoltes ; et cela sans avoir besoin d'engrais et par des moyens quelque peu primitifs. Les fortes rosées que l'on observe dans la zone littorale, par temps découvert, jouent certainement un rôle important dans cette fertilité, à tel point que le maïs pousse sans être arrosé, alors que partout ailleurs dans l'Afrique du Nord il n'y a pas de maïs sans irrigation. Aussi la population est-elle dense dans certaines régions de la *zone des tirs*. De nombreuses fermes s'élèvent, comme dans la plaine des tirs, chez les Abda, etc. ; ailleurs ce sont des douars susceptibles de se déplacer.

La surface des terres noires ensemencées est relativement grande ; elle atteint jusqu'aux trois quarts de la superficie totale, dans certaines régions particulièrement favorisées. Il est des points où l'indigène ensemence presque tous les ans, alors qu'en Algérie il laisse la terre régulièrement en jachères une année sur deux. Et, malgré cela, le sol n'est pas épuisé !

La fertilité des tirs tient en partie à leur richesse en azote. Les analyses d'échantillons, prélevés en divers points de la zone littorale et du plateau crétacé des Mzamza, permet déjà de s'en rendre compte.

RÉGIONS	Carbonate de chaux.	Acide phospho-rique.	Potasse.	Azote.
Chaouïa. Taddert (*tîrs*).	13,85	2,47	4,58	1,46
	17,85	0,83	4,58	2
— Ber Rebah (id.).	46,08	0,50	1,13	1,26
— Ber Rechid . .	26	0,75	0,91	0,92
— Mediouna . . .	143,60	1,30	2,42	2,32
— (id.)	77,60	0,89	0,74	1,65
— Fedhala	18,40	0,91	1,90	1,51
— Ben Sliman . .	151,60	4,53	3,10	1,62
— Sidi Amar. . .	59,60	1,16	2,74	3,78
— Gurgens	15,20	1,37	4,54	2,21
Mzamza. Settat	55,20	0,87	2,11	1,99
— Khemisset. . .	150,40	1,85	2,83	1,15
— El Aouaj . . .	113,60	1,35	1,95	1,57
— Youlas	84,40	1,62	3,97	3,08
— Guicer.	560,80	6,82	2,25	1,65
Zaër. Merchouch	19	0,87		2,18
— —	20	0,52		1,01
Abda Jramna (*hamri*). .	69	1,44		1,48
— — (id.) .	28	0,89		1,71
— Mouïsset (id.) .	95	1,36		1,40
— — (id.) .	98	1,21		1,34
— Ben Kebbour (*he-roucha*)	22	0,53		1,74
— Azib Lalouz (id.) .	151	1,32		2,41
— Zeranem (id.) . . .	98	0,93		1,26
— K^{ba} S^i Aïssa (id.). .	51	2,05		2,30
— Azib S^i Aïssa (id.) .	611	1,45		2,07
— — (*tîrs*)	31	2,51		2,44
— Env. de Safi (*sahel*)	31	0,16		0,45

On voit par ces analyses, que ces sols sont surtout remarquables parce qu'ils sont, en général, très humifères, avec une teneur en azote supérieure à la moyenne.

Mais quelle que soit leur richesse, les sols de la zone des tîrs n'expliqueraient pas suffisamment, dans la plupart des cas, leur extraordinaire fertilité, si le climat humide de la région littorale n'était là pour la justifier. C'est ainsi que l'on peut remarquer que la teneur en acide phosphorique est assez fréquemment inférieure à la moyenne et pourtant les analyses ci-dessus portent sur des échantillons de sols pris dans les coins les plus fertiles. Aussi peut-on espérer qu'avec des engrais on pourrait, en beaucoup de points, non seulement augmenter encore le rendement de ces terres, mais surtout, là où elles sont peu épaisses, entretenir leur richesse.

Il serait bon, également, de lutter contre la diminution d'épaisseur de ces sols parce que, sous l'influence du ruissellement, il y a entraînement constant vers les ouads dans les parties déclives ; la terre végétale va se perdre dans la mer.

La mise en jachères aurait l'avantage d'arrêter momentanément cette dénudation et de réparer, à la condition d'être répétée assez souvent, les pertes subies par les terres cultivées sous l'influence des pluies orageuses. D'autres précautions seraient à prendre, notamment celle de border les vallées ou les ravins de petits bois ou d'arbustes, pour empêcher le transport de la terre humifère vers les ouads.

On peut constater que partout, dans les régions un peu accidentées, les terres de décalcification ont presque totalement disparu sur les pentes tant soit peu raides. Les moindres crêtes laissent percer le calcaire du soubassement, tandis que les dépressions, non parcourues par les eaux superficielles, montrent une épaisseur plus grande de la terre noire.

La plaine des tirs, qui n'offre en rien les caractères des plaines d'alluvions, est légèrement ondulée et, partout, les sommets des mamelons laissent pointer la roche sous-jacente.

Les effets néfastes du ruissellement pourraient paraître douteux, si l'on se rapporte à la quantité relativement faible des pluies dans ces contrées, mais il convient de remarquer qu'elles se produisent par saccades dans la zone littorale atlantique. Des mesures météorologiques effectuées en divers points de la côte montrent que les journées pluvieuses de l'année sont peu nombreuses.

Une autre circonstance contribue à la fertilité des tîrs dans le Maroc occidental et en particulier dans les Chaouïa ; c'est la formation constante d'une nappe aquifère assez peu profonde.

J'ai déjà insisté sur son rôle important, au point de vue de la richesse du pays, et sur sa grande extension à la base des calcaires pliocènes. Elle existe aussi dans les calcaires plus anciens du plateau des Mzamza. Elle a le don d'entretenir dans le sol une humidité qui contribue fortement à combattre la sécheresse de l'atmosphère dans les journées les plus chaudes.

Aux environs de Casablanca, cette nappe est à des profondeurs faibles ; parfois même elle affleure dans les dépressions en entonnoir, que je regarde comme produites par une véritable dissolution des roches sédimentaires calcaires, sous l'infiltration des eaux pluviales.

Quelle est l'origine des terres noires ?

Cette question, d'un intérêt surtout théorique a déjà soulevé maintes discussions, notamment de la part de Theobald Fischer, de Brives et de l'auteur de ces lignes. Pour l'éminent géographe allemand, les tîrs ont une origine éolienne. La poussière soulevée, aux régions de steppes de l'hinterland, est entraînée vers l'ouest ; les petits grains de quartz et les débris organisés. frottant les uns contre les autres, finissent par se rapetisser et viennent finalement se déposer. dans la région côtière, sur le sol recouvert d'une riche végétation, due à l'humidité du climat et principalement à la rosée. Les débris végétaux de la terre noire sont dus aux plantes qui se trouvent sur place mais elles sont aussi, pour une grande part, rapportées des steppes.

Telle est en substance la théorie de Theobald Fischer. Celle de Brives est tout autre. Pour ce savant, la terre noire est d'origine marécageuse. Elle est déposée dans des flaques d'eau stagnante établies, sur les terrains imperméables des parties déprimées du relief, non seulement dans la zone côtière mais jusqu'aux environs de Fez et dans le Sous.

On ne voit pas comment des marécages auraient pu recouvrir d'aussi vastes étendues et surtout y laisser des dépôts qui revêtent, d'une couche parfois uniforme. un relief sinon très accidenté, du moins irrégulier. mamelonné ; car il est indiscutable que les sols fertiles recouvrent partout les lignes d'affleurement du terrain sous-jacent. D'ailleurs Brives semble surtout s'être appuyé, pour étayer sa théorie. sur ce qui se passe dans la vallée du Sebou où il existe réellement des sols marécageux. ainsi que je l'ai observé et que Theobald Fischer l'avait également remarqué.

Mais où la théorie des fonds de marais pèche le plus gravement. c'est qu'elle exige. ainsi que l'a dit justement son auteur, un fond imperméable à la cuvette ou la nappe marécageuse.

Or, ainsi que je l'ai signalé après mon premier voyage dans la zone des tîrs, le sous-sol des terres noires est presque toujours très perméable, formé de grès calcarifères néogènes qui sont très poreux. C'est là une règle absolue chez les Doukkala et les Abda, où les terres noires recouvrent les plus grandes surfaces, et si des cuvettes de schistes primaires renferment des tîrs, en Chaouïa, cela est dû, ainsi que je crois l'avoir montré, à l'entraînement par ruissellement, dans des bas-fonds, de la terre végétale qui recouvre les grès néogènes en bordure. En somme Brives semble avoir généralisé des faits locaux, observés dans le pays des Chaouïa ou dans les plaines du Sebou.

Nous sommes tout à fait d'accord sur ce point, Theobald Fischer et moi, mais il semble que notre entente se borne là. J'ai envisagé la formation des tîrs de tout autre façon, en me basant sur la géologie des régions de terres noires et sur les formes du terrain. J'ai été amené à considérer ces sols comme produits par la désagrégation et la décalcification des terrains calcarifères ; les éléments clastiques insolubles (quartz, feldspaths, etc.) de ces roches sédimentaires s'accumulant sur place avec les produits de décomposition des végétaux de la flore herbacée annuelle qui croît sous le climat humide de la zone littorale atlantique.

Des analyses chimiques et micrographiques dont il me paraît inutile de donner les détails techniques, dans ce modeste livre, m'ont confirmé dans cette manière de voir. L'étude pétrographique et chimique des tîrs et de leur sous-sol a toujours donné des résultats concordants sur un même point. Il me suffira donc de rappeler que les *tîrs argileux* correspondent à un sous-sol de calcaire marneux, que les *tîrs sableux* reposent sur des grès calcarifères. Les *tîrs* et les *hamri* ont une commune origine. Les différences qu'ils peuvent offrir, au point de vue de leur composition minéralogique ou de leur richesse en azote, tient à la nature du sous-sol et aux conditions variables du relief et du climat qui ont plus ou moins favorisé l'accumulation de la matière humique dans les terres de désagrégation. Quant à la superposition de terres noires à des roches imperméables, tels que les schistes primaires des Chaouïa, elle est très localisée et correspond toujours à l'entraînement de la terre végétale dans des dépressions, sous l'influence du ruissellement.

J'ai actuellement parcouru toute la zone des tîrs, y compris la région des Zaër que Theobald Fischer n'a jamais vue. Et là, surtout, il aurait pu faire quelques constatations édifiantes. Lorsqu'on passe de l'ellipse granitique que nous avons décrite au plateau pliocène situé plus à l'ouest, on saute brusquement des sables granitiques de l'arène aux véritables tîrs dont j'ai cité plus haut des analyses. Or, les vents qui doivent apporter les poussières fertilisantes du géographe allemand viennent de l'est. Les terres noires auraient donc dû se déposer d'abord sur les granites, qui se trouvent sous le même climat que les calcaires pliocènes.

De même pourquoi n'y a-t-il pas de tîrs dans la zone littorale de Mogador au delà de l'ouad Tensift ? Si nous nous en rapportons aux propres données de Th. Fischer, cette partie de la côte a le même hinterland de steppes (le Haouz de Marrakech) que le reste de la Meseta marocaine. De même encore pourquoi les tîrs ne commencent-ils, le plus souvent, qu'à une certaine distance de la côte? Cette constatation est en contradiction très nette avec la théorie éolienne alors qu'elle s'explique toujours par des faits géologiques et topographiques.

On pourrait ainsi multiplier les objections.

Que le vent ait joué un certain rôle dans la répartition et l'épaisseur des tîrs, cela est possible, mais ce phénomène ne doit pas être amplifié, il est du même ordre que celui du ruissellement superficiel. J'ai fait, sur ce point, de nombreuses observations qui m'ont toujours paru se rapporter à des phénomènes locaux.

D'ailleurs, en lisant les descriptions de l'éminent géographe allemand, on peut tirer de ses propres observations des faits incompatibles avec sa théorie. Il fait remarquer, d'abord, que les tîrs sont limités à la zone néogène, c'est-à-dire aux grès calcarifères pliocènes ou miocènes. C'était là mon avis, et c'était l'une des meilleures confirmations de ma conception de l'origine des terres noires, avant d'avoir vu le plateau crétacé des Mzamza. Or, l'étude de cette dernière région a confirmé, en lui donnant plus de poids, mon interprétation, puisque le plateau de Settat est formé de calcaires gréseux ou marneux, secondaires.

La seule objection soulevée par Theobald Fischer qui soit à retenir et que ce savant considère, d'ailleurs, comme décisive, tient à la présence assez fréquente dans certaines régions, comme les

Abda, de la croûte de calcaire tufacé qui se montre à la surface des tîrs et les font en ce cas, désigner par les indigènes, sous le nom de *heroucha*. Or, Fischer donne deux théories de l'origine de cette croûte superficelle dont l'une, celle de Pomel (incrustation stalagmitique superficielle par suite d'évaporation des eaux qui remontent par capillarité) qu'il accepte comme étant la plus admissible. On sait, en effet, que cette interprétation de Pomel est admise par tous les géologues qui ont étudié le Nord-Africain et tous admettent, en outre, que cette croûte calcaire, parfois un peu séléniteuse, se forme encore de nos jours.

On se demande donc en quoi la présence sur les tîrs de cette croûte superficielle, de formation actuelle, peut être en contradiction avec mon interprétation sur l'origine de la terre noire, puisque l'eau qui l'a déposée à la surface du sol a dû traverser, dans son ascension par capillarité, le sous-sol du tîrs qui est, dans ma définition, forcément calcaire.

Que l'on adopte la théorie éolienne de Theobald Fischer ou celle qui résulte de mes propres observations, il faut de toute nécessité renoncer à l'hypothèse de dépôts de fonds de marais. Il faudra considérer les tîrs, les hamri et les autres variétés de sols qui s'y rattachent, comme résultant, non pas de circonstances locales, mais de la collaboration de phénomènes naturels dont la généralité explique la fréquence de ces terres fertiles et leur continuité sur d'immenses étendues dans le Maroc occidental.

FIN

TABLE DES MATIÈRES

ÉVREUX, IMPRIMERIE CH. HÉRISSEY, PAUL HÉRISSEY, SUCʳ.

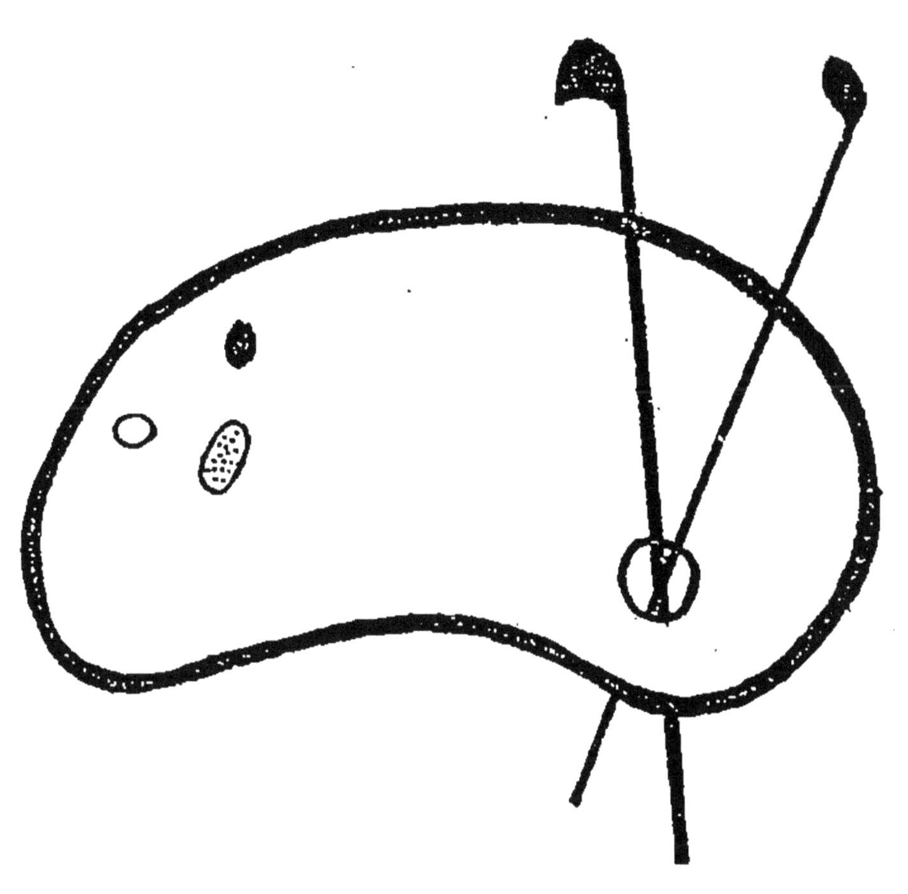

ORIGINAL EN COULEUR

NF Z 43-120-8

www.ingramcontent.com/pod-product-compliance
Ingram Content Group UK Ltd.
Pitfield, Milton Keynes, MK11 3LW, UK
UKHW022101120726
13694UKWH00001B/272